U0058615

海洋結構的波浪水動力

Wave Hydrodynamics of Ocean Structures

李兆芳　編著

自　序

學者能夠將自己專業領域的研究成果以專書的方式出版應該是“順理成章”的。本人在 Oregon State University (OSU) 攻讀博士學位當時的指導教授 John Leonard 出版 Tension Structures – behavior and analysis (1988)；波浪動力學頗具涵養的 Robert Hudspeth 出版 Waves and Wave-Forces on Coastal and Ocean Structures (2006)；應用數學功力深不可測的 Ronald Guenther 出版 Partial Differential Equations of Mathematical Physics and Integral Equations，這些在我心中一直都是嚮往的偶像。值得一提的，Dean and Dalrymple 這本書 Water Wave Mechanics for Engineers and Scientists 強調是給工程師和科學家的，也讓我覺得相當實用。而在其第二章到第四章對於流體力學、微小振幅波理論、波浪特性，更是將波浪的物理概念說明得非常清楚。這些模範確實讓我覺得“有為者亦若是”。

專業領域的書籍一般若為研究成果的彙整只能淪為“參考書”，參考了解研究主題的現有領域和作法，但是卻很難理解應用，這樣相當可惜。我一直認為寫得很好的書，像 Stanley Farlow 出版的 Partial Differential Equations for Scientists and Engineers (1982) 就將讓人以為很深奧的偏微分方程講得平易近人，讓偏微分方程的認知就像大學的工程數學一樣；像 Klaus-Jurgen Barthe 出版的 Finite Element Procedures in Engineering Analysis (1996) 將有限元素法原理和計算說明得非常清楚，儘管這是對結構分析使用的。對學習者而言，要能夠閱讀的書能夠有所謂的深入淺出實在難得。

本人很幸運的能夠前往 OSU 學習到海洋結構物受力和分析，當時的課程最主要的就是 CE571 Wave Forces，內容是基礎的造波理論和後續海洋結構物的動力分析。然而，波浪和結構物互相作用分析一直都是很挑戰的問題也是不容易學習的。我認為科學應該都是合理能夠理解的，要能夠有清晰明確的學習內容一直都是我設計教材的目標。

本書名稱“海洋結構的波浪水動力”內容編輯的方式就是由簡單必要的原理開始，以清晰明確的作法敘述，由簡入繁的作一個完整的專門主題介紹。國內在這個領域仍然有其他不少學養深厚的學者。成大系統系黃明志教授在波浪理論，以及波浪與結構物互制有限元素法模擬有其獨到之處；交大土木系吳永照教授在波浪和結構物互相作用領域，在理論解析或者數值計算都有很深入的研究；中山海工系李忠潘教授在流體力學概念，以及波浪與透水結構物的分析有相當深入的見解。本書內容有很多引用到這些學者的成果。

本書為進入“海洋結構物和波浪互相作用”專業領域的入門書籍，以研究方法來說是屬於理論分析的作法。在內容安排上，包括：(一)複習的流體力學、進行波波浪理論、小結構物受波浪作用力。這部份是波浪場沒有變形的基本內容。小結構物受波浪作用僅僅介紹最基本的，足夠在結構物繫纜波浪作用力計算使用。對這方面有專業研究的，在國內為海大海洋系許明光教授，以及他的同門師兄弟鄧中柱博士(Engineering Division Chief, Center for Operational Oceanographic Products and Services)。小結構物波力分析有很大部份在實驗或觀測資料的數據分析，俗稱為 C_D, C_M 的問題。(二)最基礎的造波理論介紹、“造波理論”的最簡單應用、水下結構物波浪散射。這部份為大結構物受力計算的基礎。所謂的大結構物問題，基本上就是波浪場有變形，而無法直接使用進行波理論計算，也因此需要有造波理論。有了造波理論，接下來當然是利用來求解各種各種結構物型態對波浪影響的問題。這裡也安排求解最簡單的波浪全反射問題。利用最簡單的問題，說明問題求解的完整過程。最後才是比較複雜的水下結構物散射問題的應用。MacCamy and Fuchs 直立圓柱的繞射理論為相當特別的一章，由於結構物是圓柱，因此波浪場的求解需要使用圓柱座標來表示，這個問題也可以視為是全反射波浪的一個通式問題。進入浮動式結構物波浪水動力學之前，另外需要的基礎問題就是結構物運動的波浪輻射（wave radiation）問題的求解，也就是結構物在各個自由度運動的造波問題。以二維問題來看，結構物水平運動的問題，直接利用造波理論即可求解。對於結構物垂直運動造波的問題，分離變數法無法直接利用求解。對於這個問題，本書作者另外提出一套求解方法可以順利求解問題。結構物轉動造波問題也因此迎刃而解，更重要的，波浪和結構物的互相作用問題則可以求得理論解析解。

（三）波浪和結構物互相作用問題的分析。這部份首先回顧結構物受力平衡的運動方程式，接著由一維問題說明求解波浪和結構互制問題的原理，說明附加質量（added mass）和輻射阻尼（radiation damping）的概念。然後應用到二維問題的求解，最後也將繫纜所受波浪作用力一併考慮進來。（四）海洋結構相關問題的分析，這部份包括波浪透水結構理論和應用，以及應用結構物樑的理論求解波浪作用可變形結構的問題。波浪透水理論可以說，對於具有保護工的海岸結構物受波浪作用提供一個理論解析解。波浪透水理論主要參考中山海工系李忠潘教授的博士論文。透水結構物的考慮也是由最簡單的突出水面透水堤開始，然後是透水潛堤，最後則為多層多區的透水結構物。（五）時間領域問題的理論解析。這部份內容為本書作者自行提出的理論解析求解方法。內容由斷面造波問題開始，接著為各類型問題的應用，包括底床變動、水面蕩漾、水流引起潮湧。最後也是最特別的，為平面水池方向造波的時間領域理論解析，描述平面水池的水面由靜止開始發展出方向波浪的傳遞，可以具體的、動態的模擬波浪傳遞的特性。

本書的內容整個的來看，剛好都圍繞在波浪和結構物互相作用的問題上面，也顯示作者研究團隊在這個研究主題上的連貫和持續的進行。本書內容的完成，需要感謝過去碩士和博士研究生的協助和努力。在透水結構物和透水彈性底床的藍元志、李俊穎、葉旭璽、王聖瀚；透水潛堤的劉正祺、黃玄、謝偉瓏；多層多區透水結構的鄭又銘；水面浮式結構的陳伯義、葉天宏、曾鼎程、洪偉勝、鄭宇君、高政宏；穩定週期性方向造波的陳俊瑋、郭英助、陳誠宗；可變形結構的黃星諭；水下錨碇結構物的羅鈞瀚；在時間領域解析解方面的胡筆勝、林癸廷、賴威宇、曹瑤。在職專班翁和約、林大原、洪志聖、鄭雅萍、林木成、呂賜興、趙榮宗、陳文忠；海事所曾瑋婷、王顗豪、謝依潔、謝欣蕙、謝佳穎、方景嫻、陳宜芝、曾俊傑、丁嘉鴻。特別需要感謝的胡筆勝，在成大水利系大學部畢業後，轉跑道改念成大物理系碩士班。在時間領域波浪的解析解有胡筆勝和林癸廷的努力理論推導和整理，在線性解方面終於成功。至於在非線性的二階解上面，我們期待未來的研究人員來達成。

書籍出版的編輯和整理的確需要花費相當多的時間和精神，本書內容也因為時間匆促無法涵蓋想包括的全部內容。劉正琪博士的造波理論和透水潛堤都解析到第二階解，斷面造波理論證明進行波有往前質量傳輸，但是造波理論中也有另外一個往後的質量傳輸讓水槽中造波保持質量守恆；透水彈性底床的波浪理論，藍元志博士也考慮到波浪和底床的互相作用；陳俊瑋碩士的穩定週期性方向造波也推導到第二階解；涂力夫博士對於懸垂性繫纜使用有限元素法模擬；陳伯義博士和羅鈞瀚碩士都有將懸垂繫纜加入浮式結構物受波浪作用問題；平面水池時間領域理論解析可以應用到實際海嘯問題，這些都是很值得再加入的內容。無論如何，人類的作為永遠追不上環境的變遷，最後也只能做當時的終結。作者也希望讀者能夠由本書真的學習到想要的知識，祝福大家！

李兆芳 于成大

2020/5/28

目　錄

第一章　概　述

本章大綱

1.1 前言

台灣四面環海，以工程的角度來看海洋，一直以來都是以海岸工程（Coastal Engineering）來稱呼。在基礎入門的學識著重在波浪理論，進階課程則著重在工程設計。在研究所階段的書籍則有近岸水動力學和海岸保護。作者 1977 國立成功大學水利及海洋研究所碩士班畢業後，接著 1982 到美國 Oregon State University 攻讀博士學位，所屬的系所為土木系裡面的 Ocean Engineering Program。當時選修的課程有一門 CE571 Wave Forces 這門課，課程內容由課程名稱可以知道為波浪作用力。當時教這門課的老師 Professor Robert Hudspeth 後來也出版 Wave and Wave Forces on Coastal and Ocean Structures (2006)。本書的整個內容架構為由當時本人博士學生時期所學到的內容，加上本人後續進行研究的理論內容編輯而成。儘管海洋結構物受到的仍然是波浪作用力，但是這裡談的波浪力學和海岸工程裡面的波浪力學仍有些不同。海岸工程裡面談的波浪為進行波（propagating waves），但是海洋工程裡面的波浪為結構物周遭的波浪，則包括進行波以及振盪波（evanescent waves），波浪理論的出發點有些不同。

(1) 海岸工程

海岸工程的範疇中所看到的波浪現象如圖 1-1 所示，連結為（http://www.youtube.com/watch?v=8_D-cWrP_wI），波浪由遠方傳向海岸，波浪波峰線由原本的長峰波轉向海岸線，進而產生淺化折射現象，也伴隨碎波現象，影響到海岸漂沙的則產生海岸侵蝕和淤積現象。就波浪來說，所看的是整體波浪經過海岸地區的傳遞和變形。

圖 1-1　海岸波浪的折射

http://www.youtube.com/watch?v=8_D-cWrP_wI

(2) 海洋工程

在海洋工程中所看到的結構物型式則都是固定或浮在水面或水中，如圖 1-2（http://kampsenergy.blogspot.tw/2012/05/oil-platform.html）所顯示的結構物型式。除了結構物動力分析外，所面臨到的波浪力學則需要計算波浪運動對於結構物產生的作用力，而要能夠計算波浪作用力則需要完全了解結構物周遭的波浪場。相對於海岸工程，在這裡則沒去理會海岸地區的波浪變形，反而著重在結構物四周的波浪場變化。這或許是海岸工程和海洋工程主要的差異。

圖 1-2 各種海洋結構物型式

http://kampsenergy.blogspot.tw/2012/05/oil-platform.html

1.2 海洋工程的應用

海岸工程由傳統的內容加進海洋工程的內容，後續的發展仍然繼續朝科技發展的方向前進。配合大環境對於綠能概念的發展，海岸環境的開發管理朝向親民環境也是一個趨勢。利用天然能源特別是與海面波浪有關的波能發電也是一個發展方向。利用水下植物來對抗海流或者波浪的侵襲力也是一個研究發展的方向。預期未來在這個方向上也會另外激發出相關的研究領域。"親水性"或"柔性"結構物，以及浮動式結構物應用在海岸地區，波浪和結構物的動力分析也需要利用到海洋工程的波力理論。旗津海岸地區規劃配置如圖 1-3，裡面的水下結構物受到波浪作用，或者波浪通過後的變形以及引起漂沙移動和演伸出來的地形變化，也需要海洋工程的分析方法會提供更精確的預測。

圖 1-4 為 Oregon State University 實作的 wave energy converter buoy，圖 1-5 為 Oregon State University 實作的 wave energy 浮動結構物，由於浮體在波浪中運動，因此結構物受波浪作用運動的分析在這些問題的研究上相形重要。圖 1-6 為洪氾淹水時候水流通過樹林的情形，可以作為水流受到植物影響產生現象研究的參考。圖 1-7 為水中

植物在海水流動時植物的運動情形，也可作為利用水中植物對抗水流研究的參考。

圖 1-3　旗津海岸規劃配置空照圖

圖 1-4 OSU wave energy converter buoy 測試

http://www.youtube.com/watch?v=W1DCujhoWkQ

圖 1-5　OSU wave energy 浮體測試

http://www.youtube.com/watch?v=eo_tIXF1l9A

圖 1-6　植物對於水流之影響

http://www.youtube.com/watch?v=-QwhKiOGjHs

圖 1-7　海中水草植物運動情形

http://www.youtube.com/watch?v=GcbU4bfkDA4

1.3 本書編輯內容

涵蓋的內容第一章由海洋工程和海岸工程的差異說明開始，海岸工程著重的在波浪受到海岸地形的影響，而海洋工程則為計算結構物受到周遭波浪的作用力。藉由海洋工程的應用引發海洋工程的學習動機。仍然需要留意到，在此無論是海岸工程或者海洋工程，本書強調的都是波浪或者水流的水動力學，工程方面則不在這裡介紹。第二章，不免俗的，本書也包括相關流體力學和波浪理論，但是，在這裡說明的則是和波浪有關的流體力學，更基本方面的內容建議讀者參考其他書籍。在此著重在波浪水體的運動方式、單向流對圓形斷面作用力的計算，引進作用力的計算型態，如拖曳力（drag force）和附加質量（added mass）的概念，以及靜止物體受到水流作用和物體在原本靜止水中運動受到流體作用力的差異。第三章則敘述進行波的波浪理論。主要的內容仍然是微小振幅波理論、分散方程式求解、以及進行波理論的應用，這裡強調的是進行波為後續章節的基礎，也要引伸出後續和結構物有關的波浪理論－造波理論會有很大的不同。

進入海洋結構物波浪力學領域，有一分支的內容為小結構物受波浪作用力的計算，這是第四章的內容。本書實際上著重在海洋大結構物，但是浮式結構物仍有繫纜錨碇，若考慮到波浪對繫纜的作用力就需要用到小結構波力了。第五章起就開始海洋結構物的波浪動力學介紹。由半潛式海洋結構物（semi-submersibles），可以了解波浪受到結構物影響產生變形，變形的波浪場需要求解分析，以理論分析而言，需要引進造波理論。造波的波浪場才足以描述結構物附近的波浪場。大結構物受力分成固定結構物以及結構物運動的情形，固定結構物為基本的波浪散射效應，但是基礎仍在於結構物的造波問題，因此，第五章介紹完整的造波理論。第六章則開始應用造波理論求解波浪問題，這裡介紹最簡單的波浪全反射問題的求解、最少波浪分區求解的波浪通過一個台階問題、以及水中固定結構物的散射問題求解。第七章為相當特別的一章，MacCamy-Fuchs 直立圓柱繞射理論。介紹入射波通過座落底床但是突出水面的直立圓柱產生繞射波浪的求解。特別的是使用圓柱座標表示入射波以及繞射波浪。第八章則為水中矩形結構物三個自由度方向的造波問題解析，此種問題也稱為波浪輻射（wave radiation）問題，內容除了包括典型的結構物水平運動 surge 造波，也包括結構物垂直 heave 造波和轉動 pitch 造波的求解，引用著者提出的求解非齊性邊界值問題的求解方法。

有了第六章的波浪散射問題和第八章的波浪輻射問題解析，就可以開始波浪和結構物互相作用問題的解析。第九章由結構物動力開始介紹，接著以一維的波浪和結構物互制分析說明問題的特性和解析方法原理，然後介紹二維問題的彈簧錨碇水中浮式結構物和波浪互制分析，最後則加入錨碇彈簧上面的波浪作用力整個問題的解析。

第十章為波浪通過透水結構物問題的解析，先由波浪的透水結構理論，引述自李忠潘教授的博士論文。接著則為波浪通過突出水面直立透水堤問題的求解，這是一個直接應用。其次說明波浪通過透水潛堤的解析，內容引述自劉正琪博士論文，求解方法也使用著者提出的求解非齊性邊界值問題的求解方法。最後則為波浪通過任意介質組成透水結構物的理論解析，引述自鄭又銘博士的求解方法，其方法則為應用 Rojanakamthornet al. (1989) 提出的方法。第十一章則為波浪與可變形結構物互制的理論解析，在此結構物受力變形為使用樑的變形理論來描述。首先說明結構物樑的基本理論，接著為波浪和單一可變形樑互相作用。理論解析的方法主要為仿照 Tanaka and Hudspeth（1988），求解圓柱儲存液體容器受地震作用處理微分方程式的作法。求解問題也延伸到兩列可變形結構物的問題上。第十二章則為時間領域問題的理論解析，在此之前的章節均為使用穩定週期性波浪理論，也就是所描述的問題均已達到穩定週期性（steady and periodic）。時間領域理論解析文獻本來就少，這部份內容為著者研究提出的新作法，描述波浪場由起始開始發展到完全發展，直接應用來看波浪動態特性相當實用。由於時間領域理論解析的作法相當特殊，對於邊界條件的改變大都可以順利的引進相同的求解作法，因此，由於底床變動造成水面水位變化，通稱的海嘯問題（tsunami），以及起始水面有初始變化引致後續水面的振盪，一般稱為蕩漾（seiche），等問題都可以照樣呈現。甚至於，二維的時間領域理論也可以延伸到三維的問題上面，相當重要的平面水池方向造波時間領域問題，前述的海嘯、蕩漾問題都可以延伸到三維問題上面。更進一步的，在本書裡面沒有包括的非線性波浪理論都可以有時間領域的延伸，不過這部份也真的需要後續研究者繼續努力了。

本書內容的編輯先由中文版開始，由於出版時間比較匆促，著者研究觸及的領域沒有全部包含在內，僅包括重要基礎部份。預期後續將再出版海洋結構物的波浪水動力英文版，Wave Hydrodynamics of Ocean Structures，內容將會更完整。

第二章　波浪的流體力學

本章大綱

一般有關波浪力學的書籍在章節裡面都會有流體力學回顧的內容，在這裡我們也不例外。主要的原因在於，波浪水動力學除了描述現象之外，一大部份也在於理論求解問題。除了邊界值問題的求解，也希望能夠利用流體力學的概念能夠將問題描述建立起來。流體力學的範疇相當廣，在此我們也盡量提及和波浪力學有關的概念，特別是和波浪與結構物互相作用分析會使用到的概念。

2.1 水體運動

波浪的傳遞（propagation）除了水面波形（wave form）運動外，主要仍在水體運動，或稱水流或水粒子（fluid particle）運動。而這關聯到流體力學（Fluid Mechanics）。波浪在試驗室造波水槽中造出的情形如連結 2-1 所示，造波水槽一端有造波機運動，波浪造出之後往前傳遞。由該影片擷取出來波浪傳遞的情形則如連結 2-2 所示，由圖可看出進行波往前傳遞，波形保持不變。

【流體性質】

若考慮流體為水或鹽水（海水），則水的特性為無粘性（inviscid; nonviscous），以及不可壓縮（incompressible），即 $\mu=0$，ρ=常數。在一般描述上為：

$$\frac{\partial \rho}{\partial t}=0 \qquad (2\text{-}1)$$

（2-1）式表示密度不隨時間改變。無粘性流體的特性在使用上為需要用到的邊界條件。比較容易了解的說法為，若邊界為靜止，則黏性流體在邊界上的條件為，水粒子速度在邊界上為零。

$$\vec{V}=0 \qquad (2\text{-}2)$$

式中，二維速度表出為$\vec{V}=u\vec{i}+v\vec{j}+w\vec{k}$，$\vec{i}$ $\vec{j}$ 和 $\vec{k}$ 分別為 x, y, z 座標軸的單位向量。若為非粘性流體，則允許水粒子在邊界切線方向移動，但水粒子在法線方向（normal）速度則為零。以式子表出則為：

$$\vec{V}\cdot\vec{n}=0 \qquad (2\text{-}3)$$

其中，$\vec{n}$ 為邊界上的法線方向。

這裡提到的法線方向 $\vec{n}$ 為邊界的法線方向，若邊界的形狀定義為 $F(x,y,z,t)=0$，則法線方向單位向量可寫為：

$$\vec{n}=\frac{\nabla F}{\left|\nabla F\right|} \qquad (2\text{-}4)$$

式中，∇ 為 gradient 運算子。流場的描述中邊界條件的建立，其作用在求解流場時，提供條件用來決定流場微分式積分時產生的積分常數。

【流體運動守恆方程式】

<u>連續方程式</u>：流體流動的質量守恆（或不可壓縮的體積守恆）

描述水流運動，最直接的就是使用流速。利用流速描述流體流動，最開始使用就是質量守恆（或不可壓縮流體的體積守恆）。在作法上為考慮一個立方體（Δx, Δy, Δz）如圖 2-1 所示。為說明方便起見，座標原點定在左下方 ● 位置。考慮水流由左方流向右方（$+x$ 方向），左

方流速為 u，右方流速則為 $u+(\partial u/\partial x)\Delta x$。如果沒有其他流量來源，則 x 方向流出減去流入量可寫為：

$$\left[(u+\frac{\partial u}{\partial x}\Delta x)-u\right]\Delta y\Delta z=0 \tag{2-5}$$

或簡化為：

$$\frac{\partial u}{\partial x}(\Delta x\Delta y\Delta z)=0 \tag{2-6}$$

或寫為：

$$\frac{\partial u}{\partial x}=0 \tag{2-7}$$

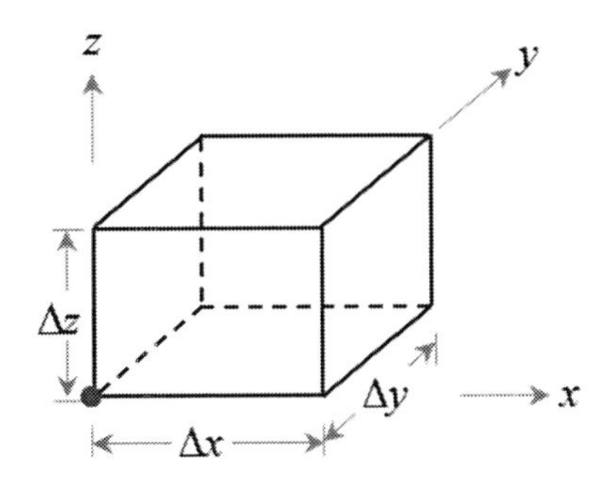

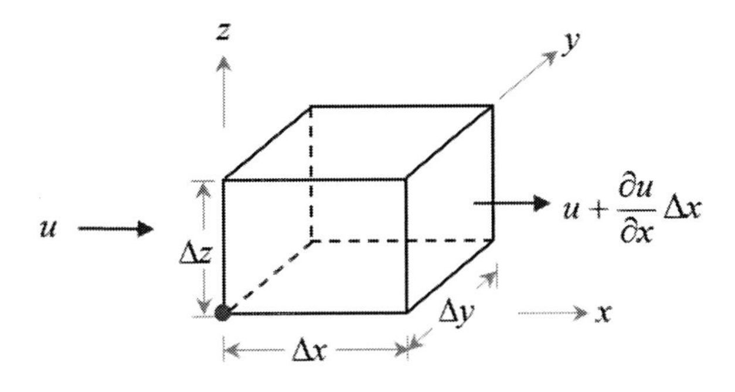

圖 2-1　質量守恆示意圖

若同時考慮座標軸三個座標軸方向則可得：

$$\frac{\partial u}{\partial x}+\frac{\partial v}{\partial y}+\frac{\partial w}{\partial z}=0 \tag{2-8}$$

或寫為：

$$\nabla \cdot \vec{V}=0 \tag{2-9}$$

<u>力平衡方程式或動量方程式</u>：流體受力產生運動的概念

同樣的，若考慮作用在立方體 x 方向之力的平衡，如圖 2-2 所示。

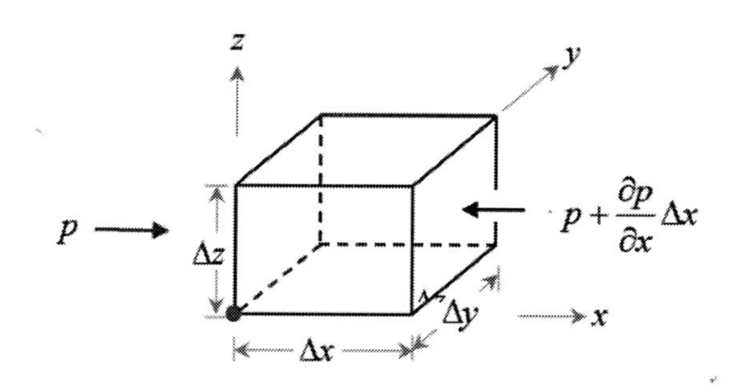

圖 2-2　作用力平衡示意圖

左側壓力為 p，右側壓力為 $p+(\partial p/\partial x)\Delta x$，留意到右側的壓力表示式為左側壓力加上壓力梯度 $(\partial p/\partial x)$ 乘上距離 Δx。同時須留意壓力為向著面的方向。則 x 方向作用力的和（以正的座標軸為正）為各項壓力乘上面積：

$$\left[p-(p+\frac{\partial p}{\partial x}\Delta x)\right]\cdot(\Delta y\Delta z) \tag{2-10}$$

上式可整理為：

$$-\frac{\partial p}{\partial x}\Delta x\Delta y\Delta z \tag{2-11}$$

x 方向的合力如（2-11）式所示，會產生立方體 x 方向的加速度。

$$\rho(\Delta x \Delta y \Delta z)\frac{Du}{Dt} = -\frac{\partial p}{\partial x}(\Delta x \Delta y \Delta z) \tag{2-12}$$

上式中，等號左邊為質量乘上加速度，單位即為力。（2-12）式可整理為：

$$\rho\frac{Du}{Dt} = -\frac{\partial p}{\partial x} \tag{2-13}$$

上式由於消去（$\Delta x\, \Delta y\, \Delta z$），因此也稱為單位體積的力的平衡式。其中，$Du/Dt$ 為加速度，$D(\cdot)/Dt$ 為流體力學的 material derivative，或稱為全微分。x 方向流速的三維全微分通式定義為：

$$\frac{Du}{Dt} = \frac{\partial u}{\partial t} + u\frac{\partial u}{\partial x} + v\frac{\partial u}{\partial y} + w\frac{\partial u}{\partial z} \tag{2-14}$$

上式表示 u 有時間的變化 $\partial u/\partial t$，也有 x 的變化 $\partial u/\partial x$，以及 y、z 的變化 $\partial u/\partial y$、$\partial u/\partial z$。若速度有（x, y, z）的函數，則稱有傳輸（convection）項。（2-14）式若僅考慮 x 方向則為：

$$\frac{Du}{Dt} = \frac{\partial u}{\partial t} + u\frac{\partial u}{\partial x} \tag{2-15}$$

若沒有傳輸項（也可以說忽略非線性項），則再簡化為：

$$\frac{Du}{Dt} = \frac{\partial u}{\partial t} \tag{2-16}$$

由此，則（2-13）式的線性化表示式則為：

$$\rho\frac{\partial u}{\partial t} = -\frac{\partial p}{\partial x} \tag{2-17}$$

由（2-13）和（2-14）式，x, y, z 三個方向的力平衡式可寫為：

$$\rho\frac{\partial u}{\partial t}+u\frac{\partial u}{\partial x}+v\frac{\partial u}{\partial y}+w\frac{\partial u}{\partial z}=-\frac{\partial p}{\partial x} \quad (2\text{-}18)$$

$$\rho\frac{\partial v}{\partial t}+u\frac{\partial v}{\partial x}+v\frac{\partial v}{\partial y}+w\frac{\partial v}{\partial z}=-\frac{\partial p}{\partial x} \quad (2\text{-}19)$$

$$\rho\frac{\partial w}{\partial t}+u\frac{\partial w}{\partial x}+v\frac{\partial w}{\partial y}+w\frac{\partial w}{\partial z}=-\frac{\partial p}{\partial x}-\rho g \quad (2\text{-}20)$$

z 方向力的平衡式（2-20）式多出來$-\rho g$ 項，此乃由於重力加速度所引起的力$-\rho g(\Delta x\Delta y\Delta z)$，重力方向在-$z$ 座標方向，因此重力項為負值。若考慮線性表示式，如（2-17）式，則三個方向力的平衡式可寫為：

$$\rho\frac{\partial u}{\partial t}=-\frac{\partial p}{\partial x} \quad (2\text{-}21)$$

$$\rho\frac{\partial v}{\partial t}=-\frac{\partial p}{\partial y} \quad (2\text{-}22)$$

$$\rho\frac{\partial w}{\partial t}=-\frac{\partial p}{\partial z}-\rho g \quad (2\text{-}23)$$

很明顯的，線性化的表示式與原式差別只在於等號左邊時間微分項的偏微分與全微分的差別。留意到這點很有助於動量方程式的記憶。

利用（2-18）~（2-20）式求解流場的流速 u, v, w，然而在式子中還含有未知的壓力 p，因此在求解上還需要利用連續方程式（2-8）式，配合適當的邊界條件，才足以完整求解流場。

<u>波浪場為非旋流特性</u>：由非旋流定義流速勢函數

進行波波浪場流場的運動如連結 2-3 所示，圖中菱形中心的十字僅隨著波浪場左右擺動，並沒有產生完全翻轉，因此可界定波浪流場

為非旋流。

流場為非旋流（irrotational flow）則由定義可寫出為：

$$\nabla \times \vec{V} = 0 \tag{2-24}$$

其中，×為向量 cross 運算子。另方面，非旋流的流場可定義流速勢函數Φ，其和速度$\vec{V}$之關係可定義為：

$$\vec{V} = -\nabla \Phi \tag{2-25}$$

在座標軸三個方向的分量為：

$$u = -\frac{\partial \Phi}{\partial x} \text{，} v = -\frac{\partial \Phi}{\partial y} \text{，} w = -\frac{\partial \Phi}{\partial z} \tag{2-26}$$

若將（2-26）式代入速度向量的 cross 運算（2-24）式，可得到滿足非旋流定義。

$$\nabla \times \vec{V} = \begin{vmatrix} \vec{i} & \vec{j} & \vec{k} \\ \dfrac{\partial}{\partial x} & \dfrac{\partial}{\partial y} & \dfrac{\partial}{\partial z} \\ u & v & w \end{vmatrix} = \left(\frac{\partial w}{\partial y} - \frac{\partial v}{\partial z}\right)\vec{i} + \left(\frac{\partial u}{\partial z} - \frac{\partial w}{\partial x}\right)\vec{j} + \left(\frac{\partial v}{\partial x} - \frac{\partial u}{\partial y}\right)\vec{k} \tag{2-27}$$

$$\nabla \times (-\nabla \Phi) = 0 \tag{2-28}$$

一般在敘述上，則說明為若流場為非旋流則可定義一個速度勢函數，或者說若使用流速勢函數則隱含流場為非旋流。

Laplace equation：利用非旋流和質量守恆方程式得來

由上，若流場為非旋流則可定義一個勢函數。此時，由連續方程式，速度代入勢函數表示式：

$$\nabla \cdot \vec{V} = \nabla \cdot (-\nabla \Phi) = -\nabla^2 \Phi = 0 \tag{2-29}$$

則可得到 Laplace 方程式：

$$\nabla^2\Phi = 0 \tag{2-30}$$

由（2-30）式可知，描述流場的微分式為 Laplace 方程式，僅需使用一個波浪勢函數，再配合適當的邊界條件即可求解波浪場。這點和前述求解流場 u, v, w, p 使用連續方程式和動量方程式的作法不同。然而求解流場的想法是一樣的，只是使用的微分方程式不同，因而需要使用到的邊界條件也不同。

在此，需要一提的是（2-25）式定義流速和勢函數關係為使用負號。其實使用正號的定義也可以，完全看使用者使用的習慣。一般有說使用負號定義比較符合物理意義。以 x 方向作說明，（2-25）式寫成差分式為：

$$u = -\frac{\Phi_{j+1} - \Phi_j}{x_{j+1} - x_j} \tag{2-31}$$

式中，Φ_{j+1} 與 Φ_j 分別對應 x_{j+1} 與 x_j 位置。由（2-31）式可以看出若 Φ_{j+1} 大於 Φ_j 則流速往-x 方向，符合物理現象。如果流速勢函數使用正號的定義，則結果剛好相反。不過，在目前文獻上仍有許多學派使用正號定義。這只是說明而已，其實使用正號或者負號定義來求解流場，並不影響理論之結果，反而在基礎上，需要留意使用不同的定義，得到的方程式會有怎樣的不同。哪些方程式會受到影響而哪些不會。

Bernoulli equation（由動量方程式轉變而來）

在非旋流的條件下，動量方程式可以轉變為伯努利方程式。以二維（x, z）為例，動量方程式為：

$$\begin{aligned}\frac{\partial u}{\partial t}+u\frac{\partial u}{\partial x}+w\frac{\partial u}{\partial z}&=-\frac{1}{\rho}\frac{\partial p}{\partial x}\\ \frac{\partial w}{\partial t}+u\frac{\partial w}{\partial x}+w\frac{\partial w}{\partial z}&=-\frac{1}{\rho}\frac{\partial p}{\partial z}-g\end{aligned} \qquad (2\text{-}32)$$

配合非旋流條件：

$$\frac{\partial u}{\partial z}=\frac{\partial w}{\partial x} \qquad (2\text{-}33)$$

則動量方程式可改寫為伯努利方程式（Dean and Dalrymple, 1984）：

$$-\frac{\partial \Phi}{\partial t}+\frac{1}{2}\left[\left(\frac{\partial \Phi}{\partial x}\right)^2+\left(\frac{\partial \Phi}{\partial z}\right)^2\right]+\frac{p}{\rho}+gz=0 \qquad (2\text{-}34)$$

由伯努利方程式（2-34）與動量方程式（2-32）作型態上比較，可以看出平方項為速度傳輸項利用非旋流條件轉變而來。第一項為速度代入勢函數表示，因此有負號產生。另外，整個式子有對空間積分一次，而積分常數則納入勢函數，因此勢函數為相對值。（2-34）式若忽略二次平方項，則為線性化伯努利方程式：

$$-\frac{\partial \Phi}{\partial t}+\frac{p}{\rho}+gz=0 \qquad (2\text{-}35)$$

（2-35）式含有時間變化項，因此也稱為 unsteady 伯努利方程式。第一項稱為時間變化項，第二項為壓力項，第三項則為高程項。

<u>波浪場壓力計算</u>：

伯努利方程式，（2-35）式，將勢函數與壓力拉上關係，因此若知道勢函數則可以計算流場壓力，表示為：

$$p=\rho\frac{\partial \Phi}{\partial t}-\rho gz \qquad (2\text{-}36)$$

式中，等號右邊第一項為由流速勢函數計算，稱為動壓力（dynamic pressure）p_d，第二項為水位高程項，稱為靜壓力（static pressure）p_s。在動力分析中一般只計算動壓力變化，因此壓力則表示為：

$$p=\rho\frac{\partial\Phi}{\partial t} \tag{2-37}$$

<u>伯努利方程式詳細推導</u>：（Dean and Dalrymple, 1984）

有關伯努利方程式，（2-34）式，的詳細推導程序，說明如下。動量方程式（2-32）式速度傳輸項代入非旋流表示式（2-33）式，可得：

$$\frac{\partial u}{\partial t}+\frac{\partial(u^2/2)}{\partial x}+\frac{\partial(w^2/2)}{\partial x}=-\frac{1}{\rho}\frac{\partial p}{\partial x} \tag{2-38}$$

$$\frac{\partial w}{\partial t}+\frac{\partial(u^2/2)}{\partial z}+\frac{\partial(w^2/2)}{\partial z}=-\frac{1}{\rho}\frac{\partial p}{\partial z}-g \tag{2-39}$$

（2-38）式和（2-39）式中等號左邊第一項的速度以勢函數表出，則動量方程式改寫為：

$$\frac{\partial}{\partial x}\left[-\frac{\partial\Phi}{\partial t}+\frac{1}{2}\left(u^2+w^2\right)+\frac{p}{\rho}\right]=0 \tag{2-40}$$

$$\frac{\partial}{\partial z}\left[-\frac{\partial\Phi}{\partial t}+\frac{1}{2}\left(u^2+w^2\right)+\frac{p}{\rho}\right]=-g \tag{2-41}$$

留意到（2-40）式和（2-41）式，中括弧裡面的表示式相同，才促成以下的推導。由（2-40）式對 x 積分，可得：

$$-\frac{\partial\Phi}{\partial t}+\frac{1}{2}\left(u^2+w^2\right)+\frac{p}{\rho}=C_1(z,t) \tag{2-42}$$

其中 $C_1(z,t)$ 為積分常數，為（z,t）的函數。另方面由（2-41）式對 z

積分得到：

$$-\frac{\partial \Phi}{\partial t}+\frac{1}{2}\left(u^2+w^2\right)+\frac{p}{\rho}=-gz+C_2(x,t) \qquad (2\text{-}43)$$

其中 $C_2(z,t)$ 為積分常數為（x,t）的函數。由（2-42）式和（2-43）式可看出等號左邊表示式相同，因此：

$$C_1(z,t)=-gz+C_2(x,t) \qquad (2\text{-}44)$$

由（2-44）式進一步可知 $C_2(t)$ 只能為時間 t 的函數，因此由（2-43）式可得：

$$-\frac{\partial \Phi}{\partial t}+\frac{1}{2}\left(u^2+w^2\right)+\frac{p}{\rho}+gz=C_2(t) \qquad (2\text{-}45)$$

（2-45）式中 $C_2(t)$ 可以表示為另一個時間函數的微分結果，即：

$$C_2(t)=\frac{df(t)}{dt} \qquad (2\text{-}46)$$

因此，利用（2-46）式，（2-45）式等號右邊的時間函數，可以併入等號左邊的勢函數項，重新整理為：

$$-\frac{\partial \tilde{\Phi}}{\partial t}+\frac{1}{2}\left(u^2+w^2\right)+\frac{p}{\rho}+gz=0 \qquad (2\text{-}47)$$

其中：

$$\tilde{\Phi}=\Phi+f(t) \qquad (2\text{-}48)$$

（2-48）式表示在固定時間下，$\tilde{\Phi}$ 和 Φ 相差一個常數，或稱為相對基準不同。另方面，（2-47）式等號左邊第二項流速可以用勢函數表出，同時由於：

$$\frac{\partial\tilde{\Phi}}{\partial x}=\frac{\partial\Phi}{\partial x},\ \frac{\partial\tilde{\Phi}}{\partial z}=\frac{\partial\Phi}{\partial z} \qquad (2\text{-}49)$$

因此伯努利方程式可以寫成：

$$-\frac{\partial\tilde{\Phi}}{\partial t}+\frac{1}{2}\left[\left(\frac{\partial\tilde{\Phi}}{\partial x}\right)^2+\left(\frac{\partial\tilde{\Phi}}{\partial z}\right)^2\right]+\frac{p}{\rho}+gz=0 \qquad (2\text{-}50)$$

留意到（2-50）式中，勢函數由於有（2-48）式之定義，其上方有 tilda 符號。在實際使用上有了這項的認知，一般寫出此方程式時也會忽略 tilda 符號成為：

$$-\frac{\partial\Phi}{\partial t}+\frac{1}{2}\left[\left(\frac{\partial\Phi}{\partial x}\right)^2+\left(\frac{\partial\Phi}{\partial z}\right)^2\right]+\frac{p}{\rho}+gz=0 \qquad (2\text{-}51)$$

<u>連續方程式推導另外作法</u>：

考慮流場如圖 2-3 所示，在流場中圈出積分範圍，面積 Ω 邊界 Γ。若考慮流體為不可壓縮，且圈出範圍內沒有其他流量來源，則流體流出所圈出範圍的量滿足下式：

$$\int_{\Gamma}\vec{V}\cdot\vec{n}d\Gamma=0 \qquad (2\text{-}52)$$

式中，$\vec{V}$ 為速度向量，$\vec{n}$ 為邊界上的法線單位向量，可設定為離開圈出範圍的方向為正。此式所表示的意思為流體通過邊界的量整個計算起來為零。藉由線積分轉換為面積分，則（2-52）式可以寫為：

$$\int_{\Omega}\nabla\cdot\vec{V}d\Omega=0 \qquad (2\text{-}53)$$

（2-53）式中由於積分結果為零，因此被積分表示式亦為零，即：

$$\nabla\cdot\vec{V}=0 \qquad (2\text{-}54)$$

（2-54）式即為連續方程式，二維與三維問題均適用。

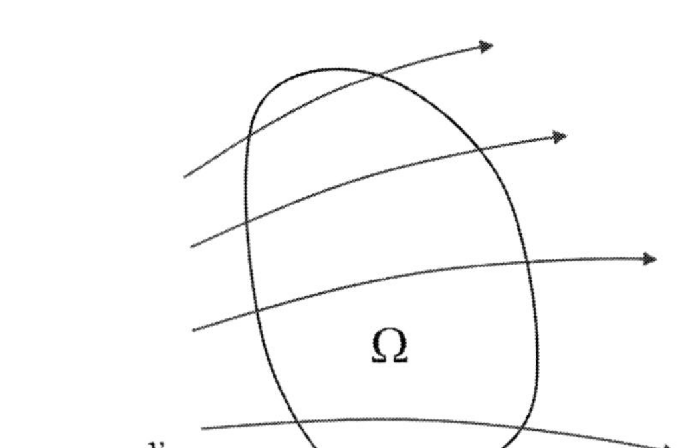

圖 2-3　流場與積分範圍示意圖

2.2 單向流對圓形斷面之作用力

在波浪和結構物互相作用問題的分析中，需要知道波浪場對於結構物作用的效應。我們知道波浪場運動是波峰流速向前而波谷流速向後，往復性的流場對結構物的作用當然比較複雜。因此，入門的作法就是由單向流對結構物作用的分析開始。同樣的，結構物有運動時，也是先由結構物作單向運動的問題分析開始。

流體通過靜止物體：

單向流流經固定圓形斷面，如圖 2-4 所示，理想流體流經圓形斷面所呈現之流線型態。由圖可以看出流型為上下對稱且左右對稱。對於此一問題可以藉由邊界值問題之建立而求解得到流場勢函數的解。詳細推導過程可以參考 Dean and Dalrymple (1984)。

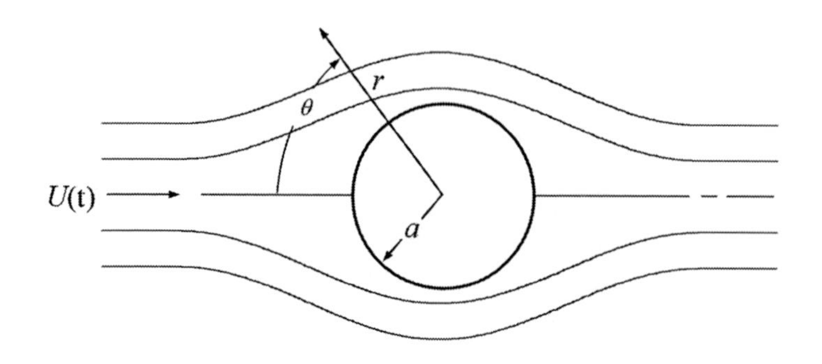

圖 2-4　理想流通過圓形斷面定義圖

如圖 2-4 所示，圓形斷面半徑為 a，流速 $U(t)$ 由左方流經圓形斷面。所求解流場之控制方程式為 Laplace 方程式，可以極座標（r,θ）表示式得到：

$$\nabla^2\Phi(r,\theta,t)=\frac{\partial^2\Phi}{\partial r^2}+\frac{1}{r}\frac{\partial\Phi}{\partial r}+\frac{1}{r^2}\frac{\partial^2\Phi}{\partial\theta^2}=0 \tag{2-55}$$

圓形斷面表面邊界條件為：

$$u_r(a,\theta,t)=-\left.\frac{\partial\Phi}{\partial r}\right|_{r=a}=0 \tag{2-56}$$

對於上述邊界值問題的理論解可以得到為：

$$\Phi(r,\theta,t)=U(t)\cdot r\left(1+\frac{a^2}{r^2}\right)\cos\theta \tag{2-57}$$

（2-57）式之理論解可以檢核得到滿足控制方程式和邊界條件。

有了流場勢函數則可以計算結構物表面的壓力，進而計算作用在結構物上的流體作用力。如圖 2-5 所示，考慮$(\ell,0)$和(a,θ)和兩個位置 $\ell>>a$ 的伯努利方程式：

$$\left[-\frac{\partial\Phi}{\partial t}+\frac{p(r,\theta)}{\rho}+\frac{u_r^{\,2}+u_\theta^{\,2}}{2}\right]_{\substack{r=a\\ \theta=\theta}}=\left[-\frac{\partial\Phi}{\partial t}+\frac{p(r,\theta)}{\rho}+\frac{u_r^{\,2}+u_\theta^{\,2}}{2}\right]_{\substack{r=\ell\\ \theta=0}} \qquad (2\text{-}58)$$

式中，$u_r=-\partial\Phi/\partial r$ ，$u_\theta=-\partial\Phi/(r\partial\theta)$ ，$(\ell,0)$的位置為不受到圓形斷面影響的位置。相對於$(\ell,0)$位置的圓形斷面上的壓力可以表示為：

$$p(a,\theta)-p(\ell,0)=\rho\left[-\left(\frac{\partial\Phi}{\partial t}\right)_{\substack{r=\ell\\ \theta=0}}+\left(\frac{\partial\Phi}{\partial t}\right)_{\substack{r=a\\ \theta=\theta}}+\left(\frac{u_r^{\,2}+u_\theta^{\,2}}{2}\right)_{\substack{r=\ell\\ \theta=0}}-\left(\frac{u_r^{\,2}+u_\theta^{\,2}}{2}\right)_{\substack{r=a\\ \theta=\theta}}\right] \qquad (2\text{-}59)$$

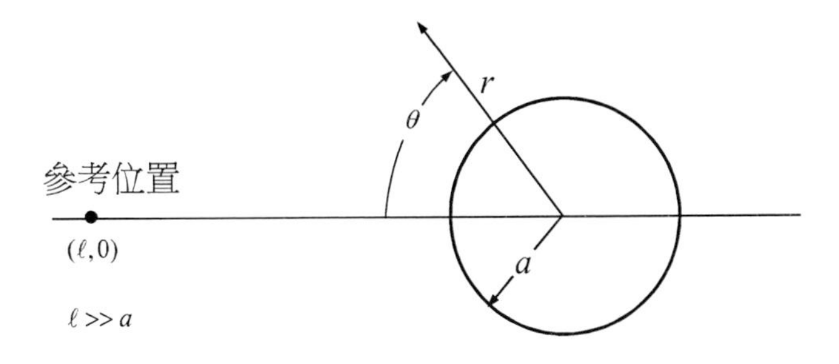

圖 2-5　（ℓ, 0）和（a, θ）兩個位置示意圖

（2-59）式中，由於考慮在平面上，因此高程項消去。代入流場勢函數之表示式：

$$\Phi_t=\frac{dU(t)}{dt}r\left(1+\frac{a^2}{r^2}\right)\cos\theta \qquad (2\text{-}60)$$

$$u_r=-\Phi_r=-U(t)\left(1-\frac{a^2}{r^2}\right)\cos\theta \qquad (2\text{-}61)$$

$$u_\theta=-\frac{1}{r}\Phi_\theta=U(t)\left(1+\frac{a^2}{r^2}\right)\sin\theta \qquad (2\text{-}62)$$

則結構表面的壓力可表示為：

$$p(a,\theta)-p(\ell,0)=\rho\frac{U^2}{2}(1-4\sin^2\theta)+\rho\frac{dU}{dt}(2a\cos\theta-\ell) \qquad (2\text{-}63)$$

（2-63）式中忽略 O（a^2/ℓ^2）平方項，等號右邊第一項與速度平方成正比，與時間微分無關稱為 steady flow term，此項在實際流場為由於物體存在引起流場速度分佈變化，也稱為拖曳項（drag term）。等號右邊第二項則與加速度成正比，稱為 unsteady flow term，也稱為慣性項（inertia term）。

由壓力表示式（2-63）可以計算 x 方向作用力，如圖 2-6 所示：

$$F=\int_0^{2\pi}\left[p\left(a,\theta\right)-p\left(\ell,0\right)\right]\cos\theta\cdot ad\theta \tag{2-64}$$

作用力（2-64）式也可以分成拖曳力與慣性力分別討論。

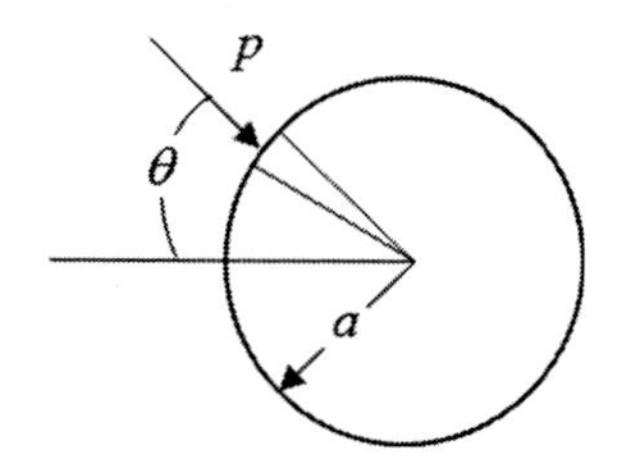

圖 2-6　壓力分佈計算作用力示意圖

由前述相對於拖曳力項之壓力表示式為：

$$p\left(a,\theta\right)-p\left(\ell,\theta\right)=\frac{\rho U^2}{2}(1-4\sin^2\theta) \tag{2-65}$$

上式之結果為考慮理想流體，若以無因次壓力畫出圓形斷面表面之變化則如圖 2-7 所示，圖中 $P_0=P$（ℓ, 0）為參考壓力。由圖可看出壓力值由 1 變化到-3，圓形斷面正前方速度為零而壓力最大，在 $\theta=\pi/2$ 速度最大而相對的壓力最小-3。另由於考慮理想流體，因此在圓形斷面正後方流場回復到與前方對稱。

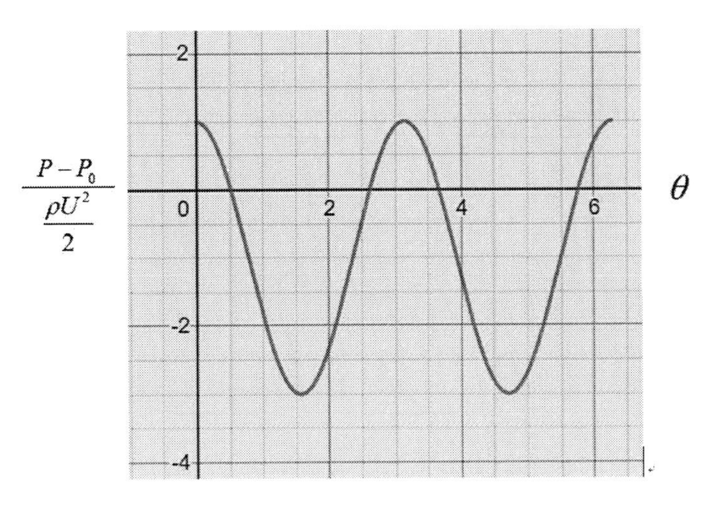

圖 2-7　圓形斷面表面之壓力分佈

由（2-65）式壓力變化計算 x 方向作用力為：

$$F_D=\int_0^{2\pi}\left[\frac{\rho U^2}{2}(1-4\sin^2\theta)\right]\cdot\cos\theta\cdot ad\theta=0 \qquad (2\text{-}66)$$

如同上述說明，由於考慮理想流體流場前後對稱，因此此項作用力為零。

若考慮具有黏性流體，則流體流過結構物，在其後方可能產生渦流進而改變壓力場。連結 2-5 與連結 2-6 分別為低雷諾數和高雷諾數流動。在水平圓柱前後之流場，由圖顯示高雷諾數流動結構物後方有明顯的渦流現象。在實際流體條件下，圓形斷面表面的壓力分佈則如連結 2-7 所示，顯示在分離點 θ_s 之後實際流與理想流的壓力值就開始不同，到 $\theta=180°$ 後實際流的壓力分佈並沒有回升到理想流體的最大值，而隨著流的特性不同而分佈不同。在計算 x 方向作用力上，則對壓力積分分成 $0\le\theta\le\theta_s$ 和 $\theta_s\le\theta\le\pi$ 兩部份：

$$F_D = 2\int_0^{\theta_s} \frac{\rho U^2(t)}{2}\left(1-4\sin^2\theta\right) a\cos\theta d\theta + 2\int_{\theta_s}^{\pi} p_{wake} a\cos\theta d\theta$$

$$= \rho U^2(t) a \left[\int_0^{\theta_s}\left(1-4\sin^2\theta\right)\cos\theta d\theta + 2\int_{\theta_s}^{\pi} \frac{p_{wake}}{\frac{\rho U^2(t)}{2}} \cos\theta d\theta \right] \quad (2\text{-}67)$$

上式中括弧式子可以定義拖曳力係數 C_D，則作用力表示式可另表出為：

$$F_D = C_D \rho D \frac{U^2}{2} \quad (2\text{-}68)$$

式中，直徑 D 可另外說明為投影長度。

至於（2-63）式中的慣性力項作用力則為：

$$F_I = \int_0^{2\pi}\left[\rho\left(2a\cos\theta-\ell\right)\frac{dU}{dt}\right]\cdot\cos\theta\cdot a\cdot d\theta$$

$$= \rho a^2 \frac{dU}{dt}\cdot 2\pi \quad (2\text{-}69)$$

$$= 2\cdot\rho\pi a^2\cdot\frac{dU}{dt}$$

式中可用單位高度體積表示 $\forall = \pi a^2 \cdot (1)$，係數 2 可表為 $1+C_A$，則慣性力（2-69）式可另寫：

$$F_I = (1+C_A)\rho\forall\frac{dU}{dt} \quad (2\text{-}70)$$

其中，C_A 為附加質量（added mass）係數。對圓形斷面而言其值為 1，對於其他一些規則斷面也可以得到理論值。在解釋上為流體流經固定圓形斷面，圓形斷面所受的力為相當於物體體積的流體質量乘上流體加速度（1 部份），加上物體週遭流場改變引起的力（ C_A 部份）。同時，也可定義虛擬質量（virtual mass）係數 C_M ：

$$C_M = 1 + C_A \tag{2-71}$$

綜合上述討論，則實際流體流經結構物對結構的作用力通式，包括拖曳力和慣性力，可以表出為：

$$\begin{aligned} F &= F_D + F_I \\ &= C_D \rho D \frac{U^2}{2} + (1 + C_A)\rho \forall \frac{dU}{dt} \end{aligned} \tag{2-72}$$

2.3 圓形斷面在流體中運動

前述考慮的是水流流經固定在流場中的結構物受力。由於在實際問題中，結構物在流場中也有可能引起運動，因此，運動的結構物在流動流場中的受力分析也相當重要。而比較簡單的情形則為圓形斷面在原先靜止的流場中移動，而來分析結構物的受力。

若考慮理想流體，同時圓形斷面僅往一個方向移動，圓形斷面可具有加速度，如圖 2-8 所示。流體原先靜止，此時圓形斷面不受力；而物體開始移動則改變流場，有流場變化則物體會受力。由（2-70）式之概念可知，由於結構物運動改變流場，物體受力為 $F = C_A \rho \forall \cdot dU/dt$ 。

圓形斷面在原先靜止的流體中運動，所產生的流場亦可以由求解流場邊界值問題得到。邊界值問題可寫出為：

$$\nabla^2 \Phi(r,\theta,t) = 0 \tag{2-73}$$

$$\frac{\partial \Phi}{\partial r}\Big|_{r=a} = V(t)\cos\theta \tag{2-74}$$

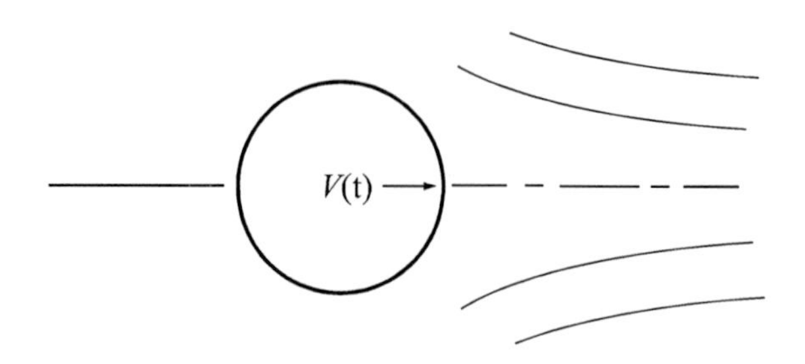

圖 2-8　圓形斷面在理想流體中移動

此問題之解析解可表出為（Dean and Dalrymple, 1984）：

$$\Phi(r,\theta,t)=V(t)\frac{a^2}{r}\cos\theta \tag{2-75}$$

圓形斷面表面相對於水平軸無限遠處（$\ell,0$）, $\ell >> a$ 之壓力可表出為：

$$p(r,\theta)-p(\ell,0)=\rho\left[\left(\frac{\partial\Phi}{\partial t}\right)\Big|_{r=a}-\left(\frac{\partial\Phi}{\partial t}\right)\Big|_{\substack{r=\ell\\ \theta=0}}\right] \tag{2-76}$$

x 方向的流體作用力為：

$$\begin{aligned}F&=\int_0^{2\pi}p(a,\theta)\cos\theta\cdot a\cdot d\theta\\&=\rho\cdot\pi a^2\cdot\frac{dV(t)}{dt}\\&=1\cdot\rho\forall\cdot\frac{dV(t)}{dt}\\&=C_A\cdot\rho\forall\cdot\frac{dV(t)}{dt}\end{aligned} \tag{2-77}$$

（2-77）式所得到流體作用力為相當於物體體積的流體質量乘上物體運動加速度。由於物體在流體中運動，所造成對於流體的影響為改變流場流速分佈。在此圓形斷面的附加質量係數 C_A=1，若物體為其他幾何形狀則為其他數值。

值得一提的，實際上在靜止流體中移動物體，所需要施加在物體上的力為：

$$\begin{aligned} F_s &= m_s \frac{dV}{dt} + C_A \cdot \rho\forall \cdot \frac{dV(t)}{dt} \\ &= \left(\frac{\rho_s}{\rho} + C_A\right) \cdot \rho\forall \cdot \frac{dV(t)}{dt} \end{aligned} \tag{2-78}$$

由（2-78）式可知，當結構物密度與流體相同時，則施加在物體上的力，與物體固定而流體流速為 $V(t)$ 時物體所受流體作用力相同。

到此可整理，實際流體流經靜止的物體，作用其上之作用力為：

$$F = C_D D \frac{\rho U^2}{2} + C_M \rho\forall \frac{dU}{dt} \tag{2-79}$$

其中，虛擬質量係數與附加質量係數關係為 $C_M=1+C_A$。而流體原為靜止，物體運動其中，作用其上之流體作用力為：

$$F = C_D D \frac{\rho V^2}{2} + C_A \rho\forall \frac{dV}{dt} \tag{2-80}$$

若考慮理想流體則上述拖曳力項為零。

這部份流體力學的概念可以利用來計算結構物在波浪場中的受力計算。在此值得注意的，波浪場為具有自由水面以及在水深方向有流速的變化，同時若波浪為往復性的週期性運動，則將影響流體作用在結構物上作用力的型態，連結 2-8 與連結 2-9 為圓形斷面左右移動而在其後方產生渦流的情形。

【本章連結】

連結 2-1　試驗室造波水槽造波：

（https://www.youtube.com/watch?v=qls9fSLtKiQ）

連結 2-2　進行波在傳遞之情形：

（https://www.youtube.com/watch?v=qls9fSLtKiQ）

連結 2-3　進行波波浪場為非旋流（菱形的十字沒有翻轉）：

（http://www.youtub-e.com/watch?v=7yPTa8qi5X8）

連結 2-4　理想流通過圓形斷面：

（https://www.youtube.com/watch?v=Ekd8cz-wELOc）

連結 2-5　低雷諾數圓形斷面上之流線：

（https://www.youtube.com/watch?v=0T-hQ_nD97hY）

連結 2-6　高雷諾數圓形斷面上之流線：

（https://www.youtube.com/watch?v=0T-hQ_nD97hY）

連結 2-7　理想流和實際流體圓形斷面壓力分：

（ http://www.nurflugel.com/Nurflugel/Horten_Nurflugels/theory/body_theory.html）

連結 2-8　移動圓形斷面由左往右產生之流場：

（https://www.youtube.com/wa-tch?v=xOHAI8r1it4）

連結 2-9　移動圓形斷面再由右往左產生之流場：

（https://www.youtube.com/watch?v=xOHAI8r1it4）

【參考文獻】

1. Dean, R.G. and R.A. Dalrymple, Water Wave Mechanics for Engineers and Scientists, Englewood Cliffs, New Jersey, 1984.

第三章　進行波的波浪理論

本章大綱

3.1　波浪進行的型態：(1) 不規則波、規則波；(2) 波形時間變化、穩定週期性；(3) 波長（L）、週期（T）、波速(c)；(4) 波浪傳遞方向、週波數（wave number K）、角頻率（angular frequency ω）。

3.2　進行波（propagating waves）波浪場：(a) 波浪場控制方程式、(b) 水面水底邊界條件、(c) 微小振幅波、(d) 波浪場理論解、(e) 水位變化、(f) 波浪場壓力。

3.3　分散方程式求解。

本章標題指出進行波的波浪理論，所列出的也僅僅是具有進行波特性的波浪，在概念上也隱含波浪場中除了進行波也還有其他種類的波浪。在進入海洋結構物的波浪場領域之前，很有可能讀者已經學習過海岸工程，而在其中所使用到的波浪理論大都也都是進行波。在本書的內容安排上，進行波視為已經學習過的備忘內容，更詳細的理論推導要請讀者參考其他海岸相關的書籍，如 Dean and Dalrymple (1984)。

3.1 波浪進行的型態

實際海面為不規則水位變化，海面波浪在時間和空間上都相當紛紜（random）或隨機（stochastic），如連結 3-1 所示。水位高低變化相當不規則，同時，波峰線長短相當不一致。就分析而言，不規則波（irregular wave）可以利用規則波（regular wave）合成表示，如圖 3-1 所示。不規則的水位變化由三個不同振幅的不同頻率規則波水位來合成。規則波浪則可以使用週期函數，如三角函數，表出，所謂利用單一頻率波（monochromatic wave）表出。而在研究上，則大都先由規則波著手，然後再利用線性進入不規則波領域。

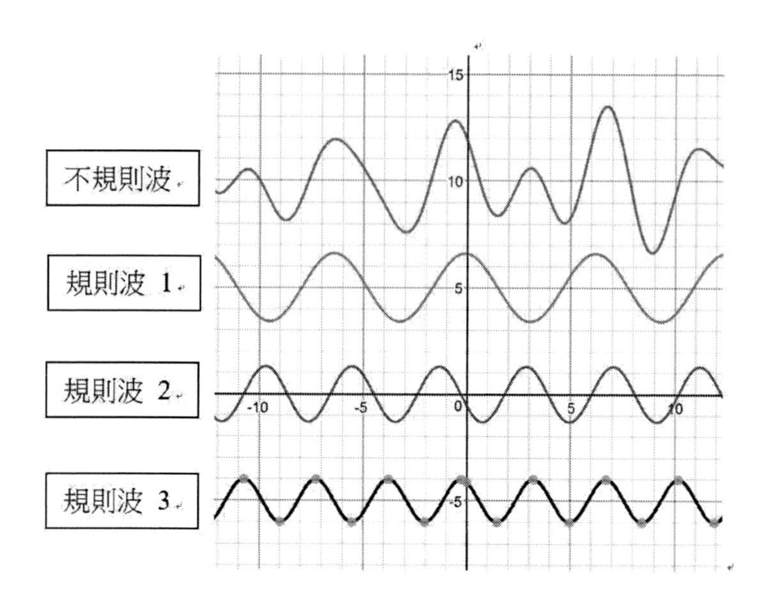

圖 3-1　不規則波可以由規則成份波組成

對於規則波浪的描述還有一點需要留意的。以水槽中造出波浪為例子作說明。連結 3-2 中波浪為由水面靜止開始造出波浪，這種方式的描述方式，我們稱之為時間領域（time domain）的波浪。連結 3-3 中波浪已經穩定形成，前面那段波浪由靜止開始形成的過程已經去掉，我們只在意穩定波形的特性，這種方式的描述，則稱之為頻率領域（frequency domain）的波浪描述。

對於規則進行波（propagating wave）在斷面上的水面波形如圖 3-2 所示，波形明顯呈現為週期性。在平面的波浪型態上，波峰（wave crest）線很長且為直線，也稱為長峰波（long-crested waves）。

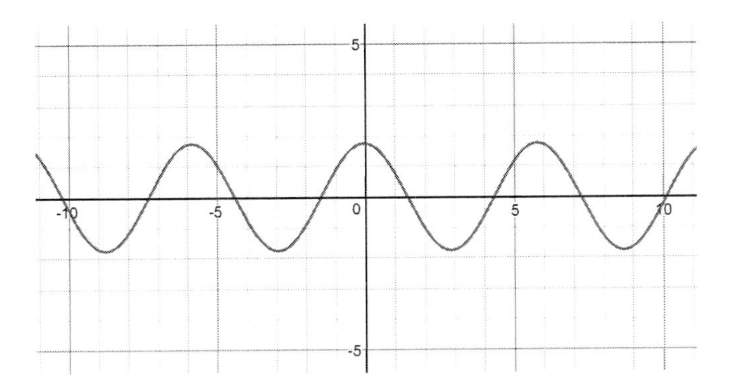

圖 3-2　理論規則波之波形

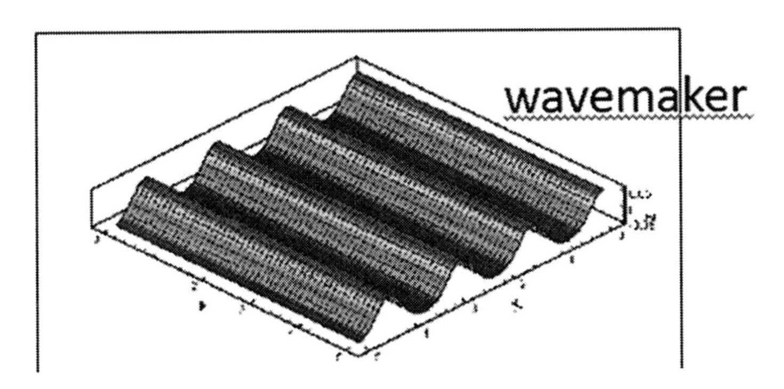

圖 3-3　平面水池規則長峰波

【<u>波速</u>】

由規則波波形可以很容易的定義出波浪波長 L，同時由水面固定位置量測水位的波峰波谷變化的時間，可以量測得到波浪的週期 T，這樣就可以定義波速（wave celerity）。

$$c = \frac{L}{T} \tag{3-1}$$

另外，由波形可以定義波高（wave height）H，為波峰（wave peak）到波谷（wave trough）的距離，以及振幅（amplitude）$A = H／2$ 為波高的一半。

【波浪傳遞方向】

波浪波形的傳遞可以由連結 3-4 的影片看出來，波形由左往右邊傳遞。若波浪波形往+x 方向傳遞，則描述波浪的函數可寫為（$x-ct$）的函數，如波浪勢函數則為 $\Phi(x-ct)$。要說明其為往 $+x$ 方向傳遞的波浪，在作法上，可定義移動座標 $X=x-ct$，意思為把座標定在移動波形上，則在移動座標上看到波形為靜止，即對 X 取全微分等於零。

$$\frac{DX}{Dt}=0 \tag{3-2}$$

由上式，按照全微分定義可得：

$$\frac{\partial(x-ct)}{\partial t}+u\frac{\partial(x-ct)}{\partial x}=0 \tag{3-3}$$

或得到：

$$u=c \tag{3-4}$$

即得到波形前進的速度為 c，意即波浪函數 $\Phi(x-ct)$ 表示為往+x 方向傳遞且波形速度為為 c。同理也可證明 $\Phi(x+ct)$ 為往-x 方向傳遞的波浪函數。留意到往+x 方向的波浪函數也可以寫為 $\Phi(-x+ct)$，而往 $-x$ 的波浪也可以寫為 $\Phi(-x-ct)$。利用 Desmos 可作出動態圖形呈現波形的運動特性。（https://www.desmos.com/calculator/teapve8xtj）

【週波數（wave number）】

利用波形的週期性可以定義週波數。週期性水位變化可寫為：

$$\eta(x,t)=\frac{H}{2}\cos(Kx-\omega t) \tag{3-5}$$

而由於在 x 方向週期變化，x_0 位置水位為：

$$\eta(x_0,t)=\frac{H}{2}\cos(Kx_0-\omega t) \tag{3-6}$$

在 x_0+L 位置水位則為：

$$\eta(x_0+L,t)=\frac{H}{2}\cos\left[K(x_0+L)-\omega t\right] \tag{3-7}$$

而由水位的週期性也可表出為：

$$\eta(x_0+L,t)=\frac{H}{2}\cos\left(Kx_0+2\pi-\omega t\right) \tag{3-8}$$

由（3-7）（3-8）兩式可得到 $KL=2\pi$，或寫為：

$$K=\frac{2\pi}{L} \tag{3-9}$$

（3-9）式即為週波數定義。同樣的，波浪在「時間方面的週期性」亦可同樣定義角頻率（angular frequency）：

$$\omega=\frac{2\pi}{T} \tag{3-10}$$

而波速（wave celerity）則可以利用週波數和角頻率表出為：

$$c=\frac{L}{T}=\frac{2\pi/T}{2\pi/L}=\frac{\omega}{K} \tag{3-11}$$

亦即進行波函數 $\Phi(x-ct)$ 可以寫成 $\Phi(Kx-\omega t)$，而後者的表示方式比較普遍。

3.2 進行波波浪場

已知規則進行波，波高 H，週期 T，所在位置等水深 h，往 $+x$ 方向傳遞。知道這樣的水面波浪條件，無論就研究波浪行為或者工程應用而言，都會希望能夠進一步知道波浪場的特性，例如水粒子運動的位移或速度、波浪場的壓力等等。然而如何得到這些資訊呢？就理論的著眼點來看，就是得到波浪場的理論描述。而波浪場的理論描述基本上就是由給定進行波的條件去得到一個波浪場的數學描述，此一數學描述即為由給定進行波的條件去建立並得到數學問題的理論解。

由給定的進行波條件，以下說明建立一個數學問題的作法。首先設定描述問題的座標系統如圖 3-4 所示，x 座標向右為正，z 座標向上為正，靜水位（still water level）定在 $z=0$ 的位置，底床則在 $z=-h$。圖中也同時畫出波浪水面波形，波浪水面位置或稱水位（surface elevation）變化定義為：

$$z=\eta(x,t) \tag{3-12}$$

描述波浪場基本上為使用流速來說明，即使用流速的動量方程式以及連續方程式來求解。然而波浪場為非旋流，因此利用非旋流特性可定義波浪勢函數，然後藉由連續方程式得到 Laplace 方程式，如前所述。

$$\nabla^2\Phi\left(x,z,t\right)=0 \tag{3-13}$$

上式即為描述波浪場運動的微分式，或稱為控制方程式（governing equation）。而求解此式則需要使用所謂的邊界條件（boundary conditions）。以圖 3-4 所描述，需要用到的邊界條件包括水面邊界條件以及底床邊界條件。

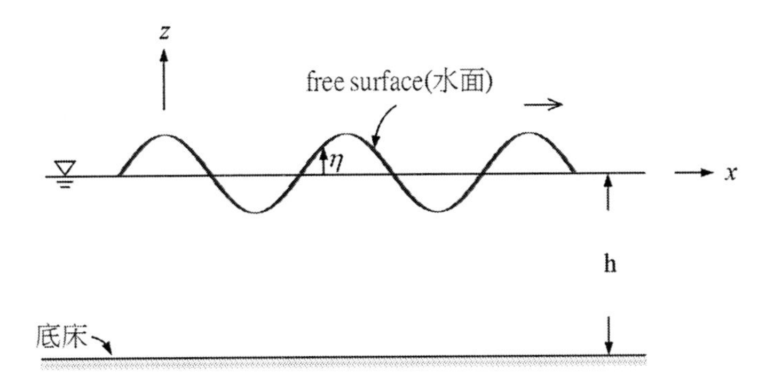

圖 3-4　進行波理論解析示意圖

在此值得留意的，由於非旋流特性使得原本使用流速和壓力（u, w, p）描述波浪場變成使用勢函數（Φ），當然求解微分式需要的邊界條件的形式也跟著改變。這個作法上的改變，以及隨著改變的形式，會影響到求解問題的可能性或者難易度。

水面邊界條件：

相對於所使用的座標系統，水面位置可表出為 $z=\eta(x,t)$ 或寫為方程式：

$$F(x,z,t)=z-\eta(x,t)=0 \tag{3-14}$$

利用座標定在移動物體上面觀察到物體相對運動為靜止，對（3-14）式取全微分 $\frac{DF}{Dt}=0$，可得：

$$-\frac{\partial\eta}{\partial t}-u\frac{\partial\eta}{\partial x}+w=0,\ \ z=\eta \tag{3-15}$$

留意到（3-15）式為計算在變動位置 $z=\eta$ 上面。就分析（理論或計算）而言，波浪水面為所謂的移動邊界（moving boundary），讓問題的處理變得比較困難。在此為讓理論分析可行，因此對（3-15）式利用 Taylor

級數對 $z=0$ 展開，寫出為：

$$\begin{aligned}&(-\frac{\partial\eta}{\partial t}-u\frac{\partial\eta}{\partial x}+w)_{z=\eta}\\&=(-\frac{\partial\eta}{\partial t}-u\frac{\partial\eta}{\partial x}+w)_{z=0}+\eta\cdot\frac{\partial}{\partial z}(-\frac{\partial\eta}{\partial t}-u\frac{\partial\eta}{\partial x}+w)_{z=0}+\ldots=0\end{aligned} \tag{3-16}$$

（3-16）式中，若忽略相乘項（二次方以上），則式子可簡化寫為：

$$-\frac{\partial\eta}{\partial t}+w=0,\ z=0 \tag{3-17}$$

式中，速度利用勢函數表出則改寫為：

$$\frac{\partial\eta}{\partial t}+\frac{\partial\Phi}{\partial z}=0,\ z=0 \tag{3-18}$$

由於（3-18）式為描述水面的運動位置，因此稱之為運動邊界條件（kinematic boundary condition）。然而，此式含有原本流場的 Φ 以及加進來未知的水位 η，因此波浪水面邊界條件需要另一個式子才能完整的描述邊界條件。在一般分析上，邊界條件有運動條件和動力（dynamic）條件兩種。在此一個條件不夠使用則加入於另一個動力條件。動力條件為力或流體壓力的關係式，因此考慮到使用伯努利方程式。

由伯努利方程式計算在水面位置 $z=\eta$，配合水面相對壓力為零 $p=0$，可得：

$$-\frac{\partial\Phi}{\partial t}+\frac{1}{2}\left(u^2+w^2\right)+g\eta=0,\ z=\eta \tag{3-19}$$

同樣的，（3-19）式利用 Taylor 級數展開計算在平衡位置 $z=0$，式子寫出為：

$$(-\frac{\partial\Phi}{\partial t}+\frac{1}{2}\left(u^2+w^2\right)+g\eta)_{z=\eta}=(-\frac{\partial\Phi}{\partial t}+\frac{1}{2}\left(u^2+w^2\right)+g\eta)_{z=0}+ \\ \eta\cdot\frac{\partial}{\partial z}(-\frac{\partial\Phi}{\partial t}+\frac{1}{2}\left(u^2+w^2\right)+g\eta)_{z=0}+...=0 \quad (3\text{-}20)$$

（3-20）式取線性項簡化成為：

$$-\frac{\partial\Phi}{\partial t}+g\eta=0,\ \ z=0 \quad (3\text{-}21)$$

（3-21）式則稱為水面的動力邊界條件（dynamic boundary condition）。上述水面運動和動力邊界條件可以透過消去水位 η 合併起來，得到：

$$\frac{\partial\Phi}{\partial z}+\frac{1}{g}\frac{\partial^2\Phi}{\partial t^2}=0,\ \ z=0 \quad (3\text{-}22)$$

（3-22）式則稱為水面合併的運動和動力的邊界條件（combined kinematic and dynamic condition）。

水底邊界條件：

若考慮底床為不可透水，則由非粘性流體特性，底床邊界條件可寫為：

$$\frac{\partial\Phi}{\partial z}=0,\ \ z=-h \quad (3\text{-}23)$$

上述描述波浪場的控制方程式和水面以及底床邊界條件為描述水面進行波的數學描述方式，而線性波理論則為求解此一數學問題得到的理論解析解。理論解的求得則為由控制方程式著手，配合邊界條件進行求解。

波浪場理論解：

由於所考慮進行波浪為穩定週期性運動（steady and periodic motion），波浪勢函數可以先提出週期性時間項：

$$\Phi(x,z,t)=\phi(x,z)\cdot e^{-i\omega t} \tag{3-24}$$

（3-24）式時間項為以複數表示。而利用複數型態進行理論解析，主要用意為簡化推導過程。若以實數進行推導，波浪勢函數也可以表出，如：

$$\Phi(x,z,t)=\phi(x,z)\cdot\cos\omega t \tag{3-25}$$

需要留意到若利用複數型態進行理論推導，（3-24）式中 $\phi(x,z)$ 可能為複數，因此，整個表示式的實數部份才代表物理量：

$$\Phi(x,z,t)=\mathrm{Re}\left\{\phi(x,z)\cdot e^{-i\omega t}\right\} \tag{3-26}$$

其中，Re 代表取實數部份。

利用（3-24）式的表示方式，則波浪問題控制方程式和水面以及底床邊界條件可以重新分別改寫為：

$$\frac{\partial^2\phi}{\partial x^2}+\frac{\partial^2\phi}{\partial z^2}=0 \tag{3-27}$$

$$\frac{\partial\phi}{\partial z}=\frac{\omega^2}{g}\phi,\quad z=0 \tag{3-28}$$

$$\frac{\partial\phi}{\partial z}=0,\quad z=-h \tag{3-29}$$

另由波浪在 x 方向為週期性，且波浪往+x 方向傳遞，配合時間項表示方式，波浪勢函數可寫為：

$$\Phi\left(x,z,t\right)=Z(z)\cdot e^{iKx}\cdot e^{-i\omega t} \tag{3-30}$$

留意到表示式中，$e^{iKx}\cdot e^{-i\omega t}=e^{i(Kx-\omega t)}=e^{iK(x-ct)}$ 為（$x-ct$）的函數，表示波速為 c。利用（3-30）式，波浪邊界值問題（3-27）式~（3-29）式可改寫為：

$$\frac{d^2Z}{dz^2}-K^2Z=0 \tag{3-31}$$

$$\frac{dZ}{dz}=\frac{\omega^2}{g}Z \quad , \quad z=0 \tag{3-32}$$

$$\frac{dZ}{dz}=0, \quad z=-h \tag{3-33}$$

（3-31）式為二階常微分方程式，解可表出為：

$$Z=\tilde{A}e^{-Kz}+\tilde{B}e^{+Kz} \tag{3-34}$$

式中未定係數 $\tilde{A},\tilde{B}$ 可以由底床邊界條件和水面波高求得。由底床邊界條件可得：

$$-K\tilde{A}e^{Kh}+K\tilde{B}e^{-Kh}=0 \tag{3-35}$$

整理化簡為：

$$\tilde{A}=\tilde{B}e^{-2Kh} \tag{3-36}$$

據此，利用關係式：

$$\cosh K(z+h)=\frac{e^{-K(z+h)}+e^{K(z+h)}}{2} \tag{3-37}$$

（3-34）式可寫為：

$$Z(z)=B\cosh K(z+h) \tag{3-38}$$

其中：

$$B = 2\tilde{B}e^{-Kh} \tag{3-39}$$

留意到（3-38）式中 K 仍為未知。若將（3-38）式代入水面邊界條件可得：

$$BK\sinh Kh = \frac{\omega^2}{g}B\cosh Kh \tag{3-40}$$

或進一步化簡為：

$$\omega^2 = gK\tanh Kh \tag{3-41}$$

（3-41）式稱為分散方程式（dispersion equation）。利用此式，由已知水深 h，和波浪週期 T，即可以求解波浪週波數（wave number）K。留意到而（3-41）式為非線性方程式，因此需要利用數值方法計算，或者利用近似表示式表出。週波數的計算將在後續說明。至此，波浪勢函數得到的表示式為：

$$\begin{aligned}\Phi(x,z,t) &= Z(z)\cdot \mathrm{X}(x)\cdot e^{-i\omega t}\\ &= B\cosh K(z+h)\cdot e^{iKx}\cdot e^{-i\omega t}\end{aligned} \tag{3-42}$$

其中未定係數 B 可由給定的波高 H 求得。由水面動力邊界條件可以得到水位變化表示式：

$$\eta = \frac{1}{g}\frac{\partial \Phi}{\partial t}\bigg|_{z=0} \tag{3-43}$$

（3-43）式代入波浪勢函數（3-42）式可得：

$$\eta = \frac{-i\omega}{g}B\cosh Kh\cdot e^{iKx}\cdot e^{-i\omega t} \tag{3-44}$$

水位變化振幅（amplitude）為：

$$A=\left|\frac{-i\omega}{g}\ \mathrm{B}\cosh \mathrm{Kh}\right|=\frac{\omega B}{g}\cosh Kh \tag{3-45}$$

水位變化振幅的說明參考註解。由給定波高和振幅關係 $H=2A$ 可得：

$$B=\frac{H}{2}\frac{g}{\omega\cosh Kh} \tag{3-46}$$

因此，進行波勢函數可寫出為：

$$\Phi(x,z,t)=\frac{Hg}{2\omega}\frac{\cosh K(z+h)}{\cosh Kh}e^{i(Kx-\omega t)} \tag{3-47}$$

若只寫出物理量的實數部分則為：

$$\Phi(x,z,t)=\frac{Hg}{2\omega}\frac{\cosh K(z+h)}{\cosh Kh}\cos(Kx-\omega t) \tag{3-48}$$

【波浪水位變化】

相對應的水位變化可由柏努利方程式代入勢函數表示式表出為：

$$\eta(x,t)=-i\frac{H}{2}e^{i(Kx-\omega t)} \tag{3-49}$$

或者實數部份表示式為：

$$\eta(x,t)=\frac{H}{2}\sin(Kx-\omega\, t) \tag{3-50}$$

至此，除了週波數的計算外，對於水面上有一進行波波浪理論的描述就告一段落。

【<u>波浪場壓力</u>】

利用所得到波浪勢函數就可以計算波浪動壓力。波浪場動壓力可由伯努利方程式表示為：

$$\begin{aligned} p(x,z,t) &= \rho\frac{\partial\Phi}{\partial t} \\ &= -i\rho g\frac{H}{2}\frac{\cosh K(z+h)}{\cosh Kh}e^{i(Kx-\omega t)} \end{aligned} \quad (3\text{-}51)$$

其振幅則為：

$$\bar{p} = \rho g\frac{H}{2}\frac{\cosh K(z+h)}{\cosh Kh} \quad (3\text{-}52)$$

比較動壓力和水位表示式可得：

$$p = \rho g\cdot K_p\cdot\eta \quad (3\text{-}53)$$

其中：

$$K_p = \frac{\cosh K(z+h)}{\cosh Kh} \quad (3\text{-}54)$$

K_p 稱為壓力反應因子（pressure response factor），或稱為壓力轉換函數（transfer function）。

【**註 1**】水位變化振幅說明

由前，波浪水位變化可表示為：

$$\eta = \frac{-i\omega}{g}B\cosh Kh\cdot e^{iKx}\cdot e^{-i\omega t} \quad (3\text{-}55)$$

上式的通式可以寫為：

$$\eta = \mathrm{A} \cdot e^{i(Kx-\omega t)} \tag{3-56}$$

其中：

$$\mathrm{A} = (a + ib) \tag{3-57}$$

或進一步改寫為：

$$\eta = |\mathrm{A}| \cdot e^{i(Kx-\omega t+\theta)} \tag{3-58}$$

式中：

$$|\mathrm{A}| = |a + ib| = \sqrt{a^2 + b^2} \tag{3-59}$$

$$\theta = \tan^{-1}\left(\frac{b}{a}\right) \tag{3-60}$$

式中$|A|$稱為振幅，θ稱為相位差（phase lag）。

【註 2】

雙曲線三角函數可以參考：

https://en.wikipedia.org/wiki/Hyperbolic_function

3.3 分散方程式求解

波浪理論中出現的週波數 K 需要由分散方程式計算出來。在此順便一提的，使用分離變數法求解邊界值問題的時機，只要問題領域為矩形的幾何型態均可以進行，但是分離常數就需要有一個式子能夠計算出來，這樣才真正確保分離變數法可以適用。

【分散方程式的求解】

由分散方程式 $\omega^2 = gK\tanh Kh$ ，可以看出週波數 K 的求解，需要給定波浪的週期 T 和水深 h ，然後計算週波數。 $\omega = 2\pi / T$ 、 $g = 9.81\,m/\sec^2$ 。分散方程式中所求解的週波數含有相乘項，即所謂非線性（nonlinear）方程式，因此，在計算上需要特別留意是否有解，以及是否有唯一解。

在作法上，一般先判斷是否有解，若將分散方程式改寫為：

$$\frac{\omega^2 h}{g}\frac{1}{Kh} = \tanh Kh \tag{3-61}$$

則上式等號左邊和等號右邊圖形畫出，如圖 3-5 所示。由圖可看出兩條曲線相交於一點，因此可確定方程式有解，且有唯一解。

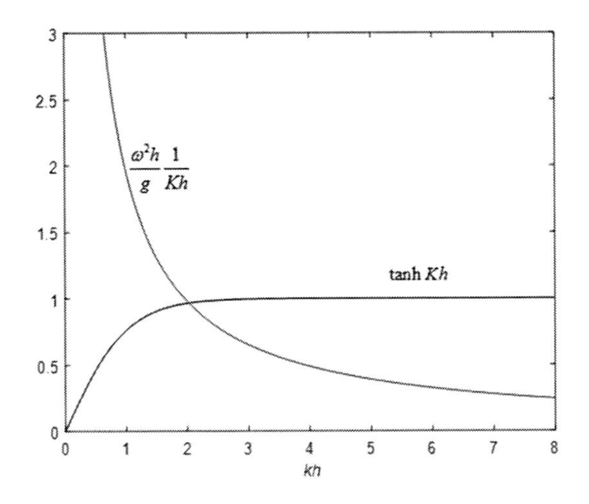

圖 3-5　分散方程式求解圖解法

在數值計算上，一般使用牛頓（Newton）法數值求解。其原理為利用泰勒（Taylor）級數展開，所求解方程式寫為：

$$F(x)=0 \tag{3-62}$$

對於所求解方程式，假設解為 x_0（當然此為猜測的值，且一般不會滿足方程式），在計算上希望有一個很好的修正量 Δx，可滿足方程式，即：

$$F(x_0+\Delta x)=0 \tag{3-63}$$

在這樣的條件下，可將（3-63）式對 x_0 展開，可得表示式：

$$F\left(x_0+\Delta x\right)=F\left(x_0\right)+\Delta x\cdot F'(x_0)+.....=0 \tag{3-64}$$

忽略二次方以上的項，整理（3-64）式可得到修正量 Δx 的表示式：

$$\Delta x=-\frac{F\left(x_0\right)}{F'(x_0)} \tag{3-65}$$

在計算上，先給予起始猜測值（initial guess）x_0，然後藉由（3-65）式計算修正量 Δx，接著更新猜測值為($x_0+\Delta x$)，然後繼續計算修正量，直到修正量小於所要求的誤差 ε，如使用無因次量，則表示式可為：

$$\left|\frac{\Delta x}{x_0+\Delta x}\right|<\varepsilon \tag{3-66}$$

基於上述牛頓法，分散方程式可改寫為：

$$F(Kh)=\frac{\omega^2 h}{g}-Kh\tanh Kh=0 \tag{3-67}$$

或重新定義為：

$$F(x)=c_0-x\tanh x \tag{3-68}$$

其中，$c_0=\omega^2 h/g$，$x=Kh$。另外，計算中需要用到方程式的一次微分：

$$F'(x)=-\tanh x-x\sec h^2 x \tag{3-69}$$

由以上的敘述，分散方程式可以依序計算求解。在此值得一提的，分散方程式在深水條件時（$Kh>\pi$），$\tanh Kh\approx 1$，此時，分散方程式簡化為：

$$Kh=\frac{\omega^2 h}{g} \tag{3-70}$$

在計算時以（3-70）式作為起始猜測值可以是很合理的計算開始。

另外若由（3-70）式等號左邊 Kh 來看：

$$Kh=2\pi\cdot\frac{h}{L} \tag{3-71}$$

在淺水波時 h/L 小於 1/20，$Kh<\pi/10$，在深水波時 h/L 大於 1/2，$Kh>\pi$，因此 Kh 的範圍在零到 5.0 就已經足夠描述波浪現象。

上述數值計算包含數值概念，若無法理解，也可以採用其他近似解計算，如 Fenton and Mckee (1989)，其誤差在 1.7%以下，其計算式為：

$$L = L_0 \tanh^{2/3}\left(\frac{2\pi h}{L_0}\right)^{3/4} \tag{3-72}$$

其中 $L_0 = gT^2/2\pi$ 為深海波長。另外，Guo (2002) 提出：

$$Kh = \frac{\omega^2 h}{g}\left(1 - e^{-\left(\omega\sqrt{h/g}\right)^{5/2}}\right)^{-2/5} \tag{3-73}$$

最大誤差僅有 0.7%也建議優先考慮使用。

【本章連結】

連結 3-1　實際海面紛亂的現象

（http://en.wikipedia.org/wiki/Wind_wave）

連結 3-2　水面由靜止開始造出波浪（https://youtu.be/qls9fSLtKiQ）

連結 3-3　水面已經形成穩定波形（https://youtu.be/qls9fSLtKiQ）

連結 3-4　進行波波形由左往右邊傳遞

（http://www.youtube.com/watch?v=7yPTa8qi5X8）

【參考文獻】

Fenton, J.D. and McKee, W.D. (1989) On calculating the lengths of water waves, Coastal Engineering 14, 499-513.

Guo, J. (2002) Simple and explicit solution of wave dispersion equation, Coastal Engineering 45, 71-74.

第四章　小結構物受力計算

本章大綱

波浪作用在海洋結構物上，若波形不因結構物存在而變形，則此結構物定義為小結構物。圖 4-1 和圖 4-2 分別為波浪作用在鋼架式（jacket）結構物上波峰和波谷通過之情形。鋼架結構為典型的小結構物。

圖 4-1　波峰到達作用在 jacket 海洋結構物

圖 4-2　波谷到達作用在 jacket 海洋結構物

http://en.wikipedia.org/wiki/Morison_equation

4.1 Froude-Krylov 波力計算－直接應用進行波理論

基於小結構物的定義，進行波通過結構物沒有產生波浪變形，因此直接利用進行波波浪理論計算波浪作用力。以圖 4-3 為例，利用波浪理論計算物體表面的作用力。由線性波理論，波浪勢函數和水位變化可以表出為：

$$\Phi(x,z,t)=\frac{H}{2}\frac{g}{\omega}\frac{\cosh\ K(z+h)}{\cosh\ Kh}\cos(Kx-\omega t) \tag{4-1}$$

$$\eta(x,t)=\frac{1}{g}\frac{\partial\Phi}{\partial t}\bigg|_{z=0}=\frac{H}{2}\sin(Kx-\omega t) \tag{4-2}$$

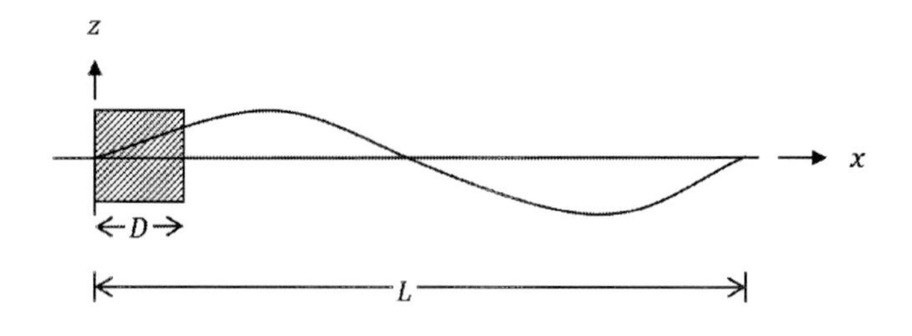

圖 4-3　水面波形和結構物位置式意圖

作用力的計算利用壓力積分得到，壓力表示式為：

$$p = \rho \frac{\partial \Phi}{\partial t} \tag{4-3}$$

上式中為直接使用波浪動壓力，靜壓力不予考慮。

假設結構物左側定在座標原點，結構物寬度為 D ，則：

$$p\Big|_{\substack{x=0 \\ t=0}} = 0 \tag{4-4}$$

$$p\Big|_{\substack{x=D \\ t=0}} = \rho g \frac{H}{2} \frac{\cosh K(z+h)}{\cosh Kh} \sin KD \tag{4-5}$$

則結構物上的波浪作用力為：

$$\begin{aligned} F &= F\Big|_{\substack{x=0 \\ t=0}} - F\Big|_{\substack{x=D \\ t=0}} \\ &= 0 - \int_{-h}^{0} p\Big|_{\substack{x=D \\ t=0}} dz \\ &= -\rho g \frac{H}{2} \frac{\sinh Kh}{K \cosh Kh} \sin KD \end{aligned} \tag{4-6}$$

上式無因次表示式為：

$$\begin{aligned} F^*\Big|_{\substack{x=D \\ t=0}} &= \frac{F\Big|_{\substack{x=D \\ t=0}}}{\rho g \dfrac{H}{2} \cdot h} \\ &= -\frac{\sinh Kh}{Kh \cosh Kh} \sin KD \end{aligned} \tag{4-7}$$

波浪作用力合力的位置也可以表示出來：

$$z_c = \frac{\int_{-h}^{0} p\Big|_{\substack{x=D \\ t=0}} \cdot z dz}{F} \tag{4-8}$$

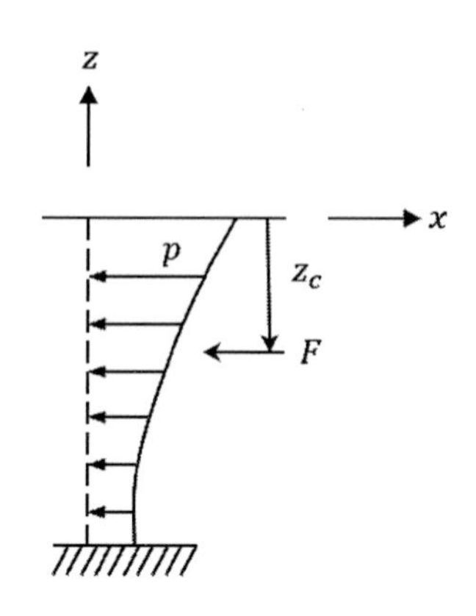

圖 4-4　波浪作用力位置圖

（4-8）式代入波浪理論表示式可得：

$$z_c = \frac{h}{Kh}\frac{1-\cosh Kh}{\sinh Kh} \tag{4-9}$$

或以無因次表示為：

$$z_c^* = \frac{1-\cosh Kh}{Kh \sinh Kh} \tag{4-10}$$

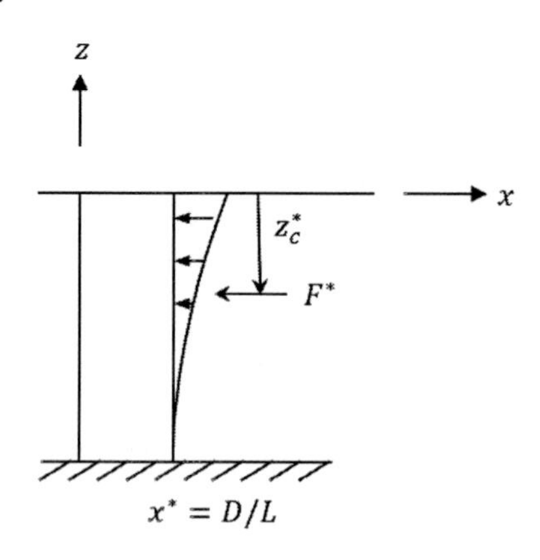

圖 4-5　無因次波浪作用力位置圖

綜合上述，波浪作用力以結構物寬度和波長表出可寫為：

$$F^{*} = \frac{\sinh\ Kh}{Kh\cosh\ Kh}\sin\left(\frac{2\pi D}{L}\right) \quad (4\text{-}11)$$

$$z_c{}^{*} = \frac{1-\cosh\ Kh}{Kh\sinh\ Kh} \quad (4\text{-}12)$$

【例 4-1】

給定入射波浪條件 $h = 3m$，$T = 2\sec$，$K = 1.012$，$L = 6.21m$ 計算波浪作用力。

$$\rho g\frac{H}{2}h = 9800\times\frac{1}{2}\times 3 = 14700 \quad (\text{E4-1a})$$

$$\frac{\sinh Kh}{Kh\cosh Kh} = \frac{\tanh Kh}{Kh} = 0.33 \quad (\text{E4-1b})$$

$$F = 4820.7\sin\frac{2\pi D}{L} \quad (\text{E4-1c})$$

或以無因次表出為：

$$F^{*} = 0.33\sin\frac{2\pi D}{L} \quad (\text{E4-1d})$$

4.2 Morison 公式

第二種小結構物波力計算方法就是直接使用 Morison 計算公式。Morison 等人（1950）對於小結構物上的波浪作用力首先提出簡單計算式。

$$F = \frac{1}{2} C_D \rho D |u| u + C_M \rho \forall \dot{u} \quad (4\text{-}13)$$

式中，u 為流速、$\dot{u}$ 為加速度、D 為物體直徑、C_D 為拖曳力係數、C_M 為虛擬質量係數，第一項為慣性力，第二項為拖曳力。上式為一個半經驗公式（semi-empirical formula）。

【註】Morison, J.R., O'Brien, M.P., Johnson, J.W., Schaaf, S.A. (1950). "The force exerted by surface waves on piles," Petroleum Transactions (American Institute of Mining Engineers) 189: 149-154.

往昔研究學者為了說明此公式之由來，引用流體力學概念來說明。對於單向流流速 $U(t)$ 流經過一個圓形斷面，作用在物體上面的流體作用力為：

$$\begin{aligned} F &= F_D + F_M \\ &= \frac{1}{2} C_D \rho D U^2 + C_M \rho \forall \frac{dU}{dt} \end{aligned} \quad (4\text{-}14)$$

式中，$C_M = 1 + C_A$，C_A 為附加質量（added mass）係數，對圓形斷面而言其值為 1，對於一些其他型態規則斷面也可以得到理論值。(4-14) 式的形態已經非常接近 (4-13)，因此流體力學的說明應該可以接受。

如果考慮突出水面直立圓柱座落在波浪場中，波浪作用在小結構物上的作用力計算，如圖 4-6 所示。前述流體力學的概念可以應用，但是，需要將波浪場的水深效應以及波浪的周期性運動考慮進來。

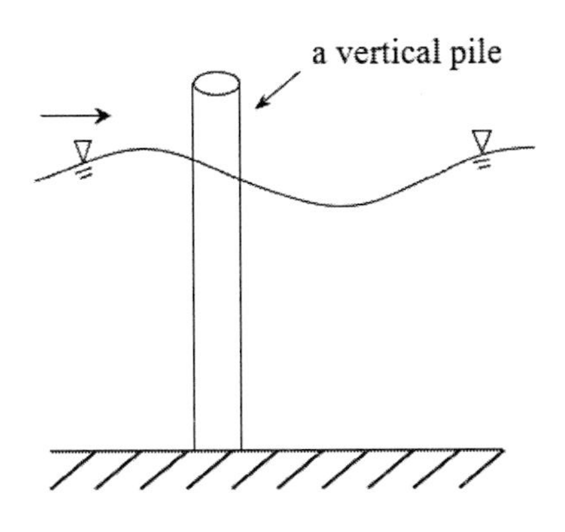

圖 4-6　波浪通過直立圓柱小結構示意圖

當波峰通過時，如圖 4-7(a)(b)所示，在結構物的上游面可能產生渦流現象，同樣的，波谷通過直立圓柱時，卻在結構物下游面產生渦流。波浪週期性變化伴隨渦流現象混合在波浪場中。就計算波力而言，這是相當複雜的現象，理論分析不容易，也需要訴諸於經驗公式。波浪通過直立圓柱的影片則如圖 4-8 所示。如果波長相對於結構物直徑較短，則波浪繞射現象形成波形的改變。

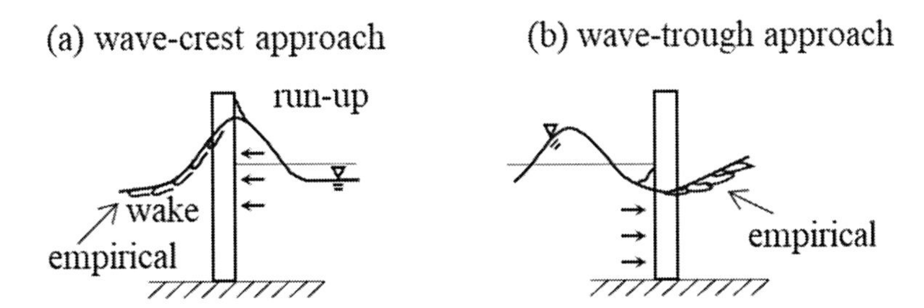

圖 4-7　(a)波峰通過直立圓柱情形，(b)波谷通過直立圓柱情形

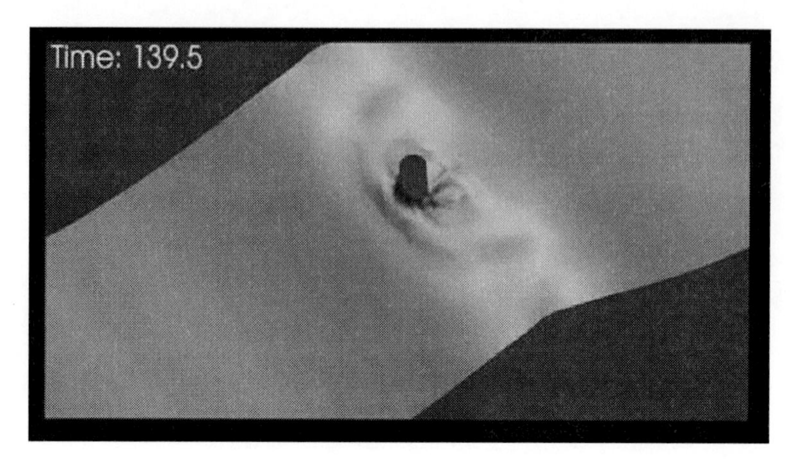

圖 4-8　波浪通過直立圓柱

https://www.youtube.com/watch?v=Y9eZeDpf464

應用 Morison 波力計算公式，計算波浪場中直立圓柱的波力，先考慮水深方向一小段圓柱的受力，如圖 4-9 所示。

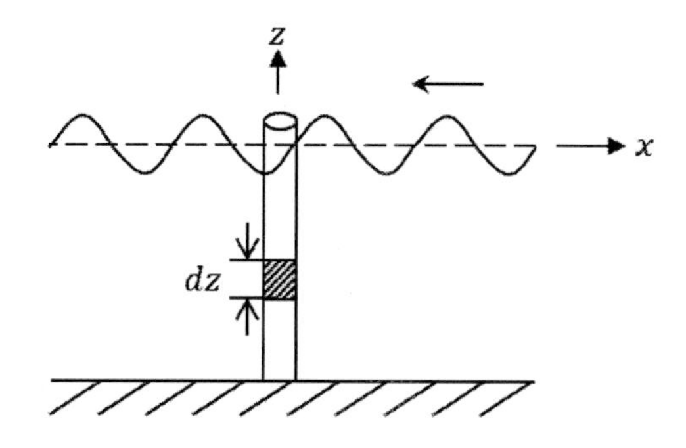

圖 4-9　波浪通過直立圓柱小結構示意圖

作用在 dz 段上的波力可以寫為：

$$
\begin{aligned}
dF &= dF_D + dF_M \\
&= \frac{1}{2} C_D \rho D |u| u + C_M \rho \forall \frac{du}{dt}
\end{aligned}
\quad (4\text{-}15)
$$

則整個直立圓柱受力為：

$$
\begin{aligned}
F &= \int dF \\
&= \int_{-h}^{\eta}\left(\frac{1}{2}C_D\rho D|u|u + C_M\rho\forall\frac{du}{dt}\right)dz
\end{aligned}
\qquad (4\text{-}16)
$$

利用勢能波浪理論，同時假設虛擬質量係數和拖曳力係數為常數：

$$
\Phi = -\frac{Hg}{2\omega}\frac{\cosh K(z+h)}{\cosh Kh}\sin(Kx-\omega t) \qquad (4\text{-}17)
$$

$$
\begin{aligned}
u &= K\frac{Hg}{2\omega}\frac{\cosh K(z+h)}{\cosh Kh}\cos(Kx-\omega t) \\
&= \frac{H\omega}{2}\frac{\cosh K(z+h)}{\sinh Kh}\cos(Kx-\omega t)
\end{aligned}
\qquad (4\text{-}18)
$$

$$
\begin{aligned}
\frac{du}{dt} &= K\frac{Hg}{2}\frac{\cosh K(z+h)}{\cosh Kh}\sin(Kx-\omega t) \\
&= \frac{H\omega^2}{2}\frac{\cosh K(z+h)}{\sinh Kh}\sin(Kx-\omega t)
\end{aligned}
\qquad (4\text{-}19)
$$

上面式子有利用到分散方程式作化簡。若視波浪作用力作用在直立圓柱中心（$x = x_1$），且使用該位置的波浪特性作計算，可得到為：

$$
\begin{aligned}
F = {} & C_D\frac{\rho DH^2 g}{4\sinh 2Kh}\left(\frac{2Kh+\sinh 2Kh}{4}\right)\left|\cos(Kx_1-\omega t)\right|\cos(Kx_1-\omega t) \\
& + C_M\frac{\rho\pi D^2}{4K}\left(\frac{H}{2}\right)\omega^2\sin(Kx_1-\omega t)
\end{aligned}
$$

（4-20）

無因次表示式可寫為：

$$
\begin{aligned}
F^* &= \frac{F}{\rho g \dfrac{H}{2} h} \\
&= C_D (KD)(\frac{H}{2})\left(\frac{2Kh + \sinh 2Kh}{4Kh \sinh 2Kh}\right)\left|\cos(Kx_1 - \omega t)\right|\cos(Kx_1 - \omega t) \\
&\quad + C_M (KD)(\pi D)\frac{\tanh Kh}{4Kh}\sin(Kx_1 - \omega t) \\
&= F_D^*\left|\cos(Kx_1 - \omega t)\right|\cos(Kx_1 - \omega t) + F_M^* \sin(Kx_1 - \omega t)
\end{aligned}
$$

（4-21）

4.3 拖曳力和慣性力之相對重要性

由波力公式的微分式，（4-20）式，利用速度和加速度的最大值，可以討論慣性力和拖曳力的相對重要性。

$$
\frac{(dF_M)_{\max}}{(dF_D)_{\max}} = \frac{\left(C_M \rho \forall \dfrac{\partial u}{\partial t}\right)_{\max}}{\left(C_D \rho D \dfrac{|u|u}{2}\right)_{\max}} = \frac{\left(C_M \pi D \dfrac{\partial u}{\partial t}\right)_{\max}}{\left(C_D 2u^2\right)_{\max}}
$$

（4-22）

由線性波理論：

$$
\left(\frac{\partial u}{\partial t}\right)_{\max} = \frac{H}{2}\omega^2 \coth Kh
$$

（4-23）

$$
\left(u^2\right)_{\max} = \left(\frac{H}{2}\right)^2 \omega^2 \coth^2 Kh
$$

（4-24）

故（4-22）式可表示為：

$$
\frac{(dF_I)_{\max}}{(dF_D)_{\max}} = \frac{C_M \pi D}{C_D H}\tanh Kh
$$

（4-25）

上式比值等於 1 之方程式可表為：

$$\frac{H}{D}=\frac{C_M}{C_D}\pi\tanh Kh \qquad (4\text{-}26)$$

利用$0<Kh<\infty$，$0<\tanh Kh<1$之特性，可繪出$\frac{H}{D}\sim Kh$之圖形，如圖 4-10 所示。

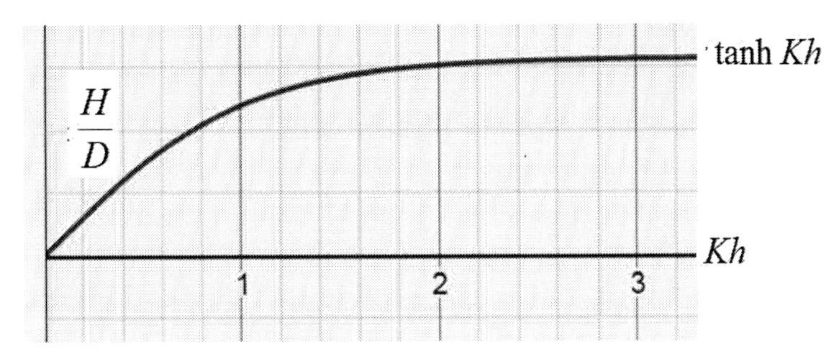

圖 4-10　慣性力與拖曳力相對重要性曲線$\frac{H}{D}\sim Kh$

當慣性力大於拖曳力$\frac{(dF_I)_{\max}}{(dF_D)_{\max}}\geq 1$，可得$\frac{H}{D}\leq\frac{C_M}{C_D}\pi\tanh Kh$，意即曲線下方區域為慣性力主導（dominant）之區域。

由於波浪水槽中波浪流速無法很大，因此改用振動水槽造出較大的流速，藉以探討週期性運動的流速對於結構物受力的影響。

$$u=u_m\cos\omega t \qquad (4\text{-}27)$$

$$\frac{du}{dt}=-\omega u_m\sin\omega t \qquad (4\text{-}28)$$

$$\begin{aligned} dF &= dF_D + dF_M \\ &= C_D\rho D\frac{|u_m\cos\omega t|u_m\cos\omega t}{2}-C_M\frac{\rho\pi D^2}{4}\omega u_m\sin\omega t \end{aligned} \qquad (4\text{-}29)$$

慣性力和拖曳力的比值可表示為：

$$\frac{(dF_M)_{\max}}{(dF_D)_{\max}}=\frac{1}{2}\frac{C_M\pi D\omega}{C_D u_m}=\pi^2\frac{C_M}{C_D}\frac{D}{u_m T}=\pi^2\frac{C_M}{C_D}\frac{1}{K_C} \qquad (4\text{-}30)$$

其中：

$$K_C=\frac{u_m T}{D} \qquad (4\text{-}31)$$

定義為 Keulegan-Carpenter number (KC 數)。若慣性力大於拖曳力，$\frac{(dF_M)_{\max}}{(dF_D)_{\max}}\geq 1$，可得 $K_C\leq\pi^2\frac{C_M}{C_D}$。反之，$K_C\geq\pi^2\frac{C_M}{C_D}$，則為拖曳力主導之情形。KC 數的定義其意義為水粒子一個周期走的距離比上結構物直徑。因此，KC 數的值若大於 1 表示水粒子有可能跑過結構物後方形成分離現象，造成較大的拖曳力。若慣性力係數大約等於拖曳力係數，則由上述分析可得 KC 數約略等於 10。有關慣性力係數與 KC 數之關係、拖曳力係數和 KC 數之關系、現場觀測分析得到的慣性力係數和拖曳力係數，可參考 Sarpkaya (2010)。

【註】Sarpkaya, T., Wave forces on offshore structures, Cambridge University Press, Cambridge, 2010.

<u>**Morison 計算公式之通式**</u>：Morison 波力計算公式原本只是經驗公式，且考慮單一方向作用力，直接利用波浪流速和加速度進行計算。但是實際波浪情形，二維問題波浪流速有兩個方向，速度和加速度相位也不相同，同時，圓柱結構物也可能為傾斜桿件。因此，使用 Morison 公式有其實際上需要另外多加考慮的因素。基於此，在公式型態上就有所謂通式（general equation）之想法。若考慮速度和加速度的向量表示，則 Morison 公式可改寫為：

$$\vec{F}=C_D\rho D\frac{\left|\vec{V}\right|\vec{V}}{2}+C_M\rho\forall\frac{\partial\vec{V}}{\partial t} \qquad (4\text{-}32)$$

其中，$\vec{V}=u\vec{i}+v\vec{j}$。以向量表示式來看，Morison 公式其意義有些不同。若不考慮速度和加速度的相位，直接用其大小進行計算，可以得到較大的波力值。而如果仔細探討相位或者方向性則可預期計算得到的波力較小。然而究竟經驗公式的適用性如何，還牽涉到慣性係數和拖曳係數的數值，因此，整體公式波力計算的準確性應該才是所有需要考慮因素的重點。

4.4 小結構物運動之波浪作用力

若小結構物在波浪場中運動而要計算小結構物的受力，則力學機制需要進一步作分析。由第二章的敘述可知道結構物在原先靜止的流場中運動，則結構物受力可表示為：

$$F=\frac{1}{2}C_D D\rho V^2+C_A\rho\forall\frac{dV}{dt} \qquad (4\text{-}33)$$

流體作用在結構物上的方向如圖 4-11 所示。

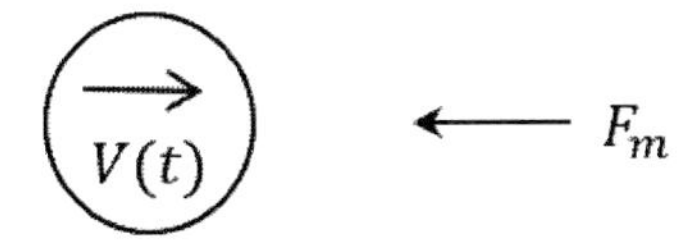

圖 4-11　結構物在靜止流體中移動之流體作用力

需要做對照的，流體流經固定結構物時作用在結構物上的流體作用力如圖 4-12 所示。

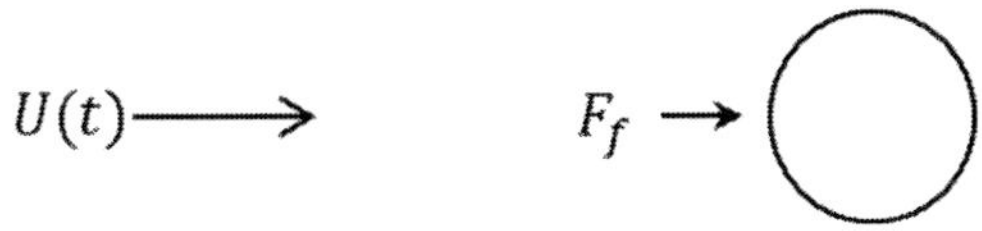

圖 4-12　結構物固定流體流過作用力

若考慮物體在流場中運動，若參考圖 4-11 和圖 4-12，則流體作用力可視為$F = F_f - F_m$。

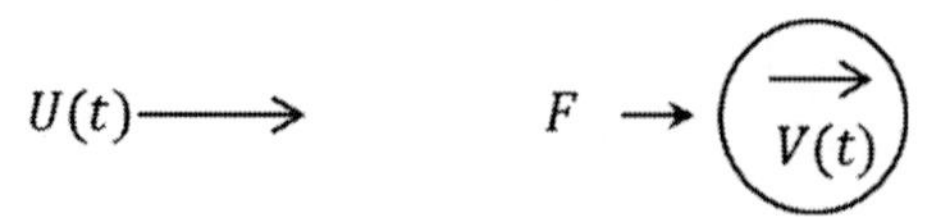

圖 4-13　結構物在流場中移動之流體作用力

若考慮圓形斷面左右移動其所受到的流體作用力。圖 4-14 為物體先往右邊運動流場變化的情形，由圖可看出物體後方產生渦流現象。圖 4-15 則為物體往右邊走一段距離後接著往左邊運動產生的流場情形。由圖也看看出，本來物體左側已經有渦流，物體接著往左邊運動後，穿過原先已經有的流場，然後在物體右側的後方接續著產生渦流，也可以理解的，流場變得更為複雜了。

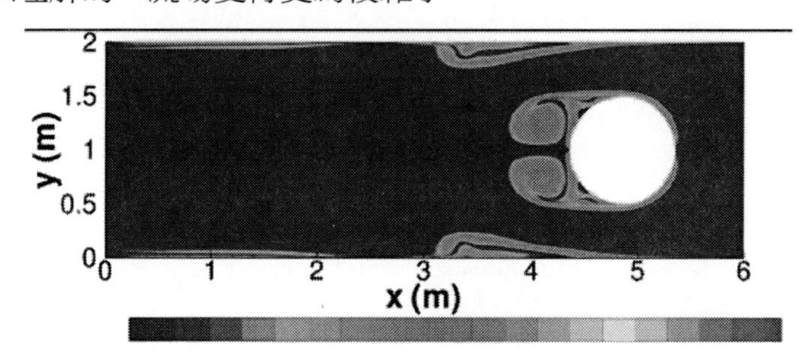

圖 4-14　移動圓形斷面由左往右產生之流場

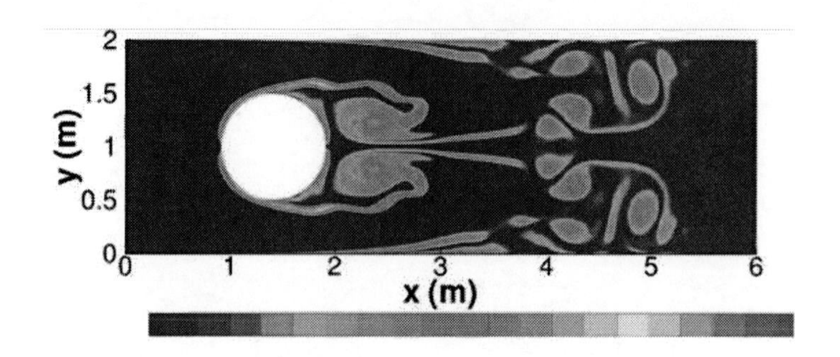

圖 4-15　移動圓形斷面再由右往左產生之流場

https://www.youtube.com/watch?v=xOHAI8r1it4

有了流體力學這部份概念，則以下可以考慮波浪場中小結構物使用 Morison 公式計算的方法。在此值得注意的，波浪場為具有自由水面以及在水深方向有流速的變化，同時波浪為週期性運動，這些將影響流體作用在結構物上的作用力。

小結構圓柱在波浪場中來回運動(oscillating cylinder in waves):
若波浪場的速度和加速度分別為 $u,\dot{u}$ ，結構物運動速度和加速度為 $\dot{x},\ddot{x}$ ，一般在結構力學分析中，運動特性均定義與座標軸相同方向。若先考慮結構物在原先靜止流場中運動，則物體受力可寫為：

$$dF=-\left(C'_D\rho D\frac{|\dot{x}|\dot{x}}{2}+C_A\rho\forall\ddot{x}+\right)dz \qquad (4\text{-}34)$$

流體作用力方向與結構物運動相反，拖曳力係數也可能與結構物固定受力時不同。

若考慮結構物在波浪場中運動，則物體受力計算方法有以下三種方式：

(1) **Independent flow model**：結構物受力為固定圓柱受力加上自己運動受力。

$$dF=\left(C_D\rho D\frac{|u|u}{2}+C_M\rho\forall\dot{u}\right)dz-\left(C'_D\rho D\frac{|\dot{x}|\dot{x}}{2}+C_A\rho\forall\ddot{x}\right)dz \qquad (4\text{-}35)$$

(2) **Relative velocity model**：使用相對速度來表示

$$dF=\left(C_D\rho D\frac{|u-\dot{x}|(u-\dot{x})}{2}+C_M\rho\forall(\dot{u}-\ddot{x})\right)dz+(1)\cdot\rho\forall\ddot{x}dz \qquad (4\text{-}36)$$

上面這個式子，第一項很明顯為在相對速度下物體固定時的慣性力，但是物體仍有運動，因此扣掉的物體體積項要加回來。

(3) **Modified relative velocity model**：由第二種方法，將慣性力項和附加質量項分開

$$dF = \left(C_D \rho D \frac{|u - \dot{x}|(u - \dot{x})}{2} + C_M \rho \forall \dot{u} - C_A \rho \forall \ddot{x} \right) dz \qquad (4\text{-}37)$$

原本 Morison 計算波力公式僅為半經驗式，因此直接延伸到相對速度表示式，並沒有理論基礎。就使用上而言，公式中的經驗係數需要有試驗上以及現地使用上的驗證，才能確認計算公式的正確性。以上面三種計算方式而言，若流場速度和物體運動速度相當，相對速度有某種程度的效應，則可以使用相對速度公式，否則可以使用線性相加模式。

在這裡所說的小結構物運動，若小結構物運動為已知，則上述波力可以直接計算。若小結構物運動為未知，則需要利用結構物運動方程式配合求解，結構物受力平衡方程式可寫為：

$$\begin{aligned} m\ddot{x} + c\dot{x} + \kappa x &= \int dF \\ &= \int \left(C_D \rho D \frac{|u|u}{2} + C_M \rho \forall \dot{u} \right) dz - \int \left(C'_D \rho D \frac{|\dot{x}|\dot{x}}{2} + C_A \rho \forall \ddot{x} \right) dz \end{aligned} \qquad (4\text{-}38)$$

式中，m 為質量，c 為阻尼係數，κ 為彈簧係數。由式子可看出，就物體運動而言，等號右邊含有物體運動的速度和加速度項，因此可以移到等號左邊進行整理求解。同時也可看出，物體的質量有附加項，阻尼也有流場引起的效應。

第五章　造波理論

本章大綱

5.1　前言

5.2　直推式造波邊界值問題

5.3　分離變數法求解

5.4　造波問題計算_振盪波 k_n, Gain function

5.1 前言

大結構物受波浪作用問題可以用半潛式浮式結構物作代表，如圖 5-1 所示。結構物影響入射波浪產生變形，而同時，結構物運動造出波浪也改變波浪場。在這問題當中，改變的波浪場以及結構物運動均為入射波浪帶來的變動物理量。就問題的特性來看，改變的波浪場無法以進行波來描述，另外，結構物運動在結構物附近的波浪場也無法以進行波來滿足結構物表面上的邊界條件。基於此，造波理論於是成為大結構物波力最基礎的問題分析。

圖 5-1 半潛式浮式結構物受波浪作用，若結構物接近固定，則入射波通過物體產生未知的繞射波（diffraction wave），或二維問題的散射波（scattering wave）；若結構物具有明顯的運動，則除了上述繞射波浪外，還有結構物運動產生的未知的輻射波（radiation wave）。綜合來看，均為含有結構物的波浪場。另外，實驗室中的造波原始目標為造出海面上的進行波，而若要計算造波板受力，則需要知道緊鄰造波板前方的波浪場。

圖 5-1　半潛式海洋結構物（semi-submersible）

試驗室中斷面水槽中造波，如圖 5-2 所示，可造出規則波以及不規則波。當然理論描述還是以規則波為較基礎的問題。

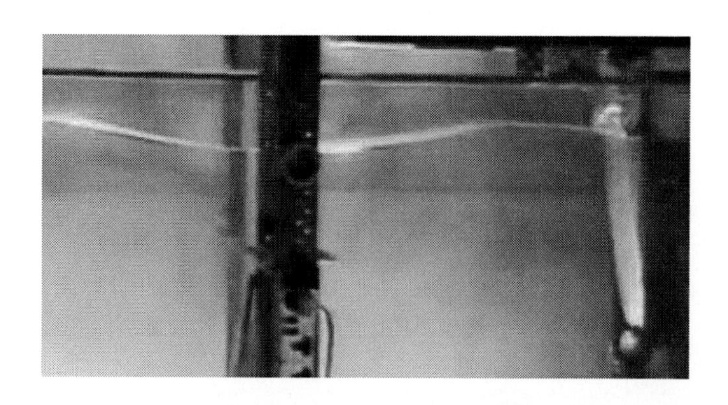

圖 5-2　試驗室造波水槽造波

https://www.youtube.com/watch?v=3z4xsIjV_SQ

試驗室中造出波浪還有平面水池，如圖 5-3，可以理解到造出的波浪在平面空間傳遞與分佈。相較於斷面水槽，平面水池中造出波浪的問題也較斷面水槽來的複雜。

圖 5-3　成功大學台南水工試驗所波浪平面水池

平面水池中造出波浪的機制還有所謂方向造波，如圖 5-4~圖 5-6，由於造波機的配置以及造波位相的調整，可以造出方向波浪。平面水池中還有一種如圖 5-7 所示螺旋式（spiral）造波。

圖 5-4　平面水池方向造波機_單向造波

https://www.youtube.com/watch?v=GtyPS4PPJVA

圖 5-5　平面水池方向造波機_方向造波

https://www.youtube.com/watch?v=QZUaBvBYvjk

圖 5-6　平面水池方向造波以及邊界吸波

https://www.youtube.com/watch?v=kXX3JfLfgco

圖 5-7　螺旋式（spiral）造波

研究造波問題還可分成時間領域（time domain）的描述，以及穩定週期性運動（steady, periodic motion）的問題。時間領域描述的是水面由靜止開始，造波板開始運動水面逐漸形成波浪的過程，如圖 5-8 所示。

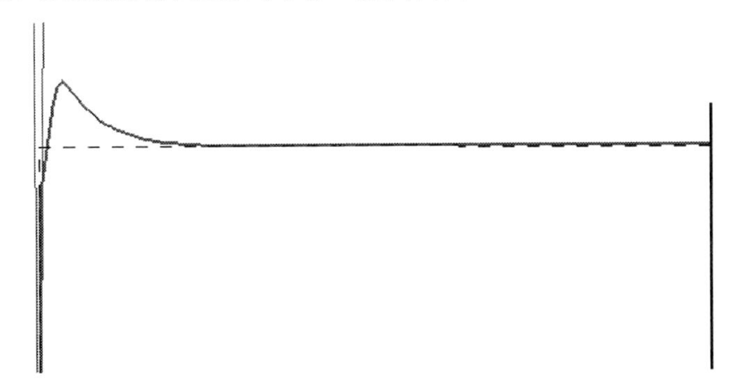

圖 5-8　時間領域造波問題

而至於穩定週期性運動的問題，則是假設波浪場已經達到週期性運動，如圖 5-9，然後探討波浪的運動或動力特性。

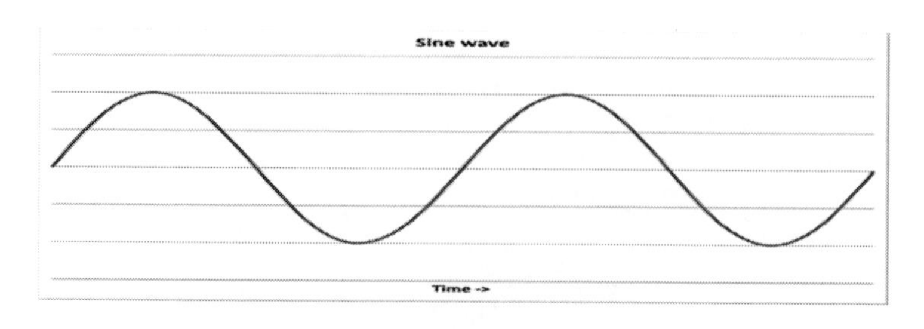

圖 5-9　週期性規則波之波形

斷面水槽中造波運動的型式，可分為圖 5-10 直推式（piston type），圖 5-11 直擺式（flap type），圖 5-12 衝擊式（plunger type）。

圖 5-10　直推式（piston）造波

https://www.youtube.com/watch?v=7qK0P1NA2NI

圖 5-11　直擺式（flap）造波

圖 5-12　衝擊式（plunger）造波

https://www.youtube.com/watch?v=xWS6ZPbydeE

5.2 直推式造波邊界值問題

在半無限長斷面水槽中，等水深h，水槽中水面原為靜止，造波板給定運動之位移函數為：

$$\xi(t)=\frac{s}{2}e^{-i\omega t} \tag{5-1}$$

式中，s為衝程（stroke），即造波板由最後退位置到最往前位置的距離，如圖 5-13 所示。$\omega=\frac{2\pi}{T}$，T 為造波板運動週期。所考慮問題同時假設造波板前方造出波浪為已經達到穩定週期性（steady and periodic）運動。所給定的問題則為求解由於造波板運動所造出前方的波浪。

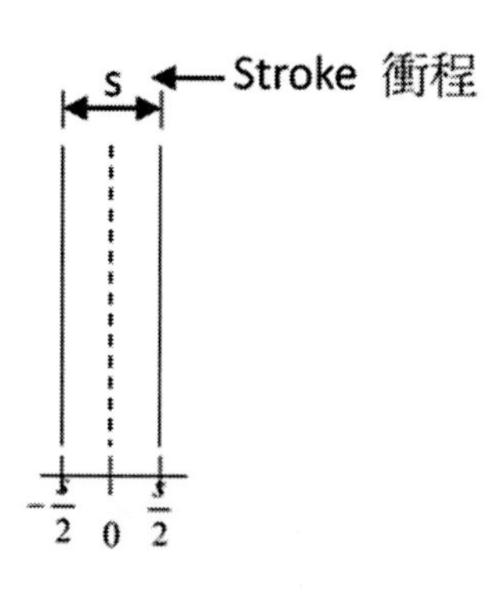

圖 5-13　衝程定義圖

造波板運動的位移函數在此使用複數表出，主要的理由是使用複數進行理論推導，過程中數學表示式會比較簡潔容易，避免三角函數二倍角或三倍角的使用。雖然如此，但是函數表示式的實數部份才代表物理量。以這裡的造波板位移函數來說，實數部份則為：

$$\xi(t) = \mathrm{Re}\left\{\frac{s}{2}e^{-i\omega t}\right\}$$
$$= \frac{s}{2}\cos\omega t \qquad (5\text{-}2)$$

另外，時間的週期性使用指數負號的型態，這只是習慣而已。如果使用指數正號的型態對於後續求解的過程並沒有影響，只是解的形式和時間函數搭配有物理意義時，需要合乎問題的需求。

另方面，決定造波板位移函數可能需要考慮到造波板運動的起始位置，如使用正的餘弦函數，則可知道造波板由時間零點的最前方位置$\xi(t) = s/2$開始運動，類似的若使用正弦函數，則起始位置在$\xi(t) = 0$中間位置。在一般的考慮上會希望造波板運動由最底端的$\xi(t) = -s/2$開始，由於在這個位置造波板運動的速度為零，造波板機械式的啟動最沒有問題。如果造波板由中間位置開始運動，這時候造波板的速度最大，造波機啟動即使有最大的馬力也無法瞬間達到最大速度，造成實際造波板運動與理論上的差異。

對於所要求解的問題，如圖 5-14 所示，可以列出邊界值問題（boundary value problem）。

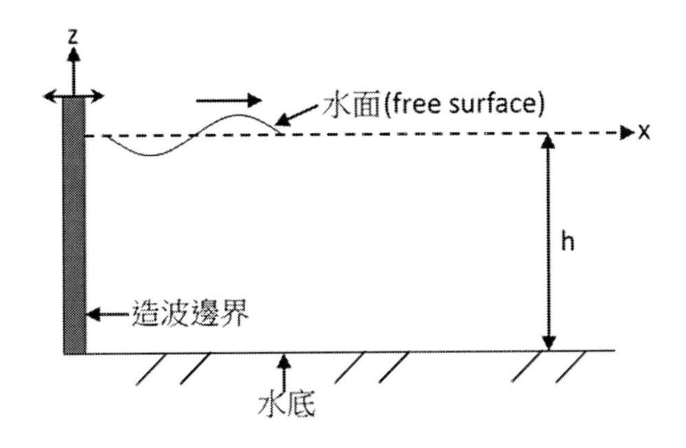

圖 5-14　直推式造波問題邊界值問題

控制方程式：

$$\nabla^2\Phi(x,z,t)=0 \qquad (5\text{-}3)$$

自由水面邊界條件：

(1) 運動條件：

$$-\frac{\partial\eta}{\partial t}-\frac{\partial\Phi}{\partial z}=0\ ,\ z=0 \qquad (5\text{-}4)$$

(2) 動力條件：

$$-\frac{\partial\Phi}{\partial t}+g\eta=0\ ,\ z=0 \qquad (5\text{-}5)$$

(3) 合成邊界條件：

$$\frac{\partial\Phi}{\partial z}+\frac{1}{g}\frac{\partial^2\Phi}{\partial t^2}=0\ ,\ z=0 \qquad (5\text{-}6)$$

底床邊界條件：

$$\frac{\partial\Phi}{\partial z}=0\ ,\ z=-h \qquad (5\text{-}7)$$

造波邊界條件：

造波邊界上的條件也可以仿照水面和水底作法得到。造波板位移函數，如圖 5-15 所示，為$\xi(z,t)$，造波板位置為：

$$x=\xi(z,t) \qquad (5\text{-}8)$$

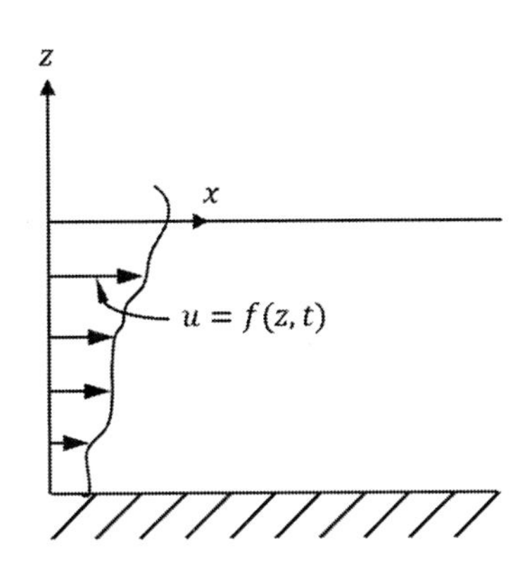

圖 5-15　造波邊界示意圖

造波板函數為：

$$F(x,z,t) = x - \xi(z,t) \tag{5-9}$$

則造波板法線方向速度表示式為：

$$\vec{V} \cdot \vec{n} = \frac{1}{|\nabla F|} \frac{\partial \xi}{\partial t} \tag{5-10}$$

式中：

$$|\nabla F| = \sqrt{1 + \left(-\partial \xi / \partial z\right)^2} \tag{5-11}$$

$$\vec{n} = \frac{\vec{i} - \left(\partial \xi / \partial z\right)\vec{k}}{\sqrt{1 + \left(\partial \xi / \partial z\right)^2}} \tag{5-12}$$

或改寫為：

$$-\frac{\partial \xi}{\partial t} + u - w\left(\frac{\partial \xi}{\partial z}\right) = 0,\ \ x = \xi(z,t) \tag{5-13}$$

若造波板為 piston 型態，位移函數為 $x = \xi(t)$ 不為 z 函數，則運動邊界條件為：

$$u=\frac{\partial \xi}{\partial t},\ x=\xi(t) \qquad (5\text{-}14)$$

若使用波浪勢函數則表示為：

$$\begin{aligned}\frac{\partial \Phi(x,t)}{\partial x}&=-\dot{\xi}(t)\\&=i\omega\frac{s}{2}e^{-i\omega t}\end{aligned}\quad ,\ \mathrm{x=0} \qquad (5\text{-}15)$$

$x\to\infty$ 處，波浪為有限值，且進行波往 $+x$ 方向傳遞。

在此，留意到波浪勢函數為座標 x,z 以及時間 t 的函數。但是目前的任務是要得到穩定週期性的波浪場。然而，所造出波浪場的週期是否與造波板運動的週期相同呢？這個問題的答案是肯定的。這可由非齊性（nonhomogeneous）二階常微分方程的解來看。考慮微分方程為：http://www.math.psu.edu/tseng/class/Math251/Notes-2nd%20order%20ODE%20pt2.pdf

$$\frac{d^2y}{dt^2}-2\frac{dy}{dt}-3y=5\cos(2t) \qquad (5\text{-}16)$$

其解為：

$$\begin{aligned}y(t)&=y_h+y_p\\&=C_1e^{-t}+C_2e^{3t}-\left(\frac{7}{13}\cos 2t+\frac{4}{13}\sin 2t\right)\end{aligned} \qquad (5\text{-}17)$$

式中，y_h 為通解（homogeneous solution），y_p 為特解（particular solution）。以這個例子來說，若考慮物理現象，當時間 t 趨近無窮大，物理量必須有限值，因此係數 C_2 必須為零。即解可簡化為：

$$y(t)=C_1e^{-t}-\left(\frac{7}{13}\cos 2t+\frac{4}{13}\sin 2t\right) \qquad (5\text{-}18)$$

上式顯示，當時間趨近無窮大，或說穩定條件，則解的型態與特解相同，意即解的函數型態與問題的非齊性函數相同。以這個角度來看，造波問題的非齊性條件出現在造波邊界條件上，並非控制方程式中。進一步的解釋為，對於 Laplace 問題，搭配非齊性邊界條件，整個問題可以藉由變數轉換，將非齊性轉到控制方程式上，反之亦然（參考 Farlow）。

由此說明，波浪勢函數可以寫為：

$$\Phi(x,z,t)=\phi(x,z)e^{-i\omega t} \tag{5-19}$$

同時，含有時間微分的邊界值問題可以改寫為：

（一）控制方程式：

$$\nabla^2\phi(x,z)=0 \tag{5-20}$$

（二）自由水面邊界條件：

$$\frac{\partial\phi}{\partial z}-\frac{\omega^2}{g}\phi=0\ ，z=0 \tag{5-21}$$

（三）底床邊界條件：

$$\frac{\partial\phi}{\partial z}=0\ ，z=-h \tag{5-22}$$

（四）造波邊界速度條件：

$$\frac{\partial\phi(x,z)}{\partial x}=i\omega\frac{s}{2}\ ，x=0 \tag{5-23}$$

$x\to\infty$ 處，波浪為有限值，且進行波往 $+x$ 方向傳遞。

波浪勢函數利用複數型態表示，同樣的，表示式的實數部份代表物理量。需要留意的是，在這個階段 $\phi(x,z)$ 還沒有求解出來，一般來說有可能是複數，因此，波浪勢函數可以另外表出為：

$$\Phi(x,z,t)=\left|\phi(x,z)\right|e^{-i(\omega t-\theta)} \tag{5-24}$$

其中，位相差（phase lag）

$$\theta=\tan^{-1}\left(\frac{\mathrm{Im}[\phi]}{\mathrm{Re}[\phi]}\right) \tag{5-25}$$

意即波浪勢函數的實數部份為：

$$\Phi(x,z,t)=\left|\phi(x,z)\right|\cdot\cos(\omega t-\theta) \tag{5-26}$$

需要留意的，波浪勢函數的相位差是相對於造波板的位移函數。在此，若勢函數的虛部為零，則波浪與造波板位移不具相位差，即為同相位（in phase）或同步。

5.3 分離變數法求解

由於求解領域為矩形，因此可以利用分離變數法（separation of variables）求解。令：

$$\phi(x,z)=X(x)Z(z) \tag{5-27}$$

代入控制方程式可得：

$$\frac{X''}{X}=-\frac{Z''}{Z}=\text{常數} \tag{5-28}$$

以下分別討論分離常數小於零、等於零、大於零的情形。

(1) 分離常數小於零 $-K^2<0$

由控制方程式：

$$\frac{X''}{X}=-\frac{Z''}{Z}=-K^2 \tag{5-29}$$

X 函數可得：

$$X'' + K^2 X = 0 \quad (5\text{-}30)$$

其通解為：

$$X = \overline{A}e^{iKx} + \overline{B}e^{-iKx} \quad (5\text{-}31)$$

至此，波浪勢函數可表出為：

$$\Phi(x,z,t) = Z(z)\left[\overline{A}e^{i(Kx-\omega t)} + \overline{B}e^{-i(Kx+\omega t)}\right] \quad (5\text{-}32)$$

由所求解問題可知，往$+x$方向傳遞的波浪才是所要求解的，意即可令：

$$\overline{B} = 0 \quad (5\text{-}33)$$

留意到這樣的表示式需要$K \geq 0$。波浪勢函數則成為：

$$\Phi(x,z,t) = Z(z)\overline{A}e^{i(Kx-\omega t)} \quad (5\text{-}34)$$

水深方向的函數則再由控制方程式：

$$Z'' - K^2 Z = 0 \quad (5\text{-}35)$$

其解為：

$$Z = \overline{C}e^{Kz} + \overline{D}e^{-Kz} \quad (5\text{-}36)$$

合併X, Z則不含時間的波浪勢函數則可寫為：

$$\phi(x,z) = X \cdot \left(\overline{C}e^{Kz} + \overline{D}e^{-Kz}\right) \quad (5\text{-}37)$$

由底床邊界條件可得：

$$Z = \widetilde{C}\cosh K(z+h) \quad (5\text{-}38)$$

另由自由水面邊界條件可得進行波的分散方程式：

$$\omega^2 = gK\tanh(Kh) \quad (5\text{-}39)$$

這部份波浪勢函數表示式為：

$$\Phi_0(x,z,t) = C_0 \cosh K(z+h) \cdot e^{i(Kx-\omega t)} \quad (5\text{-}40)$$

這部份的解與進行波理論完全相同。分散方程式可改寫為：

$$\frac{\omega^2 h}{g}\frac{1}{Kh} = \tanh Kh \quad (5\text{-}41)$$

等號左右兩邊的函數圖形如圖 5-16 所示：

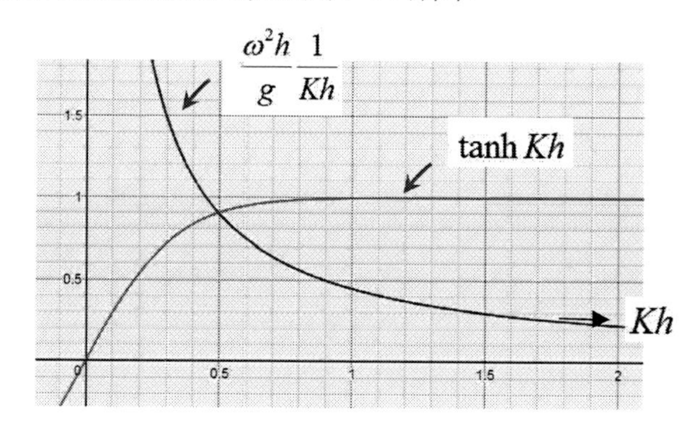

圖 5-16　進行波分散方程式解的圖形

由圖 5-16 可看出，分散方程式有解且有唯一解。

(2) 分離常數等於零

由控制方程式：

$$\frac{X''}{X} = -\frac{Z''}{Z} = 0 \quad (5\text{-}42)$$

X 函數可得：

$$X'' = 0 \quad (5\text{-}43)$$

其通解為：

$$X = \overline{A}x + \overline{B} \quad (5\text{-}44)$$

當 $x \to \infty$ ， $X(x)$ 需為有限值，因此 $\overline{A} = 0$ ，即 $X = \overline{B}$ 。

至此，波浪勢函數可表出為：

$$\phi(x,z) = Z(z)\overline{B} \tag{5-45}$$

水深方向的函數則再由控制方程式：

$$Z'' = 0 \tag{5-46}$$

其解為：

$$Z = \overline{C}z + \overline{D} \tag{5-47}$$

合併 X, Z 則不含時間的波浪勢函數則可寫為：

$$\phi(x,z) = \overline{B}\left[\overline{C}z + \overline{D}\right] = \tilde{C}z + \tilde{D} \tag{5-48}$$

由底床邊界條件可得：

$$\tilde{C} = 0 \tag{5-49}$$

另由自由水面邊界條件可得：

$$\tilde{D} = 0 \tag{5-50}$$

這部份波浪勢函數表示式為：

$$\Phi(x,z,t) = 0 \tag{5-51}$$

(3) 分離常數大於零 $k^2 > 0$

由控制方程式：

$$\frac{X''}{X} = -\frac{Z''}{Z} = k^2 \tag{5-52}$$

的 X 函數可得：

$$X'' - k^2 X = 0 \tag{5-53}$$

其通解為：

$$X=\overline{A}e^{kx}+\overline{B}e^{-kx} \quad (5\text{-}54)$$

當 $x\to\infty$，$X(x)$ 需為有限值，因此 $\overline{A}=0$，即：

$$X=\overline{B}e^{-kx} \quad (5\text{-}55)$$

留意到這樣的表示方式也隱含 $k\geq 0$，在後續的求解需要注意。至此，波浪勢函數可表出為：

$$\phi(x,z)=Z(z)\overline{B}e^{-kx} \quad (5\text{-}56)$$

水深方向的函數則再由控制方程式：

$$Z''+k^2Z=0 \quad (5\text{-}57)$$

其解為：

$$Z=\overline{C}e^{ikz}+\overline{D}e^{-ikz} \quad (5\text{-}58)$$

合併 X,Z 則不含時間的波浪勢函數則可寫為：

$$\phi(x,z)=\left[\overline{C}e^{ikz}+\overline{D}e^{-ikz}\right]e^{-kx} \quad (5\text{-}59)$$

由底床邊界條件可得：

$$Z=\widetilde{C}\cos k(z+h) \quad (5\text{-}60)$$

另由自由水面邊界條件可得：

$$\omega^2=-gk\tan(kh) \quad (5\text{-}61)$$

這部份波浪勢函數表示式為：

$$\Phi(x,z,t)=C\cos k(z+h)e^{-kx}e^{-i\omega t} \quad (5\text{-}62)$$

類似第一部份的解，求解分離常數 k 的方程式可以改寫為：

$$\frac{\omega^2 h}{g}\frac{1}{kh} = -\tan kh \tag{5-63}$$

等號左右兩邊函數的圖形可繪出如圖 5-17 所示：

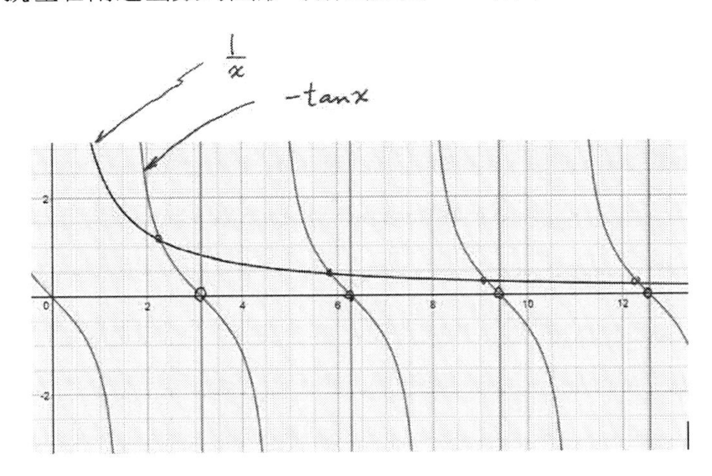

圖 5-17　分離常數 k 解的圖形

由圖 5-17 可看出 k 的解有無限多個。因此，求解方程式（5-63）式可表出為：

$$\omega^2 = -g k_n \tan(k_n h) \tag{5-64}$$

另外，由圖 5-17 也可以看出解的位置隨著 n 的增加逐漸往 $n\pi, n = 1,2,\cdots$ 靠近。同時，各個解之間的距離也接近 π，這個特性可利用來實際數值求解。

這部份波浪勢函數表示式可寫為：

$$\Phi_n(x,z,t) = C_n \cos k_n(z+h) e^{-k_n x} e^{-i\omega t} \tag{5-65}$$

由上之討論，可知波浪勢函數通解為上述三部份解的合成：

$$\Phi = \Phi_0 + \sum_{n=1}^{\infty} \Phi_n$$
$$= C_0 \cosh K(z+h) e^{iKx} e^{-i\omega t} + \sum_{n=1}^{\infty} C_n \cos k_n (z+h) e^{-k_n x} e^{-i\omega t} \tag{5-66}$$

上述（5-66）式若再利用函數關係：

$$\cos[-iK(z+h)] = \cosh K(z+h) \tag{5-67}$$

即令 $k_0 = -iK$ ，則波浪勢函數通解可以精簡表示為：

$$\Phi(x,z,t) = \sum_{n=0}^{\infty} C_n \cos k_n (z+h) e^{-k_n x} e^{-i\omega t} \tag{5-68}$$

至此，波浪勢函數表示式仍有未定係數 C_n，而尚未使用的造波邊界條件剛好可以利用來求解。

波浪勢函數第一部份與進行波（propagating）完全相同，第二部份 (x,t) 函數可看出隨著 x 增加呈現指數遞減，同時隨著時間呈現週期性變化，如圖 5-18 所示。

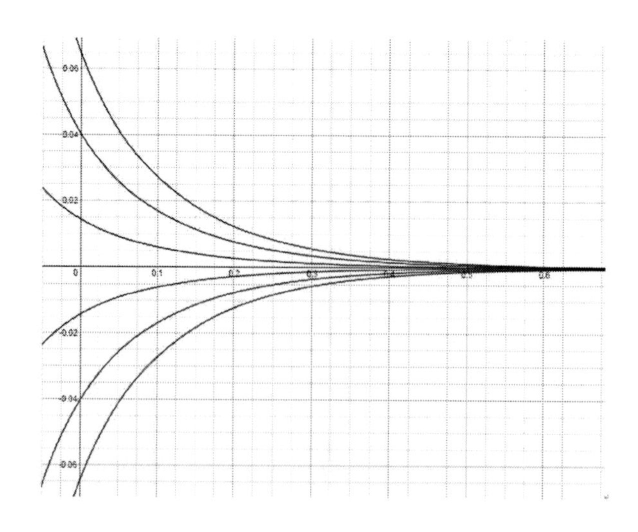

圖 5-18　指數型態遞減的空間和時間變化

這部份的波浪為 evanescent waves，有學者建議中文稱為振盪波，其行為呈現水面上下週期性振盪。

附註：

(1) X函數有兩個解，配合選擇的時間函數以及問題的特性，保留解的形態。

(2) 分離常數需要能夠計算出來，分離變數法才是有效的方法。

(3) 在計算上，$K, k_n, n \ge 1$均為實數，但是如果使用$k_0 = -iK$之定義，則$k_n, n \ge 0$需要使用到複數。

(4) 在實驗室中造波目的在造出進行波作為試驗之用，但是就海洋工程而言，所探討的卻是造波板運動對於流體的影響，或是波浪對於造波板的作用力。

(5) 以速度分佈的角度來看，造波板速度分佈無法與進行波的相同，因此，存在另一個速度分佈讓速度分佈相等。

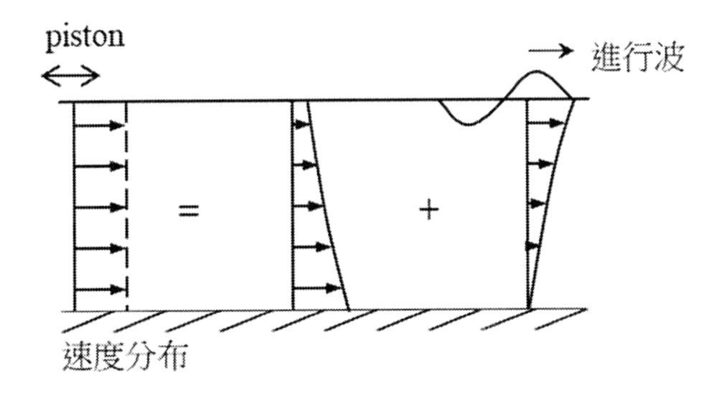

圖 5-19　造波板速度分佈與進行波速度之關聯性

5.4 造波問題計算－振盪波 k_n, Gain function

由上，滿足控制方程式以及自由水面、底床、波浪傳播方向和有限值條件的通解可以寫出為：

$$\Phi(x,z,t)=\sum_{n=0}^{\infty}C_n\cos k_n(z+h)e^{-k_n x}e^{-i\omega t} \quad (5\text{-}69)$$

其中未定係數C_n則需要利用造波邊界條件來決定。由其條件：

$$\frac{\partial\phi}{\partial x}=i\omega\frac{s}{2}\text{，}x=0 \quad (5\text{-}70)$$

代入波浪勢函數可得：

$$\sum_{n=0}^{\infty}-C_n k_n\cos k_n(z+h)=i\omega\frac{s}{2} \quad (5\text{-}71)$$

上式為級數表示式，展開成為：

$$-C_0k_0\cos k_0(z+h)-C_1k_1\cos k_1(z+h)-\cdots-C_nk_n\cos k_n(z+h)=i\omega\frac{s}{2} \quad (5\text{-}72)$$

由上展開式可看出，等號左邊含有無限多個未知係數（C_0，C_1，$C_2\cdots$），無法直接只由一個方程式求解。在問題求解上，需要利用水深z方向的正交函數（orthogonal function）特性，將各個係數間的關聯性分開，然後求解。

水深函數的正交性可證明如下。令$Z_n=\cos k_n(z+h)$，則：

$$\int_{-h}^{0}\ddot{Z}_nZ_m dz=\dot{Z}_nZ_m\Big|_{-h}^{0}-\int_{-h}^{0}\dot{Z}_n\dot{Z}_m dz \quad (5\text{-}73)$$

$$\int_{-h}^{0}Z_n\ddot{Z}_m dz=Z_n\dot{Z}_m\Big|_{-h}^{0}-\int_{-h}^{0}\dot{Z}_n\dot{Z}_m dz \quad (5\text{-}74)$$

上兩式相減可得：

$$\int_{-h}^{0}\left(\ddot{Z}_n Z_m - Z_n \ddot{Z}_m\right)dz = \dot{Z}_n Z_m\Big|_{-h}^{0} - Z_n \dot{Z}_m\Big|_{-h}^{0} \qquad (5\text{-}75)$$
$$= \dot{Z}_n(0)Z_m(0) - \dot{Z}_n(-h)Z_m(-h) - Z_n(0)\dot{Z}_m(0) + Z_n(-h)\dot{Z}_m(-h)$$

上式等號右邊可分別利用水面和底床的邊界條件代入得到零，等號左邊可代入函數，整個式子成為：

$$\left(k_n^2 - k_m^2\right)\int_{-h}^{0} Z_n Z_m dz = 0 \qquad (5\text{-}76)$$

由式子可看出，當 $k_n \neq k_m$ ，

$$\int_{-h}^{0} Z_n Z_m dz = 0 \text{，即} \int_{-h}^{0} \cos k_n(z+h)\cos k_m(z+h)dz = 0 \qquad (5\text{-}77)$$

由此水深函數的正交性可寫為：

$$\int_{-h}^{0} \cos k_n(z+h)\cos k_m(z+h)dz = \begin{cases} N_n, & n = m \\ 0, & n \neq m \end{cases} \qquad (5\text{-}78)$$

其中：

$$\begin{aligned} N_n &= \int_{-h}^{0} \cos^2 k_n(z+h)dz \\ &= \frac{1}{2k_n}\left(k_n h + \sin k_n h \cos k_n h\right) \end{aligned} \qquad (5\text{-}79)$$

$$N_0 = \frac{h}{2} + \frac{\sinh 2Kh}{4K} \qquad (5\text{-}80)$$

由造波板邊界條件式乘上水深函數 $\cos k_m(z+h)$ ，再對水深範圍 $0 \le z \le -h$ 積分，即：

$$\sum_{n=0}^{\infty} -C_n k_n \int_{-h}^{0} \cos k_n(z+h)\cos k_m(z+h)dz = i\omega \frac{s}{2}\int_{-h}^{0} \cos k_m(z+h)dz \qquad (5\text{-}81)$$

利用正交特性可得：

$$C_n = -i\omega \frac{s}{2}\frac{\sin k_n h}{N_n k_n^{\ 2}} \qquad (5\text{-}82)$$

當$n=0$，$k_0=-iK$，

$$C_0=-i\omega\frac{s}{2}\frac{\sin k_0 h}{N_0 {k_0}^2}=\omega\frac{s}{2}\frac{\sinh Kh}{N_0 K^2} \quad (5\text{-}83)$$

當$n\geq 1, n=1,2,\ldots,N$

$$C_n=-i\omega\frac{s}{2}\frac{\sin k_n h}{N_n {k_n}^2} \quad (5\text{-}84)$$

至此，直推式造波問題波浪勢函數已完全決定。

$$\Phi(x,z,t)=\sum_{n=0}^{\infty}C_n\cos k_n(z+h)e^{-k_n x}e^{-i\omega t} \quad (5\text{-}85)$$

利用波浪勢函數可計算波浪水位，以及在結構物上的波浪作用力。

<u>利用波浪勢函數$\Phi(x,z,t)$計算水位$\eta(x,t)$</u>：

由線性化伯努利方程式，考慮自由水面大氣壓力(p)相對為零，可得水位表示式：

$$\eta(x,t)=\frac{1}{g}\frac{\partial\Phi}{\partial t}\bigg|_{z=0}=\frac{-i\omega}{g}\sum_{n=0}^{\infty}C_n\cos k_n h\cdot e^{-k_n x}e^{-i\omega t} \quad (5\text{-}86)$$

上式中包括$n=0$的$e^{i(Kx-\omega t)}$項，表示往$+x$方向傳遞的進行波（propagating wave），以及$n\geq 1$的$e^{-k_n x}$項，隨著x增加而趨近於零，稱為振盪波（evanescent wave）。

$$\eta(x,t)=\eta_p(x,t)+\eta_e(x,t) \quad (5\text{-}87)$$

其中：

$$\eta_p(x,t)=\frac{-i\omega}{g}C_0\cosh Kh\cdot e^{i(Kx-\omega t)} \quad (5\text{-}88)$$

$$\eta_e(x,t)=\frac{-i\omega}{g}\sum_{n=1}^{\infty}C_n\cos k_n h\cdot e^{-k_n x}e^{-i\omega t} \tag{5-89}$$

若將 C_n 表示式代入，則可得：

$$\eta_p(x,t)=\frac{-i\omega}{g}\left(\frac{\omega s}{2}\frac{\sinh Kh}{N_0K^2}\right)\cosh Kh\cdot e^{i(Kx-\omega t)} \tag{5-90}$$

$$\eta_e(x,t)=-\frac{\omega^2}{g}\left(\frac{s}{2}\right)\sum_{n=1}^{\infty}\frac{\sin k_n h}{N_n k_n^{\ 2}}\cos k_n h\cdot e^{-k_n x}\cdot e^{-i\omega t} \tag{5-91}$$

進行波表示式可改寫為：

$$\eta_p(x,t)=A_p\cdot e^{i(Kx-\omega t+\theta)} \tag{5-92}$$

其中，振幅為：

$$A_p=\left|\frac{-i\omega}{g}\left(\frac{\omega s}{2}\frac{\sinh Kh}{N_0K^2}\right)\cosh Kh\right| \tag{5-93}$$

水位相對於造波板位移的相位為：

$$\theta=-\frac{\pi}{2} \tag{5-94}$$

由振幅表示式可知進行波振幅保持常數。一般造波機制所造出進行波可定義 Gain function，為進行波振幅與造波衝程一半的比值。

$$G=\frac{A_p}{s/2}=\left|\frac{-i\omega^2}{g}\left(\frac{\sinh Kh}{N_0K^2}\right)\cosh Kh\right| \tag{5-95}$$
$$=\frac{2(\cosh 2Kh-1)}{\sinh 2Kh+2Kh}$$

G 與 Kh 關係如下圖。由於所考慮的造波板運動為直推方式，在深水條件，G 值趨近於 2.0。留意到 $Kh=\pi/10$ 以下為淺水，$Kh=\pi$ 以上為深水。如為直擺式（flap）造波，則 G 值在深水時趨近於 1.7。

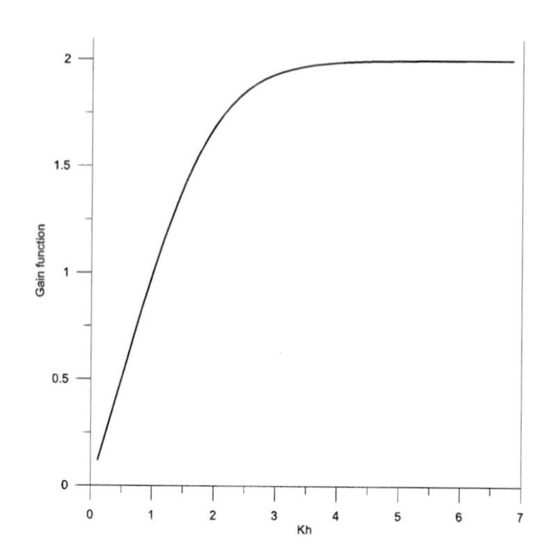

圖 5-20　直推式造波 Gain function 與 Kh 關係

至於振盪波的特性則可由表示式看出，振盪波隨著 x 增加而減小，但是水位仍然是週期性變化，如圖所示。圖形顯示水位變化的特性與駐波振盪的特性類似，也因此中文稱為振盪波。

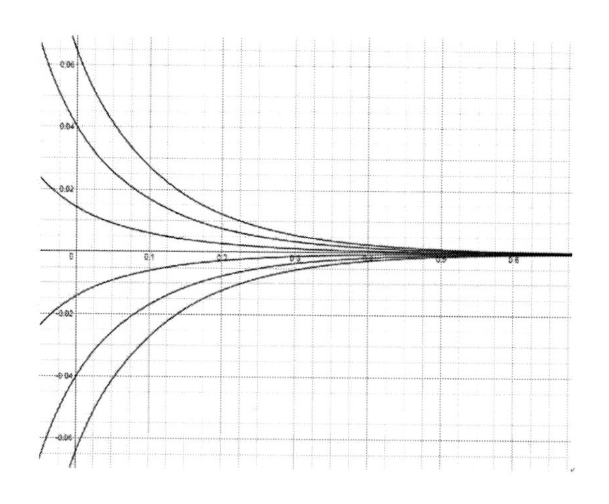

圖 5-21　振盪波水位隨時間變化圖

上圖也顯示振盪波越靠近造波邊界其值越大，而隨著離開造波邊界其值則呈指數型態減小。至於振盪波離開造波邊界多遠影響的程度如何，由 Dean and Dalrymple (1984) 說明，離開造波邊界三倍水深位置，振盪波仍有 3%的影響。

至此，造波理論的描述已經告一段落。由造波理論可以理解到滿足控制方程式，水面和底床邊界條件，加上波浪進行方向，理論解的通式可寫出為：

$$\Phi(x,z,t)=\sum_{n=0}^{\infty}C_n\cos k_n(z+h)e^{-k_n x}e^{-i\omega t} \tag{5-96}$$

同時，理論解通式為簡要型式的寫法，使用$k_0=-iK$的定義。當然這裡的通解和進行波的表示式差異在於多了振盪波，振盪波在怎樣的條件下則必須存在，是一個重要的概念和應用經驗的問題。在此可以簡單的說，若結構物邊界為垂直且佔滿整個水深，同時結構物為靜止，則振盪波可證明不存在。例如後續的全反射問題即是。

由此，若波浪進行方向為往$-x$方向，則波浪勢函數通解為：

$$\Phi(x,z,t)=\sum_{n=0}^{\infty}C_n\cos k_n(z+h)e^{k_n x}e^{-i\omega t} \tag{5-97}$$

上式中，進行波成份為：

$$\Phi_0(x,z,t)=C_0\cosh K(z+h)e^{iKx}e^{-i\omega t} \tag{5-98}$$

上述表示式中時間函數為任意使用$e^{-i\omega t}$，為習慣性寫法。若時間函數使用$e^{i\omega t}$，則造波理論通解則為：

$$\Phi(x,z,t)=\sum_{n=0}^{\infty}C_n\cos k_n(z+h)e^{k_n x}e^{i\omega t} \tag{5-99}$$

上式進行波成份為：

$$\Phi_0(x,z,t)=C_0\cosh K(z+h)e^{-iKx}e^{i\omega t} \tag{5-100}$$

仍然為往$+x$方向的進行波。另外，若所使用直角座標原點定在底床，則波浪勢函數通式則成為：

$$\Phi(x,z,t)=\sum_{n=0}^{\infty}C_n\cos k_n z\cdot e^{k_n x}e^{-i\omega t} \tag{5-101}$$

另方面，未定係數的求解則利用水深函數的正交性來計算。水深函數正交性的使用為波浪勢函數級數解係數可以求解的重要作法。後續含有海洋結構物的波浪問題中都需要使用這個特性，來進行運動或動力條件連續的理論推導。另外，造波理論解中包括進行波以及振盪波，可是在通解中，振盪波何時需要加進來考慮，何時又可以直接忽略不考慮，則需要視問題而異。

利用波浪勢函數可計算流體在結構物（造波板）上的波浪作用力：

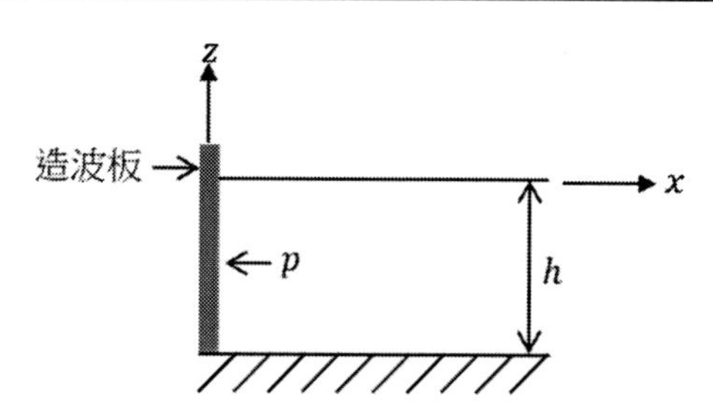

圖 5-22　造波板上的波浪作用力示意圖

作用在造波板的流體作用力，包括沒有波浪時的靜壓力，以及波浪的動壓力。由伯努利方程式可得：

$$p=\rho\frac{\partial\Phi}{\partial t}-\rho gz=p_d+p_s \tag{5-102}$$

一般波浪作用力只考慮動壓力 p_d，或者在波浪力學不考慮靜壓力，則利用 p 表示動壓力。

$$p=\rho\left.\frac{\partial\Phi}{\partial t}\right|_{x=0}=-i\omega\rho\sum_{n=0}^{\infty}C_n\cos k_n(z+h)\cdot e^{-i\omega t} \tag{5-103}$$

波浪作用力的計算，則先考慮作用力微分式：

$$dF = p \cdot dz \tag{5-104}$$

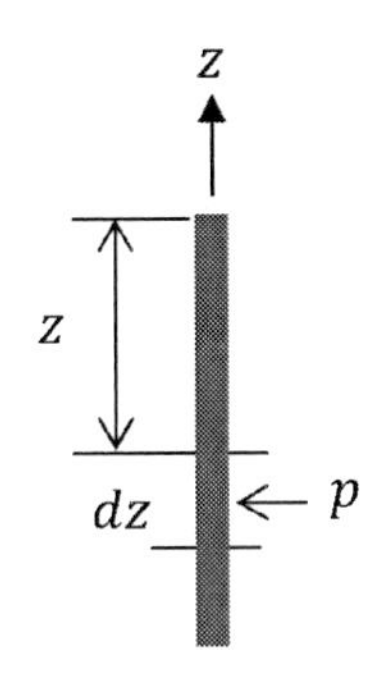

圖 5-23　波浪壓力的計算

整體作用力則為由水底到水面的積分：

$$F = \int dF = \int_{-h}^{0} pdz = -i\omega\rho \sum_{n=0}^{\infty} \frac{C_n}{k_n} \sin k_n h \cdot e^{-i\omega t} \tag{5-105}$$

波力的方向需要留意為和壓力作用方向相同，在此為向著造波板。另外，波力對於座標原點造成的力矩也可以計算，其表示式為：

$$M = \int_{-h}^{0} pz \cdot dz \tag{5-106}$$

上述彎矩的方向為順時針方向。在此註解，力矩的計算使用向量計算在方向上較不容易錯誤。

$$\vec{M} = \vec{r} \times \vec{F} \tag{5-107}$$

另外，造波板運動所作功率也可以計算。

$$\begin{aligned} P &= \frac{1}{T}\int_0^T \mathrm{Re}(F)\cdot\mathrm{Re}(\dot{\xi})dt \\ &= \frac{1}{T}\int_0^T\left(-\omega^2\rho\frac{s\sinh^2 Kh}{2N_0K^3}\sinh Kh\cdot\sin\omega t\right)\cdot\left(-\frac{\omega s}{2}\sin\omega t\right)dt \\ &\quad+\frac{1}{T}\int_0^T\left(-\omega^2\rho\sum_{n=1}^{\infty}\frac{s\sin^2 k_nh}{2N_nk_n^3}\sin k_nh\cdot\cos\omega t\right)\cdot\left(-\frac{\omega s}{2}\sin\omega t\right)dt \end{aligned} \qquad (5\text{-}108)$$

由上式等號右邊第二個積分可看出其值為零，表示造波板運動為對進行波作功，但並沒有對振盪波作功。

【註】

$$F=\int dF=\int_{-h}^{0}pdz=-i\omega\rho\sum_{n=0}^{\infty}\frac{C_n}{k_n}\sin k_nh\cdot e^{-i\omega t} \qquad (5\text{-}109)$$

$$\dot{\xi}=-i\omega\frac{s}{2}\cdot e^{-i\omega t} \qquad (5\text{-}110)$$

$$C_0=-i\omega\frac{s}{2}\frac{\sin k_0h}{N_0k_0^{\,2}}=\omega\frac{s}{2}\frac{\sinh Kh}{N_0K^2} \qquad (5\text{-}111)$$

$$C_n=-i\omega\frac{s}{2}\frac{\sin k_nh}{N_nk_n^{\,2}} \qquad (5\text{-}112)$$

【問題 1】已知造波水槽水深$h=40cm$，造波機運動衝程$s=10cm$，週期為0.9 sec，計算 G，所造出波浪的振幅和變化，以及波浪的作用力。

【問題 2】計算 Flap 造波的 Gain function.

$$G=\frac{A_p}{s/2}=4\left(\frac{\sinh Kh}{Kh}\right)\cdot\frac{Kh\sinh Kh-\cosh Kh+1}{\sinh 2Kh+2Kh} \qquad (\text{E5-1})$$

前述造波理論為考慮直推式造波，若為直擺式造波，則造波板位移為：

$$\xi(z,t)=\frac{s}{2}\left(1+\frac{z}{h}\right)\cdot e^{-i\omega t} \qquad (5\text{-}113)$$

由上式可知，造波板運動振幅在底床為零，在水面則為$s/2$。對於直推式和直擺式造波型態可以寫成通式，所謂函數原型（generic）可參考 Hudspeth (2006)。另外，在平面水池有方向（directional）造波（Wu and Dalrymple, 1987），以及螺旋式（spiral）造波（Dean and Dalrymple, 1984）相關理論。

【參考資料】

1. Wu, Y. C. and Dalrymple, R. A., Analysis of Wave Fields Generated by a Directional Wavemaker, Ocean Engineering, Vol. 11, pp.241-261., 1987.
2. Dean, R. G. and Dalrymple, R. A., Water Wave Mechanics for Engineers and Scientists, Prentice-Hall Inc, Englewood Cliffs, New Jersey., 1984.

第六章　波浪反射和散射問題

本章大綱

6.1　全反射問題求解：直接應用造波理論求解全反射問題

6.2　波浪通過一個台階問題解析：波浪場分區最少的理論求解

6.3　水中固定結構物的散射問題：波浪場分區解析的進階問題

對於海洋結構物受波浪作用的分析，最簡單的作法就是考慮結構物靜止不動，或考慮單純結構物運動的問題。結構物固定受波浪作用即為三維問題的繞射（diffraction）問題，或二維問題的散射問題（scattering）。而結構物運動造波則為輻射問題（radiation），所以稱為輻射問題，就是造出的波浪都是往外傳遞，如同輻射現象一般。最簡單的散射問題，為波浪碰到直立壁產生的全反射問題，最簡單的繞射問題則為突出水面直立圓柱的波浪繞射問題（MacCamy-Fuchs Diffraction problem），而波浪與結構物互相作用問題最簡單的則為一維問題的分析。

6.1 全反射問題的理論求解

考慮的問題如圖 6-1 所示，使用直角座標 x-z，固定水深 h，給定入射波波高和週期。求解波浪碰到位於 x=0 位置直立壁對於入射波浪的影響。

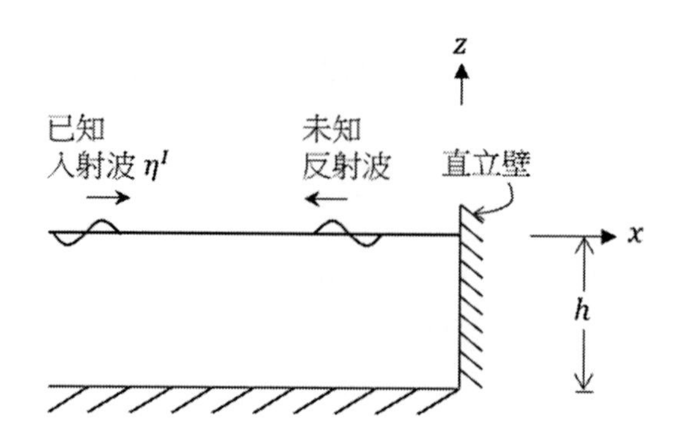

圖 6-1　全反射波問題示意圖

由給定入射波波高 H，週期 T，水位可寫為：

$$\eta^I = \frac{H}{2} e^{i(Kx-\omega t)} \tag{6-1}$$

上式實數部份為：

$$\eta^I = \frac{H}{2} \cos(Kx-\omega t) \tag{6-2}$$

相對應的波浪勢函數則為：

$$\Phi^I(x,z,t) = i\frac{H}{2}\frac{g}{\omega}\frac{\cosh K(z+h)}{\cosh Kh} e^{i(Kx-\omega t)} \tag{6-3}$$

對於所求解入射波受到直立壁影響產生的波浪稱為反射波，由於考慮穩定週期性問題，反射波可寫為：

$$\Phi^R = \phi^R e^{-i\omega t} \tag{6-4}$$

求解反射波的邊界值問題可表出為：

控制方程式：

$$\nabla^2 \phi^R = 0 \tag{6-5}$$

邊界條件：

水面條件 $\frac{\partial \phi^R}{\partial z}-\frac{\omega^2}{g}\phi^R=0$ （6-6）

底床條件 $\frac{\partial \phi^R}{\partial z}=0$ （6-7）

以及直立壁上的邊界條件：

$$\frac{\partial(\phi^I+\phi^R)}{\partial x}=0 \quad (6\text{-}8)$$

另外需要加上反射波往－x 方向傳遞。以上構成完整的求解反射波的邊界值問題。

由上，滿足控制方程式，水面和底床邊界條件，以及波浪往-x 傳遞的通解可寫出為：

$$\Phi^R(x,z,t)=\sum_{n=0}^{\infty}C_n\cos k_n(z+h)e^{k_n x}e^{-i\omega t} \quad (6\text{-}9)$$

接著利用直立壁邊界條件可列出為：

$$\sum_{n=0}^{\infty}k_nC_n\cos k_n(z+h)=K\frac{H}{2}\frac{g}{\omega}\frac{\cosh K(z+h)}{\cosh Kh} \quad (6\text{-}10)$$

等號左邊將進行波表示式分開：

$$-iKC_0\cosh K(z+h)+\sum_{n=1}^{\infty}k_nC_n\cos k_n(z+h)=K\frac{H}{2}\frac{g}{\omega}\frac{\cosh K(z+h)}{\cosh Kh} \quad (6\text{-}11)$$

接著利用水深函數正交性，等號兩邊分別乘上 $\cos k_m(z+h)$，然後由底床積分到水面（$-h\le z\le 0$）。由於等號右邊僅有進行波水深函數，因此可得：

$$\begin{cases} C_0 = i\dfrac{H}{2}\dfrac{g}{\omega}\dfrac{1}{\cosh Kh} \\ C_n = 0,\ n \geq 1 \end{cases} \tag{6-12}$$

由此，反射波可寫為：

$$\Phi^R(x,z,t) = i\frac{H}{2}\frac{g}{\omega}\frac{\cosh K(z+h)}{\cosh Kh}e^{-iKx}e^{-i\omega t} \tag{6-13}$$

上式只含進行波，振盪波不存在，稱為反射進行波。其水位變化為：

$$\eta^R = \frac{1}{g}\frac{\partial \Phi^R}{\partial t}\bigg|_{z=0} = \frac{H}{2}e^{-iKx}e^{-i\omega t} = \frac{H}{2}e^{-i(Kx+\omega t)} \tag{6-14}$$

比較入射波η^I與反射波η^R，可知兩者波高相等，傳遞方向相反。另外，在直立壁前方的波浪場為：

$$\begin{aligned} \eta = \eta^I + \eta^R &= \frac{H}{2}e^{i(Kx-\omega t)} + \frac{H}{2}e^{-i(Kx+\omega t)} \\ &= H\left(\frac{e^{iKx}+e^{-iKx}}{2}\right)e^{-i\omega t} \\ &= H\cos(Kx)e^{-i\omega t} \end{aligned} \tag{6-15}$$

由上式即可看出直立壁前方波浪場的波高為入射波波高的兩倍。

在前述的求解過程中，若在概念上已經知道全反射波不含有振盪波，則反射波的通解可以不含有振盪波表示式，如：

$$\Phi^R(x,z,t) = C_0\cos k_0(z+h)e^{k_0 x}e^{-i\omega t} \tag{6-16}$$

然後再利用直立壁邊界條件求解未定係數也可以。

在造波水槽中造出進行波，進行波遇到全反射盡頭邊界產生反射波，反射波和進行波合成後形成全反射波，或稱為完全重複波，或駐波（standing wave），如圖 6-2 所示。

圖 6-2　斷面水槽中造出進行波形成駐波

http://www.youtube.com/watch?v=NpEevfOU4Z8

利用理論曲線，大小相等但方向相反的進行波合成為完全重複波，如圖 6-3。

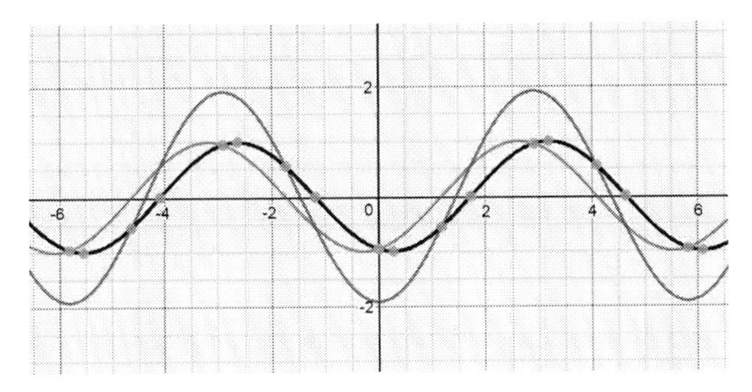

圖 6-3　大小相等方向相反進行波合成駐波

完全重複波中，節點（node）位置水粒子保持在水平面位置，但在腹點（anti-node）位置水粒子則上下位移最大，如圖 6-3 所示。

利用緩慢移動的波高計量測得到的水面變化，如圖 6-4（Dean and Ursell, 1959）。

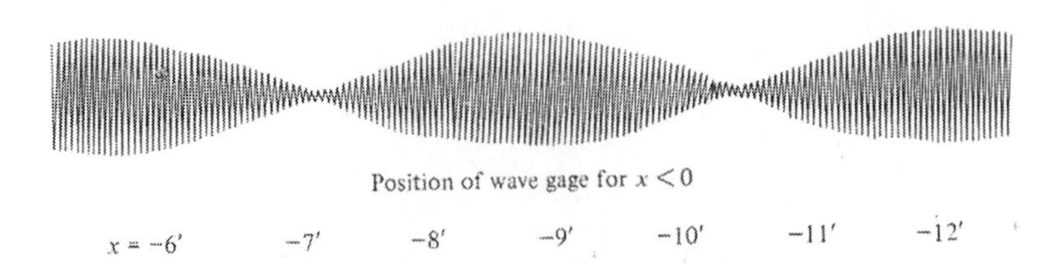

圖 6-4　駐波波形中節點和腹點位置

駐波波浪場中，水粒子運動移動方向，如圖 6-5。

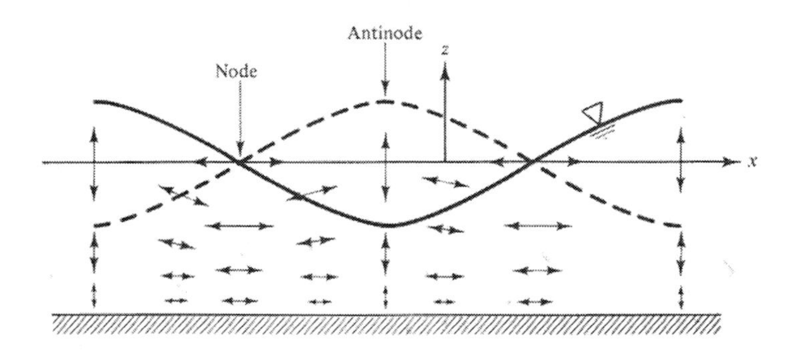

圖 6-5　駐波波浪場水粒子移動方向

在實際的海岸波浪反射的現象如圖 6-6 所示，波浪反射有斜向反射的情形，同時，反射波浪和入射波浪也並非完全反射。

圖 6-6　波浪在斷崖前方的反射

http://www.youtube.com/watch?v=gLGLkLBxDBw

總結，這部份說明如何由邊界值問題求解波浪全反射的問題，由結果顯示，入射進行波碰到直立壁產生大小相等方向相反的反射進行波。同時，入射波和反射波重疊形成重複波。在反射波的求解上，反射波通解只有進行波成份，振盪波由於直立壁的影響並不存在。

【附註】上述求解使用餘弦入射波作理論推導，若使用正弦入射波則結果會相同嗎？

若入射波形給定為：

$$\eta^I = -i\frac{H}{2}e^{i(Kx-\omega t)} \tag{6-17}$$

對應的波浪勢函數為：

$$\Phi^I(x,z,t) = \frac{H}{2}\frac{g}{\omega}\frac{\cosh K(z+h)}{\cosh Kh}e^{i(Kx-\omega t)} \tag{6-18}$$

滿足控制方程式，水面和底床邊界條件，以及波浪往$-x$傳遞的通解可寫出為：

$$\Phi^R(x,z,t) = \sum_{n=0}^{\infty}C_n\cos k_n(z+h)e^{k_n x}e^{-i\omega t} \tag{6-19}$$

利用直立壁邊界條件可得：

$$\begin{cases} C_0 = \dfrac{H}{2}\dfrac{g}{\omega}\dfrac{1}{\cosh Kh} \\ C_n = 0, n \geq 1 \end{cases} \tag{6-20}$$

比較入射波η^I與反射波η^R，可知兩者波高相等，傳遞方向相反。另外，在直立壁前方的波浪場為：

$$\begin{aligned} \eta = \eta^I + \eta^R &= -i\frac{H}{2}e^{i(Kx-\omega t)} - i\frac{H}{2}e^{-i(Kx+\omega t)} \\ &= -iH\cos(Kx)e^{-i\omega t} \end{aligned} \tag{6-21}$$

實數部份則為：

$$\eta == -H\cos Kx \sin \omega t \qquad (6\text{-}22)$$

【註】

1. 利用造波理論的通解求解問題，通解中含有振盪波。但是入射波僅有進行波而反射波通解有振盪波，藉由直立壁條件可以知道振盪波不存在。由這樣的結果也引起思考，怎樣的邊界條件下振盪波需要考慮。當然在直立壁的情況下，反射波的解也可以僅包含進行波表示式。
2. 入射波考慮正弦波形或者餘弦波形，得到的結果均為完全重覆波。但是相位不同。
3. 由過去經驗知道，若直立壁不占滿整個水深，直立壁底下透空或者上方透空，或者直立壁傾斜，如圖 6-7 所示，反射波都需要考慮振盪波。

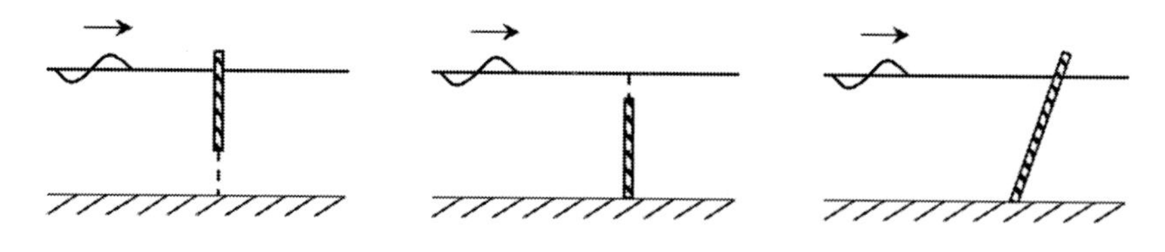

圖 6-7　反射波需要考慮振盪波之情形

4. 在封閉的造波水槽或者水槽盡頭為不完全消波，所形成的反射波往回傳，終究會在碰到造波邊界，如圖 6-8 所示。此時，原先設定求解的邊界值問題由於沒有考慮到反射波在造波邊界上面的條件，因此，無法模擬再來水槽中的波浪變化。反射波回傳碰到造波邊界的情形也稱為二次反射。

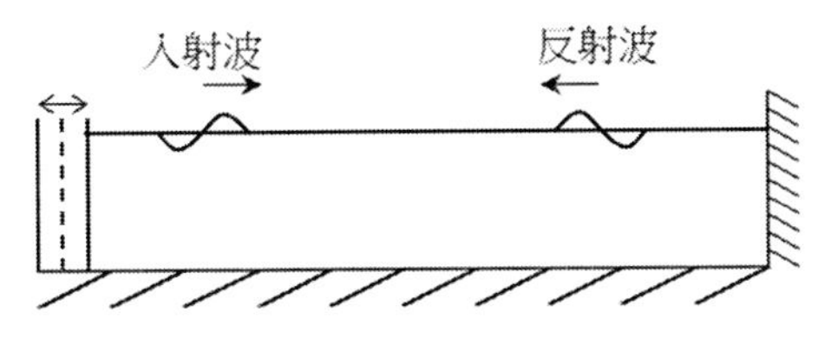

圖 6-8　造波水槽形成反射波示意圖

6.2 波浪通過一個台階問題解析

前述說明波浪遇到全反射直立壁，以及直立圓柱繞射問題，兩個問題的結構物均為由底床到水面，佔滿整個水深。而由解析結果來看，反射波或直立圓柱繞射波均只有進行波，意即在此兩種問題中振盪波不存在。以下要考慮的問題為結構物不佔滿整個水深，就這個角度來看，結構物型式可以為棧橋式，結構物下方為透空；或結構物在水中，結構物上方和下方為透空；或結構物為潛堤，結構物上方為透空，分別如圖 6-9~圖 6-11 所示。

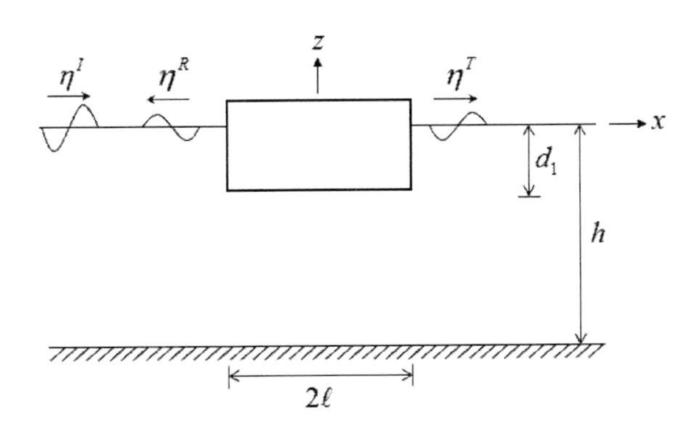

圖 6-9　棧橋式結構物示意圖

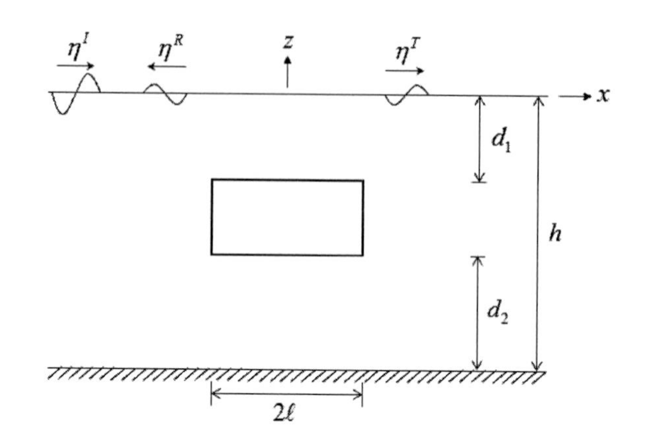

圖 6-10　水中結構物示意圖

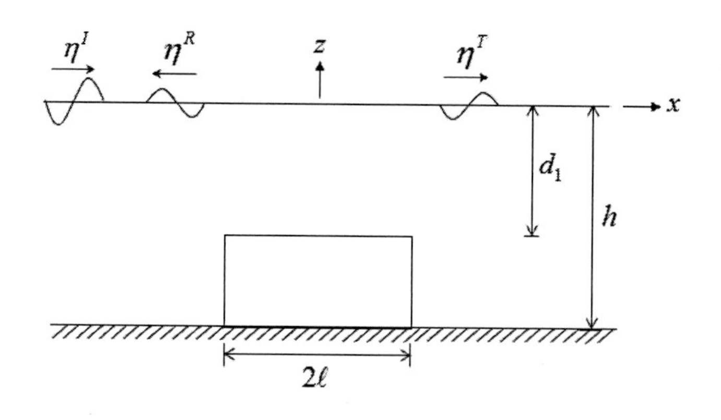

圖 6-11　潛堤結構物示意圖

就理論分析而言，波浪遇到不佔滿整個水深的問題，最簡單的就是波浪傳遞遇到一個階梯，如圖 6-12 所示。已知入射波由等水深h_1傳遞進入等水深h_2的台階。而由於台階的影響，將產生反射波η^R，以及透過波浪η^T傳上台階。

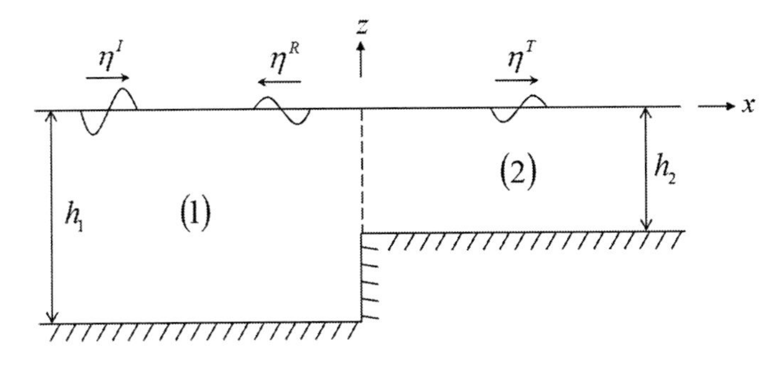

圖 6-12　波浪傳遞上一個台階示意圖

對於所求解問題的領域可以分成左右兩區，如圖 6-12 所示（1）（2）兩區。給定入射波水位：

$$\eta^I = \frac{H}{2} e^{i(K_1 x - \omega t)} \tag{6-23}$$

式中，K_1 為對應水深 h_1 之週波數。對應入射波水位（6-23）式的波浪勢函數可表示為：

$$\Phi^I = i\frac{Hg}{2\omega}\frac{\cosh K_1(z+h_1)}{\cosh K_1 h_1} e^{i(K_1 x - \omega t)} \tag{6-24}$$

對於所要求解的反射波和透過波，由於均為波浪的範疇，因此前述控制方程式，以及水面和底床邊界條件，配合波浪傳遞的方向，均適用在此。反射波往 $-x$ 方向傳遞，而透過波往 $+x$ 方向傳遞。由造波理論之通解，滿足控制方程式，以及水面和底床邊界條件，配合波浪傳遞的方向，反射波通解可以表示為：

$$\Phi^R = \sum_{n=0}^{\infty} C_{1n} \cos k_{1n}(z+h_1) e^{k_{1n}x} e^{-i\omega t} \tag{6-25}$$

其中，k_{1n} 為滿足水深 h_1 的分散方程式，$k_{10} = -iK_1$。

$$\omega^2 = -g k_{1n} \tan k_{1n} h_1 \tag{6-26}$$

同樣的，滿足控制方程式，以及水面和底床邊界條件，配合波浪傳遞的方向，透過波則可以表示為：

$$\Phi^T = \sum_{n=0}^{\infty} C_{2n} \cos k_{2n}(z+h_2) e^{-k_{2n}x} e^{-i\omega t} \tag{6-27}$$

其中，k_{2n} 為滿足水深 h_2 的分散方程式，$k_{20} = -iK_2$。

$$\omega^2 = -gk_{2n} \tan k_{2n} h_2 \tag{6-28}$$

上述反射波和透過波表示式中，未定係數 C_{1n} 和 C_{2n} 需要利用（1）(2）兩區交界面上（$x=0$）的速度相等和壓力相等兩個條件來求解兩個未知係數。

(a) 速度相等

$$\frac{\partial\left(\Phi^I + \Phi^R\right)}{\partial x} = \frac{\partial \Phi^T}{\partial x}, \quad x=0 \tag{6-29}$$

（6-29）式表示在 $x=0$ 位置流體速度的相等，實際上應該為整個水深的速度相等，只不過 $-h_1 \le z \le -h_2$ 為直立壁速度為零。(6-29）式代入入射波、反射波、以及透過波理論解表示式可得：

$$K_1 \frac{Hg}{2\omega} \frac{\cosh K_1(z+h_1)}{\cosh K_1 h_1} - \sum_{n=0}^{\infty} k_{1n} C_{1n} \cos k_{1n}(z+h_1) = \sum_{n=0}^{\infty} k_{2n} C_{2n} \cos k_{2n}(z+h_2) \tag{6-30}$$

上式中等號左右兩邊含有累加項，因此利用水深的正交函數將可以把聯立方程式更明確表示。(6-30)式乘上(1)區的水深函數 $\cos k_{1m}(z+h_1)$，並對水深 $-h_1 \le x \le 0$ 積分可得：

$$\frac{-K_1 Hg}{2\omega \cosh K_1 h_1} \int_{-h_1}^{0} \cosh K_1(z+h_1) \cdot \cos k_{1m}(z+h_1) dz - k_{1m} C_{1m} \int_{-h_1}^{0} \cos^2 k_{1m}(z+h_1) dz$$
$$= \sum_{n=0}^{\infty} k_{2n} C_{2n} \int_{-h_2}^{0} \cos k_{2n}(z+h_2) \cdot \cos k_{1m}(z+h_1) dz \tag{6-31}$$

留意到上式等號右邊積分寫為$-h_2 \le x \le 0$，因為$-h_1 \le x \le -h_2$沒有流速。（6-31）式以所求解係數重新整理可得：

$$\left\{k_{1m}\int_{-h_1}^{0}\cos^2 k_{1m}(z+h_1)dz\right\}\cdot C_{1m}$$
$$+\left\{-\sum_{n=0}^{\infty}k_{2n}\int_{-h_2}^{0}\cos k_{2n}(z+h_2)\cdot\cos k_{1m}(z+h_1)dz\cdot C_{2n}\right\}$$
$$=\frac{K_1 Hg}{2\omega\cosh K_1 h_1}\int_{-h_1}^{0}\cosh K_1(z+h_1)\cdot\cos k_{1m}(z+h_1)dz,\quad m=0,1,2,\cdots,\infty$$

（6-32）

留意到上式中等號右邊當$m=0$時有值，其餘則為零。

(b) 壓力相等

由伯努利方程式，壓力和勢函數之關係：

$$p=\rho\frac{\partial\Phi}{\partial t}\ or\ p=-i\omega\rho\Phi \tag{6-33}$$

或者可以寫為：

$$p=\Phi \tag{6-34}$$

（1）（2）兩區的壓力相等即可寫為：

$$\Phi^I+\Phi^R=\Phi^T,\quad x=0 \tag{6-35}$$

留意到上式流體的壓力相等存在的水深為$-h_2 \le z \le 0$，這和速度相等的範圍有些不同。（6-35）式代入兩區的波浪勢函數可得：

$$\frac{Hg}{2}\frac{\cosh K_1(z+h_1)}{\cosh K_1 h_1}+\sum_{n=0}^{\infty}-i\omega C_{1n}\cos k_{1n}(z+h_1)$$
$$=\sum_{n=0}^{\infty}-i\omega C_{2n}\cos k_{2n}(z+h_2)$$

（6-36）

上式左右兩邊乘上（2）區的水深函數$\cos k_{2m}(z+h_2)$，然後對$-h_2 \le x \le 0$積分可得：

$$\frac{Hg}{2\cosh K_1 h_1}\int_{-h_2}^{0}\cos K_1(z+h_1)\cos k_{2m}(z+h_2)dz + \sum_{n=0}^{\infty} -i\omega C_{1n}\int_{-h_2}^{0}\cos k_{1n}(z+h_1)\cos k_{2m}(z+h_2)dz = -i\omega C_{2m}\int_{-h2}^{0}\cos^2 k_{2m}(z+h_2)dz$$

（6-37）

將上式中已知入射波調整到等號右邊，重新整理可得：

$$\sum_{n=0}^{\infty}\left\{-i\omega\int_{-h_2}^{0}\cos k_{1n}(z+h_1)\cos k_{2m}(z+h_2)dz\cdot C_{1n}\right\}+\left\{i\omega\int_{-h2}^{0}\cos^2 k_{2m}(z+h_2)dz\right\}\cdot C_{2m} = \frac{-Hg}{2\cosh K_1 h_1}\int_{-h_2}^{0}\cos K_1(z+h_1)\cos k_{2m}(z+h_2)dz,\quad m=0,1,2,\cdots,\infty$$

（6-38）

由上（6-32）和（6-38）兩式即可以得到兩個矩陣方程式求解 C_{1n} 和 C_{2n}。

上述矩陣式的求解需要利用電腦程式計算，為方便寫出程式，上述方程式（6-32）和（6-38）兩式可以重新表示為：

$$M_{1m}C_{1m} + \sum_{n=0}^{NN} N_{2nm}C_{2n} = L_{1m},\quad m=0,1,2,\ldots,NN \tag{6-39}$$

$$\sum_{n=0}^{NN} N_{1nm}C_{1n} + M_{2m}C_{2m} = L_{2m},\quad m=0,1,2,\ldots,NN \tag{6-40}$$

式中：

$$M_{1m} = k_{1m}\int_{-h_1}^{0}\cos^2 k_{1m}(z+h_1)dz \tag{6-41}$$

$$N_{2nm} = k_{2n}\int_{-h_2}^{0}\cos k_{2n}(z+h_2)\cdot\cos k_{1m}(z+h_1)dz \tag{6-42}$$

$$L_{1m} = \frac{K_1 Hg}{2\omega\cosh K_1 h_1}\int_{-h_1}^{0}\cos K_1(z+h_1)\cdot\cos k_{1m}(z+h_1)dz \tag{6-43}$$

$$N_{1nm} = -i\omega\int_{-h_2}^{0}\cos k_{1n}(z+h_1)\cdot\cos k_{2m}(z+h_2)dz \tag{6-44}$$

$$M_{2m} = i\omega\int_{-h_2}^{0}\cos^2 k_{2m}(z+h_2)dz \tag{6-45}$$

$$L_{2m} = \frac{-Hg}{2\cosh K_1 h_1}\int_{-h_2}^{0}\cosh K_1(z+h_1)\cdot\cos k_{2m}(z+h_2)dz \qquad (6\text{-}46)$$

上述（6-39）和（6-40）兩個聯立方程式，若以矩陣式表出則可寫出為：

$$\begin{bmatrix} M_{10} & 0 & 0 & 0 & 0 & N_{200} & N_{201} & \cdots & \cdots & N_{20N} \\ 0 & M_{11} & 0 & 0 & 0 & N_{201} & N_{211} & \cdots & \cdots & \vdots \\ \vdots & 0 & \ddots & 0 & 0 & \vdots & \vdots & \ddots & \ddots & \vdots \\ \vdots & \vdots & 0 & \ddots & 0 & \vdots & \vdots & \ddots & \ddots & \vdots \\ 0 & 0 & 0 & 0 & M_{1N} & N_{20N} & N_{21N} & \cdots & \cdots & N_{2NN} \\ N_{100} & N_{110} & \cdots & \cdots & N_{1N0} & M_{20} & 0 & 0 & 0 & 0 \\ N_{101} & N_{111} & \cdots & \cdots & N_{1N1} & 0 & M_{21} & 0 & 0 & 0 \\ \vdots & \vdots & \ddots & \ddots & \vdots & \vdots & 0 & \ddots & 0 & 0 \\ \vdots & \vdots & \ddots & \ddots & \vdots & \vdots & \vdots & 0 & \ddots & 0 \\ N_{10N} & N_{11N} & \cdots & \cdots & N_{1NN} & 0 & 0 & 0 & 0 & M_{2N} \end{bmatrix} \begin{bmatrix} c_{10} \\ c_{11} \\ \vdots \\ \vdots \\ c_{1N} \\ c_{20} \\ c_{21} \\ \vdots \\ \vdots \\ c_{2N} \end{bmatrix} \begin{bmatrix} L_{10} \\ L_{11} \\ \vdots \\ \vdots \\ L_{1N} \\ L_{20} \\ L_{21} \\ \vdots \\ \vdots \\ L_{2N} \end{bmatrix} \qquad (6\text{-}47)$$

藉由(6-47)式的求解就可以得到反射波和透過波勢函數的未定係數，接著可以計算波浪水位和反射係數以及透過係數。計算 Massel (1983) 的例子結果如圖 6-13 所示。入射波波浪振幅 0.02m，水深 0.8m，台階高度 0.15m。本計算結果（實線）和 Massel 文章結果（符號）相當接近。

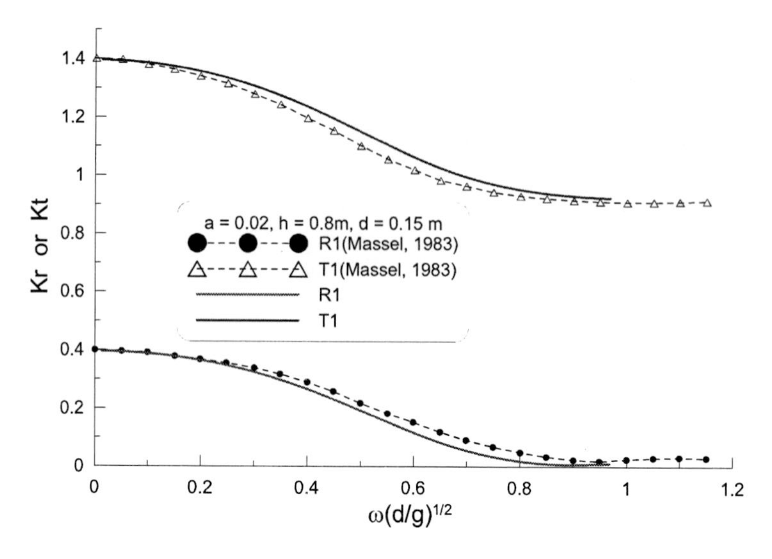

圖 6-13　波浪上階梯的反射率和透過率
（結果與 Massel, 1983 比較）

【註】

1. 相對於造波問題，波浪傳遞通過一個台階的問題多了一個求解區域。就整個問題的求解來看，兩個球解區域連接起來需要留意銜接邊界的連續條件。速度連續在概念上應為銜接邊界的流量連續，至於壓力連續則為銜接邊界有壓力值的連續。
2. 銜接邊界有了連續條件之後，接下來則為正交函數的應用。理論上，需要利用該區域的正交函數，但是，如果沒有使用正交函數衍生出來的求解也僅僅是矩陣求解，似乎也是可以使用的求解方法。
3. 波浪通過一個台階的問題，求解領域分成兩個區域，應該是利用造波理論求解問題的排第二的簡單應用問題。
4. 利用本節求解方法應用到斜坡問題上面（張，1989）

5. 林（2003）作過波浪上台階的試驗。

圖 6-14　試驗室中波浪上階梯配置圖

【參考資料】

1. Massel, S.R., Harmonic generation by waves propagating over a submerged step, Coastal Engineering, Vol.7, Issue 4, pp.357-380, 1983.
2. 林大原，波浪傳遞上斜坡階梯，碩士論文，國立成功大學水利及海洋工程系，2003。
3. 張恆文，微小振幅波在斜坡上之傳動效應，碩士論文，國立成功大學水利及海洋工程系，1989。

6.3 波浪通過固定水中結構物問題

入射波通過水中固定結構物的問題如圖 6-15 所示。利用理論解析求解，問題的領域可以分成四個區域，結構物前方的（1）區、結構物上方的（2）區、結構物後方的（3）區、以及結構物下方的（4）區。如果考慮水面固定結構物的問題則分區為包括（1）（3）（4）區；而水下潛堤的問題則分區為包括（1）（2）（3）區，由此可以知道水中固定結構物問題的分析為比較是一般（general）的作法。

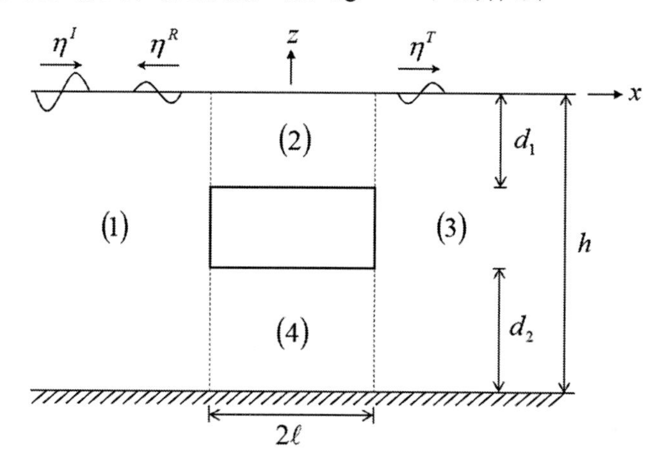

圖 6-15　波浪通過水中結構物示意圖

利用前述造波問題的假設，考慮穩定週期性問題。第（1）區包括已知的往＋x 方向傳遞入射波和產生的反射波而第(3)區產生透過波。入射波波浪勢函數可寫為：

$$\Phi^I = \frac{igA^I}{\omega}\frac{\cosh K(z+h)}{\cosh Kh}\cdot e^{i(Kx-\omega t)} \tag{6-48}$$

其他各區的未知波浪勢函數可寫為：

$$\Phi_j = \phi_j \cdot e^{-i\omega t}, \quad j = 1,2,3,4 \tag{6-49}$$

其中下標為分區編號。

控制方程式為：

$$\nabla^2\phi_j = 0\ ,\ j = 1,2,3,4 \tag{4-50}$$

各區的邊界條件如下所示：

第（1）區：$\left(-\infty \le x \le -\ell \qquad -h \le z \le 0\right)$

自由水面邊界條件：

$$\frac{\partial\phi_1}{\partial z} = \frac{\omega^2}{g}\phi_1\ ,\ \ z = 0 \tag{6-51}$$

不透水底床邊界條件：

$$\frac{\partial\phi_1}{\partial z} = 0\ ,\ \ z = -h \tag{6-52}$$

波浪往$-x$方向傳遞。

第（2）區：$\left(-\ell \le x \le \ell \qquad -d_1 \le z \le 0\right)$

自由水面邊界條件：

$$\frac{\partial\phi_2}{\partial z} = \frac{\omega^2}{g}\phi_2\ ,\ \ z = 0 \tag{6-53}$$

結構物邊界條件：

$$\frac{\partial\phi_2}{\partial z} = 0\ ,\ \ z = -d_1 \tag{6-54}$$

波浪包含往－x方向傳遞以及+x方向傳遞。

第（3）區：$\left(\ell \le x \le \infty \qquad -h \le z \le 0\right)$

自由水面邊界條件：

$$\frac{\partial \phi_3}{\partial z} = \frac{\omega^2}{g}\phi_3 \text{，} \ z = 0 \qquad (6\text{-}55)$$

波浪往$+x$方向傳遞。

不透水底床邊界條件：

$$\frac{\partial \phi_3}{\partial z} = 0 \text{，} \ z = 0 \qquad (6\text{-}56)$$

<u>第（4）區</u>：$\left(-\ell \le x \le \ell \quad -h \le z \le -h + d_2\right)$

結構物邊界條件：

$$\frac{\partial \phi_4}{\partial z} = 0 \text{，} \ z = -h + d_2 \qquad (6\text{-}57)$$

不透水底床邊界條件：

$$\frac{\partial \phi_4}{\partial z} = 0 \text{，} \ z = -h \qquad (6\text{-}58)$$

上述四區中，第（1）區、第（2）區、第（3）區均含有自由水面，因此造波理論波浪場通解均可以利用，需要知道的只是，第（1）區反射波往$-x$方向傳遞，第（3）區透過波往$+x$方向傳遞，而第（2）區則包括往$-x$方向以及$+x$方向傳遞兩方向的波浪。至於第（4）區則上下均為不透水邊界，因此通解需要重新利用分離變數法推導此區的通解。第（4）區波浪場通解詳細推導附於本章節最後。

上述四區波浪勢函數可以寫出如下：

$$\phi_1 = \sum_{n=0}^{\infty} B_{1n} \cdot \cos\left[k_n(z+h)\right] \cdot e^{k_n(x+\ell)} \qquad (6\text{-}59)$$

$$\phi_2 = \sum_{n=0}^{\infty} \left[A_{2n} e^{-k_{2n}(x+\ell)} + B_{2n} e^{k_{2n}(x-\ell)}\right] \cos\left[k_{2n}(z+d_1)\right] \qquad (6\text{-}60)$$

$$\phi_3 = \sum_{n=0}^{\infty} A_{3n} \cos\left[k_n(z+h)\right] \cdot e^{-k_n(x-\ell)} \qquad (6\text{-}61)$$

$$\phi_4 = \left(A_{40}x + B_{40}\right) + \sum_{n=1}^{\infty}\left[A_{4n}e^{-k_{4n}(x+\ell)} + B_{4n}e^{k_{4n}(x-\ell)}\right]\cos\left[k_{4n}(z+h)\right]$$

（6-62）

式中特徵值k_n、k_{2n}以及k_{4n}由以下式子計算：

$$\omega^2 = -gk_n \tan k_n h,\ \ n = 0,1,2\cdots\infty \tag{6-63}$$

$$\omega^2 = -gk_{2n} \tan k_{2n} d_1,\ \ n = 0,1,2\cdots\infty \tag{6-64}$$

$$k_{4n} = \frac{n\pi}{d_2},\ \ n = 1,2,\cdots\infty \tag{6-65}$$

留意到，第（1）區和第（3）區水深相同，水深函數相同。第（4）區的通解與第（2）區不同，第（4）區沒有自由水面，同時上下邊界均為不透水邊界。另外，第（4）區通解（6-62）式包含$(A_{40}x + B_{40})$表示式，若對x微分則得到常數，表示在第（4）區中含有等流速的成份。

接下來為利用垂直交界面$x=-\ell$與$x=\ell$處的速度和壓力相等求解各區通解的未定係數。（6-59）式~（6-62）式中，包含未知六個係數B_{1n}、A_{2n}、B_{2n}、A_{3n}、A_{4n}以及B_{4n}，可以利用$x=-\ell$位置整個水深的速度相等，以及$-d_1 \le z \le 0$和$-h \le z \le -h + d_2$壓力相等；$x=+\ell$位置整個水深的速度相等，以及$-d_1 \le z \le 0$和$-h \le z \le -h + d_2$壓力相等，共六個條件求解六個未知係數。

位於$x=-\ell$處的速度與壓力相等條件：

速度相等條件：

$$-\frac{\partial\left(\phi^{I}+\phi_{1}\right)}{\partial x}=\begin{cases}-\dfrac{\partial\phi_{2}}{\partial x} & ,\ -d_{1}\le z\le 0\\ 0 & ,\ -h+d_{2}\le z\le -d_{1}\\ -\dfrac{\partial\phi_{4}}{\partial x} & ,\ -h\le z\le -h+d_{2}\end{cases} \quad (6\text{-}66)$$

壓力相等條件：

$$\phi^{I}+\phi_{1}=\phi_{2},\ -d_{1}\le z\le 0 \quad (6\text{-}67)$$

$$\phi^{I}+\phi_{1}=\phi_{4},\ -h\le z\le -h+d_{2} \quad (6\text{-}68)$$

位於 $x=+\ell$ 處的速度與壓力相等條件：

速度相等條件：

$$-\frac{\partial\phi_{3}}{\partial x}=\begin{cases}-\dfrac{\partial\phi_{2}}{\partial x} & ,\ -d_{1}\le z\le 0\\ 0 & ,\ -h+d_{2}\le z\le -d_{1}\\ -\dfrac{\partial\phi_{4}}{\partial x} & ,\ -h\le z\le -h+d_{2}\end{cases} \quad (6\text{-}69)$$

壓力相等條件：

$$\phi_{3}=\phi_{2},\ -d_{1}\le z\le 0 \quad (6\text{-}70)$$

$$\phi_{3}=\phi_{4},\ -h\le z\le -h+d_{2} \quad (6\text{-}71)$$

將入射波以及四區波浪勢函數通解代入（6-66）式~（6-71）式，可得下列六個方程式：

（第 1 區與第 2, 4 區速度相等）

$$\frac{KgA^{I}}{\omega}\frac{\cosh\left[K(z+h)\right]}{\cosh(Kh)}\cdot e^{iKx}+\sum_{n=0}^{\infty}-k_{n}B_{1n}\cdot\cos\left[k_{n}(z+h)\right]\cdot e^{k_{n}(x+\ell)}$$

$$= \sum_{n=0}^{\infty} \left[k_{2n} A_{2n} e^{-k_{2n}(x+\ell)} - k_{2n} B_{2n} e^{k_{2n}(x-\ell)}\right] \cos\left[k_{2n}(z+d_1)\right]$$

$$+ \left(-A_{40}\right) + \sum_{n=1}^{\infty} \left[k_{4n} A_{4n} e^{-k_{4n}(x+\ell)} - k_{4n} B_{4n} e^{k_{4n}(x-\ell)}\right] \cos\left[k_{4n}(z+h)\right]$$

（6-72）

（第 1 區與第 2 區壓力相等）

$$\frac{igA^I}{\omega} \frac{\cosh\left[K(z+h)\right]}{\cosh(Kh)} \cdot e^{iKx} + \sum_{n=0}^{\infty} B_{1n} \cdot \cos\left[k_n(z+h)\right] \cdot e^{k_n(x+\ell)}$$

$$= \sum_{n=0}^{\infty} \left[A_{2n} e^{-k_{2n}(x+\ell)} + B_{2n} e^{k_{2n}(x-\ell)}\right] \cos\left[k_{2n}(z+d_1)\right] \qquad (6\text{-}73)$$

（第 1 區與第 4 區壓力相等）

$$\frac{igA^I}{\omega} \frac{\cosh\left[K(z+h)\right]}{\cosh(Kh)} \cdot e^{iKx} + \sum_{n=0}^{\infty} B_{1n} \cdot \cos\left[k_n(z+h)\right] \cdot e^{k_n(x+\ell)}$$

$$= \left(A_{40}x + B_{40}\right) + \sum_{n=1}^{\infty} \left[A_{4n} e^{-k_{4n}(x+\ell)} + B_{4n} e^{k_{4n}(x-\ell)}\right] \cos\left[k_{4n}(z+h)\right]$$

（6-74）

（第 3 區與第 2, 4 區速度相等）

$$\sum_{n=0}^{\infty} k_n A_{3n} \cos\left[k_n(z+h)\right] \cdot e^{-k_n(x-\ell)}$$

$$= \sum_{n=0}^{\infty} \left[k_{2n} A_{2n} e^{-k_{2n}(x+\ell)} - k_{2n} B_{2n} e^{k_{2n}(x-\ell)}\right] \cos\left[k_{2n}(z+d_1)\right]$$

$$+ \left(-A_{40}\right) + \sum_{n=1}^{\infty} \left[k_{4n} A_{4n} e^{-k_{4n}(x+\ell)} - k_{4n} B_{4n} e^{k_{4n}(x-\ell)}\right] \cos\left[k_{4n}(z+h)\right] \qquad (6\text{-}75)$$

（第 3 區與第 2 區壓力相等）

$$\sum_{n=0}^{\infty} A_{3n} \cos\left[k_n(z+h)\right] \cdot e^{-k_n(x-\ell)}$$

$$= \sum_{n=0}^{\infty} \left[A_{2n} e^{-k_{2n}(x+\ell)} + B_{2n} e^{k_{2n}(x-\ell)}\right] \cos\left[k_{2n}(z+d_1)\right]$$

（6-76）

（第 3 區與第 4 區壓力相等）

$$\sum_{n=0}^{\infty} A_{3n} \cdot \cos[k_n(z+h)] \cdot e^{-k_n(x-\ell)}$$

$$= (A_{40}x + B_{40}) + \sum_{n=1}^{\infty} \left[A_{4n}e^{-k_{4n}(x+\ell)} + B_{4n}e^{k_{4n}(x-\ell)}\right]\cos[k_{4n}(z+h)] \quad (6\text{-}77)$$

以上（6-72）式~（6-77）式 6 個方程式，實際上並無法求解$6n$個未知係數，同時，方程式中含有座標z函數也需要處理。在理論求解上一般應用水深函數對水深積分，同時利用水深函數的正交性，將累加的未知係數分離出個別的求解方程式，藉以提供足夠的方程式求解。以下則對（6-72）式~（6-77）式逐一使用對應的水深函數進行處理。

（6-72）式等號兩邊乘上第 1 區水深函數$\cos[k_m(z+h)]$，等號左邊並對整個水深$-h \le z \le 0$積分，等號右邊則分別對第 2 區$-d_1 \le z \le 0$和第 4 區$-h \le z \le -h+d_2$的範圍積分，表示式寫為：

$$\int_{-h}^{0} \frac{KgA^I}{\omega}\frac{\cosh[K(z+h)]}{\cosh(Kh)} \cdot e^{iKx} \cdot \cos[k_m(z+h)]dz$$

$$+\int_{-h}^{0} \sum_{n=0}^{\infty} -k_n B_{1n} \cdot \cos[k_n(z+h)] \cdot e^{k_n(x+\ell)} \cos[k_m(z+h)]dz$$

$$=\int_{-d_1}^{0} \sum_{n=0}^{\infty} \left[k_{2n}A_{2n}e^{-k_{2n}(x+\ell)} - k_{2n}B_{2n}e^{k_{2n}(x-\ell)}\right]\cos[k_{2n}(z+d_1)]\cos[k_m(z+h)]dz$$

$$+\int_{-h}^{-h+d_2} (-A_{40})\cos[k_m(z+h)]dz$$

$$+\int_{-h}^{-h+d_2} \sum_{n=1}^{\infty} \left[k_{4n}A_{4n}e^{-k_{4n}(x+\ell)} - k_{4n}B_{4n}e^{k_{4n}(x-\ell)}\right]\cos[k_{4n}(z+h)]\cos[k_m(z+h)]dz$$

$$, m = 0,1,2,\cdots \quad (6\text{-}78)$$

利用相同水深函數正交性並經積分運算，得到結果按係數順序排列可得：

$$\frac{-1}{2k_m}\left(k_m h+\frac{1}{2}\sin 2k_m h\right)\cdot B_{1m}$$

$$-\sum_{n=0}^{\infty}\frac{k_{2n}}{2}\left[\frac{\sin(k_m h+k_{2n}d_1)-\sin k_m(h-d_1)}{k_m+k_{2n}}+\frac{\sin(k_m h-k_{2n}d_1)-\sin k_m(h-d_1)}{k_m-k_{2n}}\right]\cdot B_{1m}$$

$$+\sum_{n=0}^{\infty}\frac{k_{2n}e^{k_{2n}(-2\ell)}}{2}\left[\frac{\sin(k_m h+k_{2n}d_1)-\sin k_m(h-d_1)}{k_m+k_{2n}}+\frac{\sin(k_m h-k_{2n}d_1)-\sin k_m(h-d_1)}{k_m-k_{2n}}\right]\cdot B_{2n}$$

$$+\frac{\sin k_m d_2}{k_m}\cdot A_{40}-\sum_{n=1}^{\infty}\frac{k_{4n}}{2}\left[\frac{\sin(k_m d_2+k_{4n}d_2)}{k_m+k_{4n}}+\frac{\sin(k_m d_2-k_{4n}d_2)}{k_m-k_{4n}}\right]\cdot A_{4n}$$

$$+\sum_{n=1}^{\infty}\frac{k_{4n}e^{k_{4n}(-2\ell)}}{2}\left[\frac{\sin(k_m d_2+k_{4n}d_2)}{k_m+k_{4n}}+\frac{\sin(k_m d_2-k_{4n}d_2)}{k_m-k_{4n}}\right]\cdot B_{4n}$$

$$=\frac{-KgA^I e^{-iK\ell}}{\omega\cosh(Kh)}\cdot\frac{Kh+\sinh Kh\cdot\cosh Kh}{2K}\quad ,m=0,1,2,\cdots \qquad (6\text{-}79)$$

留意到（6-79）式中等號右邊僅當 $m=0$時有值。

（6-73）式等號兩邊乘上第 2 區水深函數$\cos[k_{2m}(z+d_1)]$，並對第 2 區水深 $-d_1\le z\le 0$ 積分，表示式寫為：

$$\int_{-d_1}^{0}\frac{igA^I}{\omega}\frac{\cosh[K(z+h)]}{\cosh(Kh)}\cdot e^{iKx}\cdot\cos[k_{2m}(z+d_1)]dz$$

$$+\int_{-d_1}^{0}\sum_{n=0}^{\infty}B_{1n}\cdot\cos[k_n(z+h)]\cdot e^{k_n(x+\ell)}\cdot\cos[k_{2m}(z+d_1)]dz$$

$$=\int_{-d_1}^{0}\sum_{n=0}^{\infty}\left[A_{2n}e^{-k_{2n}(x+\ell)}+B_{2n}e^{k_{2n}(x-\ell)}\right]\cos[k_{2n}(z+d_1)]\cdot\cos[k_{2m}(z+d_1)]dz$$

$$,m=0,1,2,\cdots \qquad (6\text{-}80)$$

利用相同水深函數正交性並經積分運算，得到結果按係數順序排列可得：

$$\sum_{n=0}^{\infty}B_{1n}^{D}\cdot\frac{1}{2}\left\{\frac{\sin(k_{2m}d_1+k_n h)-\sin k_n(h-d_1)}{k_{2m}+k_n}+\frac{\sin(k_{2m}d_1-k_n h)-\sin[-k_n(h-d_1)]}{k_{2m}-k_n}\right\}$$

$$-A_{2m}^{D}\cdot\frac{1}{2k_{2m}}\left(k_{2m}d_1+\frac{1}{2}\sin 2k_{2m}d_1\right)+B_{2m}^{D}\cdot\frac{e^{k_{2m}(-2\ell)}}{2k_{2m}}\left(k_{2m}d_1+\frac{1}{2}\sin 2k_{2m}d_1\right)$$

$$=\frac{-igA^{I}e^{-iK\ell}}{2\omega\cosh(Kh)}\left\{\frac{\sin(k_{2m}d_1+k_0h)-\sin[k_0(h-d_1)]}{k_{2m}+k_0}+\frac{\sin(k_{2m}d_1-k_0h)-\sin[k_0(d_1-h)]}{k_{2m}-k_0}\right\}$$

$$,m=0,1,2,\cdots \tag{6-81}$$

（6-74）式等號兩邊乘上第 4 區水深正交函數 $\cos[k_{4m}(z+h)]$，並對第 4 區水深積分 $-h\le z\le -h+d_2$，表示式寫為：

$$\int_{-h}^{-h+d_2}\frac{igA^{I}}{\omega}\frac{\cosh[K(z+h)]}{\cosh(Kh)}\cdot e^{iKx}\cdot\cos[k_{4m}(z+h)]dz$$

$$+\int_{-h}^{-h+d_2}\sum_{n=0}^{\infty}B_{1n}\cdot\cos[k_n(z+h)]\cdot e^{k_n(x+\ell)}\cdot\cos[k_{4m}(z+h)]dz$$

$$=\int_{-h}^{-h+d_2}(A_{40}x+B_{40})\cdot\cos[k_{4m}(z+h)]dz$$

$$+\int_{-h}^{-h+d_2}\sum_{n=1}^{\infty}\left[A_{4n}e^{-k_{4n}(x+\ell)}+B_{4n}e^{k_{4n}(x-\ell)}\right]\cos[k_{4n}(z+h)]\cdot\cos[k_{4m}(z+h)]dz \tag{6-82}$$

經積分運算，並將係數按順序排列可得：

$$\sum_{n=0}^{\infty}B_{1n}^{D}\cdot\frac{1}{2}\left\{\frac{\sin(k_{4m}d_2+k_nd_2)}{k_{4m}+k_n}+\frac{\sin(k_{4m}d_2-k_nd_2)}{k_{4m}-k_n}\right\}-A_{4m}^{D}\cdot\frac{d_2}{2}-B_{4m}^{D}\cdot\frac{d_2}{2}e^{k_{4m}(-2\ell)}$$

$$=\frac{-igA^{I}e^{-iK\ell}}{\omega\cosh(Kh)}\cdot\frac{1}{2}\left\{\frac{\sin(k_{4m}d_2+k_0d_2)}{k_{4m}+k_0}+\frac{\sin(k_{4m}d_2-k_0d_2)}{k_{4m}-k_0}\right\} \tag{6-83}$$

在此需要特別留意，第 4 區的水深函數含有常數項，也需要加入計算考慮，即（6-74）式等號兩邊乘上（1.0），並對第 4 區水深積分 $-h\le z\le -h+d_2$，表示式寫為：

$$\int_{-h}^{-h+d_2}\frac{igA^{I}}{\omega}\frac{\cosh[K(z+h)]}{\cosh(Kh)}\cdot e^{iKx}\cdot 1dz+\int_{-h}^{-h+d_2}\sum_{n=0}^{\infty}B_{1n}\cdot\cos[k_n(z+h)]\cdot e^{k_n(x+\ell)}\cdot 1dz$$

$$=\int_{-h}^{-h+d_2}(A_{40}x+B_{40})\cdot 1dz+\int_{-h}^{-h+d_2}\sum_{n=1}^{\infty}\left[A_{4n}e^{-k_{4n}(x+\ell)}+B_{4n}e^{k_{4n}(x-\ell)}\right]\cos[k_{4n}(z+h)]\cdot 1dz \tag{6-84}$$

積分結果：

$$\sum_{n=0}^{\infty} B_{1n}^{D} \cdot \frac{\sin k_n d_2}{k_n} - A_{40}^{D}\left(-\ell d_2\right) - B_{40}^{D} d_2 = \frac{-igA^{I} e^{-iK\ell}}{\omega \cosh(Kh)} \cdot \frac{\sinh K d_2}{K} \qquad (6\text{-}85)$$

（6-75）式等號兩邊乘上第 3 區水深正交函數 $\cos[k_m(z+h)]$，並對第 3 區水深積分 $-h \le z \le 0$，表示式寫為：

$$\int_{-h}^{0} \sum_{n=0}^{\infty} k_n A_{3n} \cos[k_n(z+h)] \cdot e^{-k_n(x-\ell)} \cos[k_m(z+h)] dz$$

$$= \int_{-d_1}^{0} \sum_{n=0}^{\infty} \left[k_{2n} A_{2n} e^{-k_{2n}(x+\ell)} - k_{2n} B_{2n} e^{k_{2n}(x-\ell)}\right] \cos[k_{2n}(z+d_1)] \cos[k_m(z+h)] dz$$

$$+ \int_{-h}^{-h+d_2} \left(-A_{40}\right) \cos[k_m(z+h)] dz$$

$$+ \int_{-h}^{-h+d_2} \sum_{n=1}^{\infty} \left[k_{4n} A_{4n} e^{-k_{4n}(x+\ell)} - k_{4n} B_{4n} e^{k_{4n}(x-\ell)}\right] \cos[k_{4n}(z+h)] \cos[k_m(z+h)] dz$$

（6-86）

經積分運算，並將係數按順序排列可得：

$$-\sum_{n=0}^{\infty} A_{2n}^{D} \cdot k_{2n} e^{-k_{2n}(2\ell)} \left[\frac{\sin(k_m h + k_{2n} d_1) - \sin k_m (h-d_1)}{k_m + k_{2n}} + \frac{\sin(k_m h - k_{2n} d_1) - \sin k_m (h-d_1)}{k_m - k_{2n}}\right]$$

$$+\sum_{n=0}^{\infty} B_{2n}^{D} \cdot k_{2n} \left[\frac{\sin(k_m h + k_{2n} d_1) - \sin k_m (h-d_1)}{k_m + k_{2n}} + \frac{\sin(k_m h - k_{2n} d_1) - \sin k_m (h-d_1)}{k_m - k_{2n}}\right]$$

$$+ A_{3m}^{D} \cdot \frac{1}{2}\left(k_m h + \frac{1}{2}\sin 2k_m h\right) + A_{40}^{D} \cdot \frac{\sin k_m d_2}{k_m}$$

$$-\sum_{n=1}^{\infty} A_{4n}^{D} \cdot \frac{k_{4n} e^{-k_{4n}(2\ell)}}{2} \left\{\frac{\sin(k_m d_2 + k_{4n} d_2)}{k_m + k_{4n}} + \frac{\sin(k_m d_2 - k_{4n} d_2)}{k_m - k_{4n}}\right\}$$

$$+\sum_{n=1}^{\infty} B_{4n}^{D} \cdot \frac{k_{4n}}{2} \left\{\frac{\sin(k_m d_2 + k_{4n} d_2)}{k_m + k_{4n}} + \frac{\sin(k_m d_2 - k_{4n} d_2)}{k_m - k_{4n}}\right\} = 0 \qquad (6\text{-}87)$$

（6-76）式等號兩邊乘上第 2 區水深正交函數 $\cos[k_{2m}(z+d_1)]$，並對第 2 區水深積分 $-d_1 \le z \le 0$，表示式寫為：

$$\int_{-d_1}^{0} \sum_{n=0}^{\infty} A_{3n} \cos[k_n(z+h)] \cdot e^{-k_n(x-\ell)} \cos[k_{2m}(z+d_1)] dz$$

$$=\int_{-d_1}^{0}\sum_{n=0}^{\infty}\left[A_{2n}e^{-k_{2n}(x+\ell)}+B_{2n}e^{k_{2n}(x-\ell)}\right]\cos\left[k_{2n}(z+d_1)\right]\cos\left[k_{2m}(z+d_1)\right]dz$$

（6-88）

經積分運算，並將係數按順序排列可得：

$$-A_{2m}^{D}\cdot\frac{e^{-k_{2m}(2\ell)}}{2k_{2m}}\left(k_{2m}d_1+\frac{1}{2}\sin 2k_m d_1\right)+B_{2m}^{D}\cdot\frac{1}{2k_{2m}}\left(k_{2m}d_1+\frac{1}{2}\sin 2k_m d_1\right)$$

$$\sum_{n=0}^{\infty}A_{3n}^{D}\cdot\frac{1}{2}\left\{\frac{\sin(k_{2m}d_1+k_n h)-\sin k_n(h-d_1)}{k_{2m}+k_n}+\frac{\sin(k_{2m}d_1-k_n h)-\sin[-k_n(h-d_1)]}{k_{2m}-k_n}\right\}$$

$$=0$$

（6-89）

（6-77）式等號兩邊乘上第 4 區水深正交函數 $\cos[k_{4m}(z+h)]$，並對第 4 區水深積分 $-h\le z\le -h+d_2$，表示式寫為：

$$\int_{-h}^{-h+d_2}\sum_{n=0}^{\infty}A_{3n}\cdot\cos[k_n(z+h)]\cdot e^{-k_n(x-\ell)}\cdot\cos[k_{4m}(z+h)]dz$$

$$=\int_{-h}^{-h+d_2}\left(A_{40}x+B_{40}\right)\cdot\cos[k_{4m}(z+h)]dz$$

$$+\int_{-h}^{-h+d_2}\sum_{n=1}^{\infty}\left[A_{4n}e^{-k_{4n}(x+\ell)}+B_{4n}e^{k_{4n}(x-\ell)}\right]\cos[k_{4n}(z+h)]\cdot\cos[k_{4m}(z+h)]dz$$

（6-90）

經積分運算，並將係數按順序排列可得：

$$\sum_{n=0}^{\infty}A_{3n}^{D}\cdot\frac{1}{2}\left\{\frac{\sin(k_{4m}d_2+k_n d_2)}{k_{4m}+k_n}+\frac{\sin(k_{4m}d_2-k_n d_2)}{k_{4m}-k_n}\right\}$$

$$-A_{4m}^{D}\cdot\frac{d_2 e^{-k_{4m}(2\ell)}}{2}+B_{4m}^{D}\cdot\frac{d_2}{2}=0$$

（6-91）

如同（6-74）式的處理，（6-77）式也需要等號兩邊乘上（1.0），並對第 4 區水深積分 $-h\le z\le -h+d_2$，表示式寫為：

$$\int_{-h}^{-h+d_2}\sum_{n=0}^{\infty}A_{3n}\cdot\cos[k_n(z+h)]\cdot e^{-k_n(x-\ell)}\cdot 1dz$$

$$=\int_{-h}^{-h+d_2}\left(A_{40}x+B_{40}\right)\cdot 1dz+\int_{-h}^{-h+d_2}\sum_{n=1}^{\infty}\left[A_{4n}e^{-k_{4n}(x+\ell)}+B_{4n}e^{k_{4n}(x-\ell)}\right]\cos[k_{4n}(z+h)]\cdot 1dz$$

（6-92）

經積分運算，並將係數按順序排列可得：

$$\sum_{n=0}^{\infty} A_{3n}^{D} \cdot \frac{\sin k_n d_2}{k_n} - A_{40}^{D} \cdot \ell d_2 + B_{40}^{D} \cdot d_2 = 0 \qquad (6\text{-}93)$$

上述方程式（6-79）、（6-81）、（6-83）、（6-85）、（6-87）、（6-89）、（6-91）、（6-93），重新整理後可表示為以下聯立方程式：

$$C112_m \cdot B_{1m} - \sum_{n=0}^{\infty} C113_{m,n} \cdot A_{2n} + \sum_{n=0}^{\infty} C114_{m,n} \cdot B_{2n} + C115_m \cdot A_{40} - \sum_{n=0}^{\infty} C116_{m,n} \cdot A_{4n} + \sum_{n=1}^{\infty} C117_{m,n} \cdot B_{4n} = -C111_0 \text{ , } m = 0,1,2,\ldots,\infty \qquad (6\text{-}94)$$

$$\sum_{n=0}^{\infty} C122_{m,n} \cdot B_{1n} - C123_m \cdot A_{2m} - C124_m \cdot B_{2m} = -C121_m \text{ , } m = 0,1,2,\ldots,\infty \qquad (6\text{-}95)$$

$$\sum_{n=0}^{\infty} C132_n \cdot B_{1n} - C133 \cdot A_{40} - C134 \cdot B_{40} = -C131 \text{，} m = 0 \qquad (6\text{-}96)$$

$$\sum_{n=0}^{\infty} C136_{m,n} \cdot B_{1n} - C137 \cdot A_{4m} - C138_m \cdot B_{4m} = -C135 \text{，} m = 0,1,2,\ldots,\infty \qquad (6\text{-}97)$$

$$-\sum_{n=0}^{\infty} C142_{m,n} \cdot A_{2n} + \sum_{n=0}^{\infty} C143_{m,n} \cdot B_{2n} + C141_m \cdot A_{3m} + C144_m \cdot A_{40} - \sum_{n=0}^{\infty} C145_{m,n} \cdot A_{4n} + \sum_{n=0}^{\infty} C146_{m,n} \cdot B_{4n} = 0 \text{ , } m = 0,1,2,\ldots,\infty \qquad (6\text{-}98)$$

$$-C152_{m,n} \cdot A_{2m} - C153_{m,n} \cdot B_{2m} + \sum_{n=0}^{\infty} C151_{m,n} \cdot A_{3n} = 0 \text{，} m = 0,1,2,\ldots,\infty \qquad (6\text{-}99)$$

$$\sum_{n=0}^{\infty} C161_n \cdot A_{3n} - C162 \cdot A_{40} - C163 \cdot B_{40} = 0 \text{，} m = 0 \qquad (6\text{-}100)$$

$$\sum_{n=0}^{\infty} C164_{m,n} \cdot A_{3n} - C165 \cdot A_{4m} - C166_m \cdot B_{4m} = 0 \text{，} m = 0,1,2,\ldots,\infty \qquad (6\text{-}101)$$

以上所列之方程式即可利用電腦數值計算程式（Matlab）建立矩陣，並求解矩陣，即可求得散射波浪勢函數中的未知係數B_{1n}、A_{2n}、B_{2n}、A_{3n}、A_{4n}以及B_{4n}。至此水中固定結構物的散射問題已求解完畢，式中各項變數如下。

方程式（6-94）的變數：

$$C111_0=\frac{KgA^I e^{-iK\ell}}{\omega\cosh(Kh)}\cdot\frac{Kh+\sinh Kh\cdot\cosh Kh}{2K} \quad (6\text{-}102)$$

$$C112_m=\frac{-1}{2k_m}\left(k_m h+\frac{1}{2}\sin 2k_m h\right) \quad (6\text{-}103)$$

$$C113_{m,n}=k_{2n}\cdot M_{m,2n} \quad (6\text{-}104)$$

$$C114_{m,n}=k_{2n}\cdot M_{m,2n}\cdot e^{k_{2n}(-2\ell)} \quad (6\text{-}105)$$

$$C115_m=\frac{\sin k_m d_2}{k_m} \quad (6\text{-}106)$$

$$C116_{m,n}=k_{4n}\cdot M_{m,4n} \quad (6\text{-}107)$$

$$C117_{m,n}=k_{4n}\cdot M_{m,4n}\cdot e^{k_{4n}(-2\ell)} \quad (6\text{-}108)$$

$$M_{m,2n}\frac{1}{2}\left[\frac{\sin(k_m h+k_{2n}d_1)-\sin k_m(h-d_1)}{k_m+k_{2n}}+\frac{\sin(k_m h-k_{2n}d_1)-\sin k_m(h-d_1)}{k_m-k_{2n}}\right] \quad (6\text{-}109)$$

$$M_{m,4n}\frac{1}{2}\left[\frac{\sin(k_m d_2+k_{4n}d_2)}{k_m+k_{4n}}+\frac{\sin(k_m d_2-k_{4n}d_2)}{k_m-k_{4n}}\right] \quad (6\text{-}110)$$

方程式（6-95）的係數：

$$C121_m=\frac{igA^I e^{-iK\ell}}{\omega\cosh(Kh)}\cdot M_{2m,0} \quad (6\text{-}111)$$

$$C122_{m,n} = M_{2m,n} \tag{6-112}$$

$$C123_m = \frac{1}{2k_{2m}}\left(k_{2m}d_1 + \frac{1}{2}\sin 2k_{2m}d_1\right) \tag{6-113}$$

$$C124_m = e^{k_{2m}(-2\ell)} \cdot \frac{1}{2k_{2m}}\left(k_{2m}d_1 + \frac{1}{2}\sin 2k_{2m}d_1\right) \tag{6-114}$$

$$M_{2m,n} = \frac{1}{2}\left\{\frac{\sin(k_{2m}d_1 + k_n h) - \sin k_n(h-d_1)}{k_{2m}+k_n} + \frac{\sin(k_{2m}d_1 - k_n h) - \sin[-k_n(h-d_1)]}{k_{2m}-k_n}\right\} \tag{6-115}$$

$$M_{2m,0} = \frac{1}{2}\left\{\frac{\sin(k_{2m}d_1 + k_0 h) - \sin[k_0(h-d_1)]}{k_{2m}+k_0} + \frac{\sin(k_{2m}d_1 - k_0 h) - \sin[k_0(d_1-h)]}{k_{2m}-k_0}\right\} \tag{6-116}$$

方程式（6-96）、（6-97）的係數整理：

$$C131 = \frac{igA^I e^{-iK\ell}}{\omega\cosh(Kh)} \cdot \frac{\sinh Kd_2}{K} \tag{6-117}$$

$$C132_n = \frac{\sin k_n d_2}{k_n} \tag{6-118}$$

$$C133 = -\ell d_2 \tag{6-119}$$

$$C134 = d_2 \tag{6-120}$$

$$C135_m = \frac{igA^I e^{-iK\ell}}{\omega\cosh(Kh)} \cdot M_{4m,0} \tag{6-121}$$

$$C136_{m,n} = M_{4m,n} \tag{6-122}$$

$$C137 = \frac{d_2}{2} \tag{6-123}$$

$$C138_m = \frac{d_2}{2} \cdot e^{k_{4m}(-2\ell)} \tag{6-124}$$

$$M_{4m,n} = \frac{1}{2}\left\{\frac{\sin(k_{4m}d_2 + k_n d_2)}{k_{4m} + k_n} + \frac{\sin(k_{4m}d_2 - k_n d_2)}{k_{4m} - k_n}\right\} \tag{6-125}$$

方程式（6-98）的係數整理：

$$C141_m = \frac{1}{2}\left(k_m h + \frac{1}{2}\sin 2k_m h\right) \tag{6-126}$$

$$C142_{m,n} = k_{2n} \cdot M_{m,2n} \cdot e^{-k_{2n}(2\ell)} \tag{6-127}$$

$$C143_{m,n} = k_{2n} \cdot M_{m,2n} \tag{6-128}$$

$$C144_m = \frac{\sin k_m d_2}{k_m} \tag{6-129}$$

$$C145_{m,n} = k_{4n} \cdot M_{m,4n} \cdot e^{-k_{4n}(2\ell)} \tag{6-130}$$

$$C146_{m,n} = k_{4n} \cdot M_{m,4n} \tag{6-131}$$

$$M_{m,2n} \frac{1}{2}\left[\frac{\sin(k_m h + k_{2n}d_1) - \sin k_m(h - d_1)}{k_m + k_{2n}} + \frac{\sin(k_m h - k_{2n}d_1) - \sin k_m(h - d_1)}{k_m - k_{2n}}\right] \tag{6-132}$$

$$M_{m,4n} \frac{1}{2}\left[\frac{\sin(k_m d_2 + k_{4n}d_2)}{k_m + k_{4n}} + \frac{\sin(k_m d_2 - k_{4n}d_2)}{k_m - k_{4n}}\right] \tag{6-133}$$

方程式（6-99）的係數整理：

$$C151_{m,n} = M_{2m,n} \tag{6-134}$$

$$C152_{m,n} = e^{-k_{2m}(2\ell)} \cdot \frac{1}{2k_{2m}}\left(k_{2m}d_1 + \frac{1}{2}\sin 2k_m d_1\right) \tag{6-135}$$

$$C153_{m,n} = \frac{1}{2k_{2m}}\left(k_{2m}d_1 + \frac{1}{2}\sin 2k_m d_1\right) \tag{6-136}$$

$$M_{2m,n} = \frac{1}{2}\left\{\frac{\sin(k_{2m}d_1 + k_n h) - \sin k_n(h - d_1)}{k_{2m} + k_n} + \frac{\sin(k_{2m}d_1 - k_n h) - \sin[-k_n(h - d_1)]}{k_{2m} - k_n}\right\} \tag{6-137}$$

方程式（6-100)、(6-101）的係數整理：

$$C161_n = \frac{\sin k_n d_2}{k_n} \tag{6-138}$$

$$C162 = \ell d_2 \tag{6-139}$$

$$C163 = d_2 \tag{6-140}$$

$$C164_{m,n} = M_{4m,n} \tag{6-141}$$

$$C165_m = e^{-k_{4m}(2\ell)} \cdot \frac{d_2}{2} \tag{6-142}$$

$$C166 = \frac{d_2}{2} \tag{6-143}$$

$$M_{4m,n} = \frac{1}{2}\left\{\frac{\sin(k_{4m}d_2 + k_n d_2)}{k_{4m} + k_n} + \frac{\sin(k_{4m}d_2 - k_n d_2)}{k_{4m} - k_n}\right\} \tag{6-144}$$

以上說明波浪通過固定水中矩形結構波浪場的理論解析，更詳細的說明可以參考羅（2016）碩士論文。本章節僅針對固定結構物的解析解作敘述，該碩士論文還包括結構物的動力分析，特別是波浪作用在錨碇彈簧上面的作用力以及其與波浪和結構物的互相作用。另外，水中固定矩形結構物理論解析中，領域分成的區域已經包括有可能的各種分區求解的問題型態，因此利用本章節中各個區域的解析解可以應用來求解棧橋式碼頭或者潛堤的問題。

為方便查詢本章節中出現的式子，以下彙整相關資料。

（1）（2）（4）區速度連續（6-66）-（6-72）-（6-78）-（6-79）

（1）（2）區壓力連續（6-67）-（6-73）-（6-80）-（6-81）

（1）（4）區壓力連續（6-68）-（6-74）-（6-82）-（6-83）

（1）（4）區壓力連續 x1（6-84）-（6-85）

（3）（2）（4）區速度連續（6-69）-（6-75）-（6-86）-（6-87）

（3）（2）區壓力連續（6-70）-（6-76）-（6-88）-（6-89）

（3）（4）區壓力連續（6-71）-（6-77）-（6-90）-（6-91）

（3）（4）區壓力連續 x1（6-92）-（6-93）

【參考資料】

1. 羅鈞瀚，波浪作用水中錨碇結構物之解析解，碩士論文，成功大學水利及海洋工程系，2016。

第七章　直立圓柱繞射理論

本章大綱

突出水面直立圓柱繞射理論解（Diffraction Theory）最早由 MacCamy and Fuchs (1954) 提出，基本上此問題為固定式直立圓柱對於入射波浪的影響。而由於是原柱型結構物，因此在理論解析上使用圓柱座標來處理問題也是一個特點。原始文章開始一小段以下列出以示對作者的推崇。

WAVE FORCES ON PILES: A DIFFRACTION THEORY

by
R. C. MacCamy and R. A. Fuchs

Introduction. This report contains two main results. In the first section an exact mathematical solution is presented for the linearized problem of water waves of small steepness incident on a circular cylinder. The fluid is assumed to be frictionless and the motion irrotational. This section includes, in addition to the formal mathematical treatment, some simple deductions based on the assumption of very small ratio of cylinder diameter to incident wave-length. The principal results of the theory are summarized, for convenience in calculations, in the second section. Also presented are some suggestions as to possible extensions of the theory to take care of more extreme wave conditions and other obstacle shapes.

7.1 問題描述

所考慮問題為入射波通過座落於底床且突出水面的直立圓柱，如圖 7-1 所示，往$+x$ 傳遞入射波浪通過直立圓柱會引起波浪同心圓往外傳遞繞射現象。對於這個問題，若直立圓柱直徑很大，則波浪應有全反射的行為，另方面，若直徑很小，則能否反應小結構物的波力結果也是值得考慮。

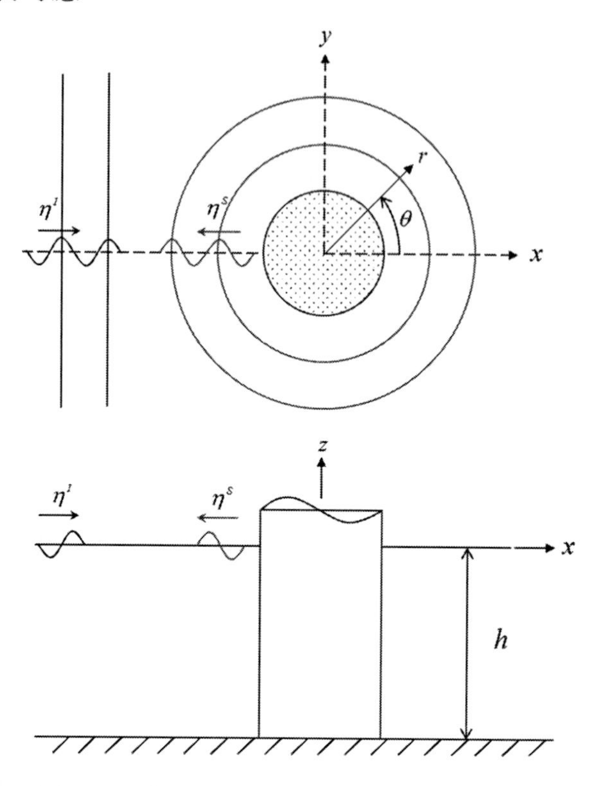

圖 7-1　波浪通過突出水面直立圓柱示意圖

由微小振幅波理論，入射波給定為：

$$\Phi^I(x,z,t) = i\frac{Hg}{2\omega}\frac{\cosh K(z+h)}{\cosh Kh}e^{iKx}e^{-i\omega t} \tag{7-1}$$

所對應的水位表示式為：

$$\eta^I(x,t) = \frac{H}{2}e^{iKx}e^{-i\omega t} \tag{7-2}$$

所要求解問題中的繞射波，若考慮穩定週期性問題，繞射波浪的時間函數與入射波相同，但有相位差。繞射波可寫出為：

$$\Phi^S(x,z,t) = \phi^S(x,z)\cdot e^{-i\omega t} \tag{7-3}$$

式中 ϕ^s 為複數形態。

對於所求解繞射波浪，控制方程式為：

$$\nabla^2 \Phi^s(x,z,t) = 0 \tag{7-4}$$

邊界條件除了水面和底床條件外，則為繞射波浪為離開圓柱往外傳遞，以及圓柱表面結構邊界條件：

$$\frac{\partial}{\partial r}\left(\Phi^I + \Phi^s\right) = 0,\ r = a \tag{7-5}$$

式中 $a = D/2$ 為圓柱半徑。

7.2 理論解析

在求解上，由於所考慮結構物為直立圓柱，因此繞射波浪也使用圓柱座標(r,θ,z)表示ϕ^s，另外問題為等水深，因此繞射波 z 方向水深函數可寫出為：

$$Z(z) = \frac{\cosh K(z+h)}{\cosh Kh} \tag{7-6}$$

使用上式，繞射波勢函數可表出為：

$$\phi^s(r,\theta,z) = i\frac{H}{2}\frac{g}{\omega}\zeta(r,\theta)\frac{\cosh K(z+h)}{\cosh Kh} \tag{7-7}$$

其中 $\zeta(r,\theta)$ 稱為位移勢函數（displacement potential function）。由（7-7）式配合時間的周期性函數，可以得到水位變化：

$$\eta^s(r,\theta,t) = \frac{H}{2}\zeta(r,\theta)\cdot e^{-i\omega t} \tag{7-8}$$

由上式可以看出水位位移函數為水位變化除以入射波振幅的比值，代表水位分佈係數。另外，留意到（7-7）式的寫法為僅考慮進行波表示式，已經不包括振盪波，其原因後續會說明。

將繞射波表示式（7-6）式代入控制方程式，並以圓柱座標表出可得：

$$\frac{1}{r}\frac{\partial}{\partial r}\left(r\frac{\partial \zeta}{\partial r}\right)+\frac{1}{r^2}\frac{\partial^2 \zeta}{\partial \theta^2}+K^2\zeta=0 \qquad (7\text{-}9)$$

或寫為：

$$\frac{\partial^2 \zeta}{\partial r^2}+\frac{1}{r}\frac{\partial \zeta}{\partial r}+\frac{1}{r^2}\frac{\partial^2 \zeta}{\partial \theta^2}+K^2\zeta=0 \qquad (7\text{-}10)$$

上式中，位移勢函數可以分離變數表出為：

$$\zeta(r,\theta)=R(r)\cdot\Theta(\theta) \qquad (7\text{-}11)$$

則上式代入（7-10）式可得：

$$R''\Theta+\frac{1}{r}R'\Theta+\frac{1}{r^2}R\Theta''+K^2R\Theta=0 \qquad (7\text{-}12)$$

上式除以$R\cdot\Theta$並乘上r^2，重新整理可得：

$$r^2\frac{R''}{R}+r\frac{R'}{R}+\frac{\Theta''}{\Theta}+r^2K^2=0 \qquad (7\text{-}13)$$

上式分離$R(r)$和$\Theta(\theta)$函數，同時令分離常數為m^2，m為整數，則可表示為：

$$r^2\frac{R''}{R}+r\frac{R'}{R}+r^2K^2=-\frac{\Theta''}{\Theta}=m^2 \qquad (7\text{-}14)$$

由上式可分別得到$R(r),\Theta(\theta)$之微分方程式：

$$R''+\frac{1}{r}R'+(K^2-\frac{m^2}{r^2})R=0 \qquad (7\text{-}15)$$

$$\Theta'' + m^2\Theta = 0$$
（7-16）

上述兩個二階常微分方程式的通解為：

$$R(r) = C_m H_m^{(1)}(Kr) + D_m H_m^{(2)}(Kr) \qquad (7\text{-}17)$$

$$\Theta(\theta) = \widetilde{A}_m \cos m\theta + \widetilde{B}_m \sin m\theta \qquad (7\text{-}18)$$

式中，$H_m^{(1)}(Kr)$為第一種類 m 階 Hankel 函數（Hankel function of the 1st kind of order m），$H_m^{(2)}(Kr)$為第二種類 m 階 Hankel 函數(Hankel function of the 2nd kind of order m）。

至此，由（7-17）式和（7-18）式水位位移勢函數可整理為：

$$\zeta(r,\theta) = R(r)\cdot\Theta(\theta) = \sum_{m=0}^{\infty}\left[C_m H_m^{(1)}(Kr) + D_m H_m^{(2)}(Kr)\right]\cdot\left[\widetilde{A}_m \cos m\theta + \widetilde{B}_m \sin m\theta\right] \qquad (7\text{-}19)$$

繞射波通解則可寫出為：

$$\begin{aligned}\Phi^s(r,\theta,z,t) &= \phi^s(r,\theta,z)e^{-i\omega t} \\ &= i\frac{H}{2}\frac{g}{\omega}\frac{\cosh K(z+h)}{\cosh Kh} \\ &\quad\cdot\sum_m\left[\widetilde{A}_m \cos m\theta + \widetilde{B}_m \sin m\theta\right]\cdot\left[C_m H_m^{(1)}(Kr) + D_m H_m^{(2)}(Kr)\right]e^{-i\omega t}\end{aligned} \qquad (7\text{-}20)$$

此時，若考慮 Hankel 函數在$r \to \infty$的漸進（asymptotic）特性：

$$H_m^{(1)}(Kr) \sim \sqrt{\frac{2}{\pi Kr}}\cdot\exp i\left[Kr - \frac{(2m+1)\pi}{4}\right] \qquad (7\text{-}21)$$

$$H_m^{(2)}(Kr) \sim \sqrt{\frac{2}{\pi Kr}}\cdot\exp - i\left[Kr - \frac{(2m+1)\pi}{4}\right] \qquad (7\text{-}22)$$

則繞射波表示式近似寫為：

$$\Phi^s(r,\theta,z,t) \sim \left[C_m e^{i(Kr-\omega t)} + D_m e^{-i(Kr+\omega t)}\right] \qquad (7\text{-}23)$$

由於繞射波浪為離開圓柱往外傳遞，因此，$D_m e^{-i(Kr+\omega t)}$項不存在，可令係數$D_m = 0$。另外，角度方向的函數有週期性，

$$\Theta(\theta + 2\pi) = \Theta(\theta) \tag{7-24}$$

同樣的，

$$\cos m(\theta + 2\pi) = \cos m\theta \tag{7-25}$$

角度函數的範圍為$0 \le \theta \le 2\pi$。綜上討論則繞射波可以表示為：

$$\phi^s(r,\theta,z) = i\frac{H}{2}\frac{g}{\omega}\frac{\cosh K(z+h)}{\cosh Kh}\sum_{m=1}^{\infty}\left[A_m \cos m\theta + B_m \sin m\theta\right]\cdot H_m^{(1)}(Kr) \tag{7-26}$$

值得留意的，（7-26）式中 Hankel 函數可以表示為：

$$H_m^{(1)}(Kr) = J_m(Kr) + iY_m(Kr) \tag{7-27}$$

其中，$J_m(z)$為第一種類 m 階 Bessel 函數（Bessel function of the 1st kind of order m），而$Y_m(z)$為第二種類 m 階 Bessel 函數（Bessel function of the 2nd kind of order m）。由（7-26）式和（7-27）式的型態，加上後續需要利用結構物表面邊界條件，配合入射波和繞射波求得未定係數，隱含入射波表示式（7-1）式需要利用圓柱座標以及 Bessel 函數表示。

以下則將入射波浪勢函數以圓柱座標，配合 Bessel 函數表示出來。指數函數和 Bessel 函數關係的恆等式可寫出為：

$$e^{\frac{z\left(t-\frac{1}{t}\right)}{2}} = \sum_{m=-\infty}^{m=\infty} t^m \cdot J_m(z) \tag{7-28}$$

則（7-1）式中x函數可表示為：

$$e^{iKx} = e^{iKr\cos\theta} = e^{Kr\cdot i\cos\theta} = e^{Kr\cdot\frac{\left(e^{i\theta}-\frac{1}{ie^{i\theta}}\right)}{2}} \qquad (7\text{-}29)$$
$$= \sum_{m=-\infty}^{\infty}\left(ie^{i\theta}\right)^m \cdot J_m(Kr)$$

式中，角度的定義如圖 7-2 所示。

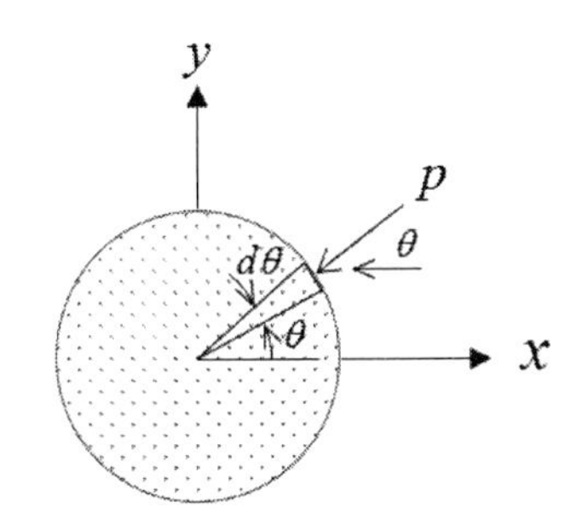

圖 7-2　圓柱座標角度定義圖

利用指數函數和餘弦函數之關係式：

$$e^{im\theta} + e^{-im\theta} = 2\cos m\theta \qquad (7\text{-}30)$$

則（7-29）式可另寫為：

$$e^{iKx} = J_0(Kr) + 2\sum_{m=1}^{\infty} i^m \cos m\theta \cdot J_m(Kr) \qquad (7\text{-}31)$$
$$= \sum_{m=0}^{\infty} \beta_m i^m \cos m\theta \cdot J_m(Kr)$$

式中：

$$\beta_{\mathrm{m}} = \begin{cases} 1, & m = 0 \\ 2, & m \geq 1 \end{cases} \qquad (7\text{-}32)$$

利用（7-31）式，則入射波可以使用圓柱座標表出為：

$$\Phi^I(r,\theta,z,t) = i\frac{Hg}{2\omega}\frac{\cosh K(z+h)}{\cosh Kh}\sum_{m=0}^{\infty}\beta_m i^m \cos m\theta \cdot J_m(Kr)\cdot e^{-i\omega t} \qquad (7\text{-}33)$$

接著決定繞射波浪勢函數（7-26）式中的未定係數，由結構表面邊界條件（7-5）式可寫為：

$$\frac{\partial \phi^s}{\partial r} = -\frac{\partial \phi^I}{\partial r}, \quad r = a \tag{7-34}$$

代入入射波（7-33）式和繞射波（7-26）式可得：

$$\begin{aligned} & i\frac{H}{2}\frac{g}{\omega}\frac{\cosh K(z+h)}{\cosh Kh}\sum_{m=0}^{\infty}\left[A_m \cos m\theta + B_m \sin m\theta\right]\cdot KH_m^{(1)'}(Ka) \\ & = -i\frac{H}{2}\frac{g}{\omega}\frac{\cosh K(z+h)}{\cosh Kh}\sum_{m=0}^{\infty}\beta_m i^m \cos m\theta \cdot KJ_m'(Ka) \end{aligned} \tag{7-35}$$

利用餘弦函數正交性或函數直接相等，則得未定係數：

$$A_m = -\beta_m i^m \frac{J_m'(Ka)}{H_m^{(1)'}(Ka)} \text{，} B_m = 0 \tag{7-36}$$

由（7-35）式可以看出，由於入射波僅有進行波水深函數，這裡的繞射波表示式即使有振盪波成份其值仍然為零，意即突出水面直立圓柱繞射波理論只考慮進形波即可。因此，繞射波浪勢函數求得為：

$$\Phi^s(r,\theta,z,t) = -i\frac{H}{2}\frac{g}{\omega}\frac{\cosh K(z+h)}{\cosh Kh}\sum_{m=0}^{\infty}\left[\beta_m i^m \frac{J_m'(Ka)}{H_m^{(1)'}(Ka)}\cos m\theta\right]\cdot H_m^{(1)}(Kr)\cdot e^{-i\omega t} \tag{7-37}$$

整個波浪場為入射波加上繞射波：

$$\begin{aligned} \Phi(r,\theta,z,t) &= \Phi^I(r,\theta,z,t) + \Phi^s(r,\theta,z,t) \\ &= i\frac{H}{2}\frac{g}{\omega}\frac{\cosh K(z+h)}{\cosh Kh} \\ &\quad \cdot \sum_{m=0}^{\infty}\beta_m i^m \cos m\theta \frac{H_m^{(1)'}(Ka)\cdot J_m(Kr) - J_m'(Ka)H_m^{(1)}(Kr)}{H_m^{(1)'}(Ka)}\cdot e^{-i\omega t} \end{aligned} \tag{7-38}$$

波浪場的水位變化則為：

$$
\begin{aligned}
\eta(r,\theta,t) &= \frac{1}{g}\frac{\partial \Phi}{\partial t}\bigg|_{z=0} \\
&= \frac{H}{2}\sum_{m=0}^{\infty}\frac{\beta_m i^m \cos m\theta}{H_m^{(1)'}(Ka)}\cdot\left[H_m^{(1)'}(Ka)\cdot J_m(Kr) - J_m'(Ka)H_m^{(1)}(Kr)\right]\cdot e^{-i\omega t}
\end{aligned}
\tag{7-39}
$$

至此，突出水面直立圓柱繞射波理論推導完成。

7.3 水位和作用力

若考慮直立圓柱直徑 D 為 1m，水深 h 為 0.35 m。入射波週期 T = 1.0 sec，振幅 A = 0.03m，利用（7-39）式計算得到圓柱表面 $0 \le \theta \le 180^\circ$ 的水位振幅，如圖 7-3 所示。圖中也同時把數值解畫出作為比較。數值計算中輻射邊界距離圓柱表面在 4.3 倍水深位置。合理上，受到結構物的遮蔽其後方應該沒有波浪，但是由於波浪繞射仍有波浪水位；另方面，結構物正前方由於圓柱型態，因此入射加上繞射水位係數僅有 1.8。另外需要留意的，圓柱左右兩方向均有繞射波傳過來，而加在一起形成整個波浪場。圖 7-4 則為直立圓柱周圍水面振幅等直線分佈圖，圖中同時也把數值模擬結果呈現作為與理論比較之用。由圖可以看出結構物前方有駐波現象，而在結構物後方則有明顯波浪繞射的現象。

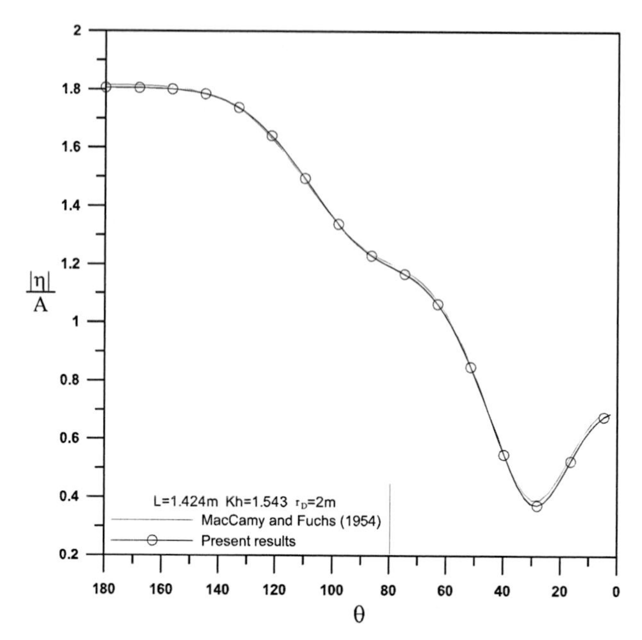

圖 7-3　圓柱表面無因次水位振幅數值解與理論解之比較

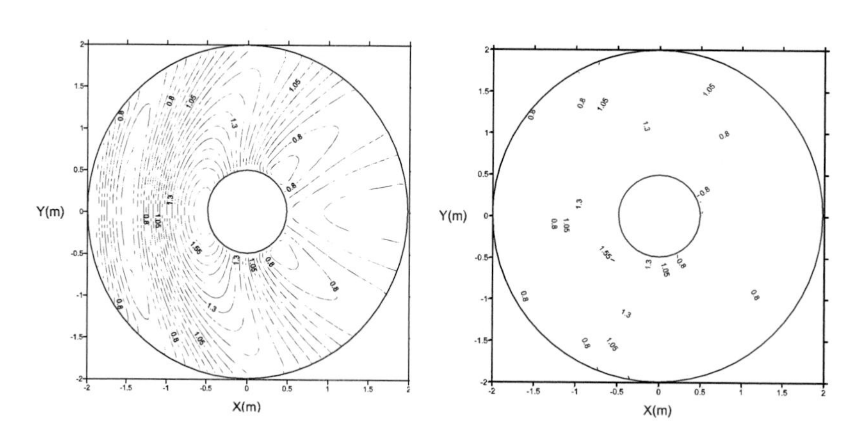

圖 7-4　無因次水位振幅等值線圖（圓柱直徑 1m，水深 0.35m，週期 2.0 秒）(a) 數值解；(b) 理論解

直立圓柱波浪作用力之計算：

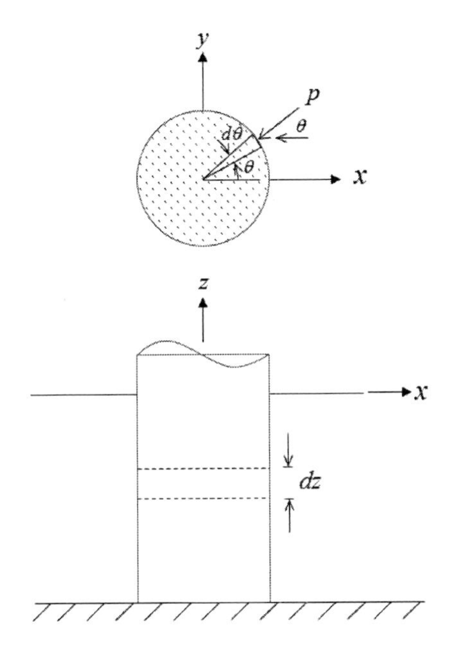

圖 7-5　直立圓柱流體作用力示意圖

作用在圓柱表面微小面積$d\theta dz$於x方向的作用力，如圖 7-5，可表示為：

$$df_x = -p\cdot(a\cdot d\theta)dz\cdot\cos\theta \tag{7-40}$$

式中負號表示作用力往$-x$方向。壓力表示式為：

$$\begin{aligned} p &= \rho\frac{\partial\Phi}{\partial t}\bigg|_{r=a} \\ &= \rho g\frac{H}{2}\frac{\cosh K(h+z)}{\cosh Kh}\cdot\sum_{m=0}^{\infty}\frac{\beta_m i^m\cos m\theta}{H_m^{(1)'}(Ka)} \\ &\quad\cdot\left[H_m^{(1)'}(Ka)\cdot J_m(Kr)-J_m'(Ka)H_m^{(1)}(Ka)\right]\cdot e^{-i\sigma t} \end{aligned} \tag{7-41}$$

（7-40）式對圓周積分得到：

$$f_x = -\rho g \frac{aH}{2}\frac{\cosh K(h+z)}{\cosh Kh}\sum_{m=0}^{\infty}\frac{\beta_m i^m}{H_m^{(1)'}(Ka)}\int_0^{2\pi}\cos m\theta\cdot\cos\theta d\theta \cdot\left[H_m^{(1)'}(Ka)\cdot J_m(Ka)-J_m'(Ka)H_m^{(1)}(Ka)\right]\cdot e^{-i\omega t} \tag{7-42}$$

上式中，圓周積分項為：

$$\int_0^{2\pi}\cos m\theta\cdot\cos\theta d\theta = \int_0^{2\pi}\cos^2\theta d\theta = \left(\frac{1}{2}\theta+\frac{1}{4}\int_0^{2\pi}\sin^2\theta\right)\Big|_0^{2\pi} = \pi \tag{7-43}$$

上式中，$m=1$ 才有值。另外利用 Bessel's identity：

$$H_m^{(1)'}(Ka)\cdot J_m(Ka)-J_m'(Ka)H_m^{(1)}(Ka)=\frac{2i}{Ka\pi} \tag{7-44}$$

因此（7-42）式可改寫為：

$$\begin{aligned} f_x &= \frac{\rho gH}{K}\frac{\cosh K(h+z)}{\cosh Kh}\frac{2}{H_1^{(1)'}(Ka)}e^{-i\omega t} \\ &= \frac{\rho gH}{K}\frac{\cosh K(h+z)}{\cosh Kh}\frac{2\left[J_1'(Ka)-iY_1'(Ka)\right]}{J_1'^{\,2}(Ka)+Y_1'^{\,2}(Ka)}e^{-i\omega t} \\ &= \frac{\rho gH}{K}\frac{\cosh K(h+z)}{\cosh Kh}\mathrm{A}(Ka)e^{-i(\omega t-\alpha)} \end{aligned} \tag{7-45}$$

式中：

$$\mathrm{A}(Ka)=\left[J_1'^{\,2}(Ka)+Y_1'^{\,2}(Ka)\right]^{-1/2} \tag{7-46}$$

$$\alpha = \tan^{-1}\left[\frac{-Y_1'(Ka)}{J_1'(Ka)}\right] \tag{7-47}$$

同時

$$H_1(Ka)=J_1(Ka)+iY_1(Ka) \tag{7-48}$$

$$H_1'(Ka)=J_1'(Ka)+iY_1'(Ka) \tag{7-49}$$

作用在整個圓柱的波浪作用力為（7-45）式對水深積分：

$$
\begin{aligned}
F_x &= \int_{-h}^{0} f_x dz \\
&= \frac{2\rho g H}{K^2} \tanh Kh \cdot \mathrm{A}(Ka) e^{-i(\omega t-\alpha)}
\end{aligned}
\tag{7-50}
$$

作用力最大值，或作用力振幅可表出為：

$$
\begin{aligned}
(F_x)_{\max} &= |F_x| \\
&= \frac{2\rho g H}{K^2} \cdot \tanh Kh \cdot \mathrm{A}(Ka)
\end{aligned}
\tag{7-51}
$$

直立圓柱波浪作用力可以利用虛擬質量（virtual mass）的觀念進一步說明，即利用入射波浪表示式配合虛擬質量得到含有繞射效應的波浪作用力。若以式子寫出則為：

$$
\tilde{f}_x = C_M \frac{\rho \pi D^2}{4} \frac{du^I}{dt} \tag{7-52}
$$

上式為單位高度圓柱質量乘上入射波加速度，再乘上虛擬質量係數。由入射波表示式可得速度和加速度：

$$
u^I = -\left.\frac{\partial \Phi^I}{\partial x}\right|_{x=0} = \frac{H}{2} \frac{gK}{\omega} \frac{\cosh K(h+z)}{\cosh Kh} e^{-i\omega t} \tag{7-53}
$$

$$
\begin{aligned}
\frac{du^I}{dt} &= -i \frac{H}{2} gK \frac{\cosh K(h+z)}{\cosh Kh} e^{-i\omega t} \\
&= \frac{H}{2} gK \frac{\cosh K(h+z)}{\cosh Kh} e^{-i(\omega t+\frac{\pi}{2})}
\end{aligned}
\tag{7-54}
$$

（7-54）式代入（7-52）式可得：

$$
\tilde{f}_x = C_M \frac{\rho \pi D^2}{8} gK \frac{\cosh K(h+z)}{\cosh Kh} e^{-i(\omega t+\frac{\pi}{2})} \tag{7-55}
$$

由 f_x 與 $\tilde{f}_x$ 表示式比較可得虛擬質量係數：

$$C_M = \frac{16\mathrm{A}(Ka)}{\pi K^2 D^2} \frac{e^{-i(\omega t-\alpha)}}{e^{-i(\omega t+\frac{\pi}{2})}} \quad (7\text{-}56)$$

或另外定義：

$$\begin{aligned} C_M^* &= \frac{16\mathrm{A}(Ka)}{\pi K^2 D^2} \\ &= \frac{4L^2\mathrm{A}(Ka)}{\pi^3 D^2} \end{aligned} \quad (7\text{-}57)$$

式中，L 為波長。則直立圓柱波浪作用力利用虛擬質量係數表出可寫為：

$$\begin{aligned} \widetilde{F}_x &= C_M \frac{\rho\pi D^2}{8} gH \tanh Kh \cdot e^{-i(\omega t+\frac{\pi}{2})} \\ &= C_M^* \rho g H \frac{\pi D^2}{8} \tanh Kh \cdot e^{-i(\omega t-\alpha)} \end{aligned} \quad (7\text{-}58)$$

上式波力最大值為：

$$\left(\widetilde{F}_x\right)_{\max} = \left(C_M^*\right)_{\max} \rho g H \frac{\pi D^2}{8} \tanh Kh \quad (7\text{-}59)$$

【註】

1. 此問題直立圓柱由水底到水面，繞射波 Φ^D 之求解只需用到進行波，沒有使用到振盪波表示式。
2. 此問題為三維問題的代表問題，但是由於考慮等水深，因此在求解上，配合水深函數，則僅剩半徑方向和角度的函數，也可以說問題簡化為二維問題。
3. 兩直立圓柱波浪繞射問題可參考 Wu and Taylor (2001)。
4. 若圓柱沒有突出水面，如圖 7-6 所示為水下圓柱，則繞射波通解需要考慮振盪波表示式。

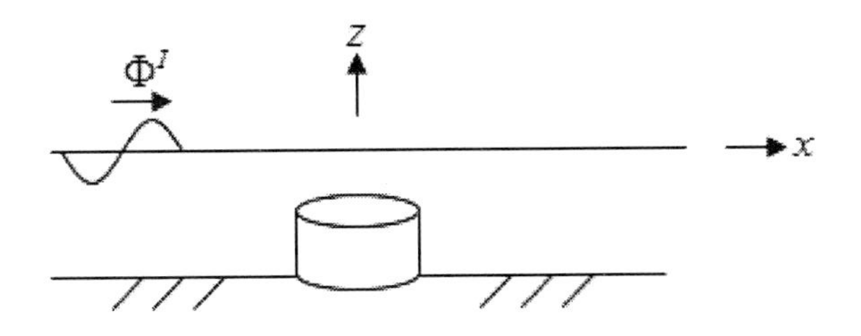

圖 7-6　入射波通過水下圓柱問題

5. 若考慮直立圓柱為具有橈屈性（flexibility），如圖 7-7 所示，理論求解可參考李和藍（1991）。繞射波通解為：

$$\phi_D = \sum_{m=0}^{\infty} A_{1m} H_m^{(1)}(Kr)\cos m\theta \cosh[K(z+h)] + \sum_{n=0}^{\infty} A_{2n}\kappa_1(k_n r)\cos\theta\cos[k_n(z+h)] \qquad (7\text{-}60)$$

其中 $H_m^{(1)}(Kr)$ 為第一型 Hankel 函數，$\kappa_1(k_n r)$ 為修正一型 Bessel 函數。

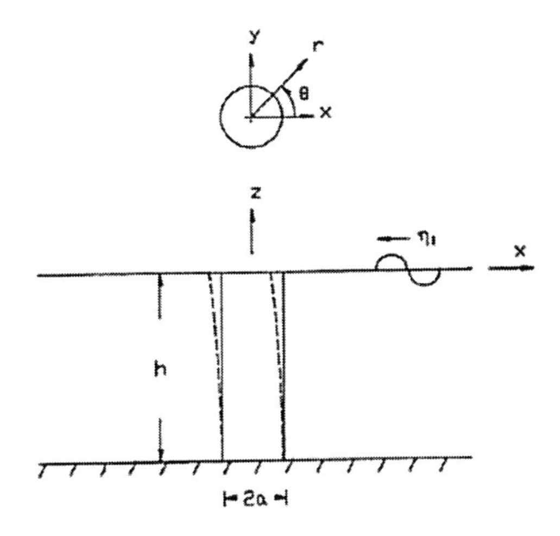

圖 7-7　入射波與橈屈圓柱互相作用問題

【參考文獻】

1. 李兆芳和藍元志，具橈區性直立圓柱對入射波影響之理論分析，第十五屆全國力學會議論文集，pp.267-272，1991。

第八章　波浪輻射問題

本章大綱

在海洋工程中，對於結構物運動造波的現象稱為波浪輻射（wave radiation）。海洋環境中的浮式結構物（水面上或水中）受到波浪作用會產生運動，但是結構物的運動自然也產生離開結構物的波浪。理論解析浮式結構物受波浪作用的問題，在作法上，最普遍也最簡單的就是將要求解的波浪場分離成結構物固定的散射波浪場，以及結構物運動的輻射波浪場。第五章 6.3 已經介紹散射波浪問題，本章則介紹二維結構物的輻射波浪問題。以下考慮二維問題的水下結構物，結構物運動自由度有水平運動的 surge motion，垂直運動的 heave motion，以及轉動的 roll motion。8.1 節介紹水中結構物 surge 運動造波的解析解，8.2 節介紹水面結構物 heave 運動造波的解析解，8.3 節介紹水中結構物 roll 運動造波的解析解。本章結果將會應用到第九章波浪與結構物互相作用的分析上。

8.1 水中結構物 surge 造波

輻射波浪問題和波浪散射問題不同之處在於，波浪散射在於有入射波浪作用在靜止的結構物上產生波浪的變形，輻射波浪則沒有入射波，波浪場的產生純粹為由結構物運動產生。若以邊界值問題來看則在邊界條件上更可以看出不同之處。

水中矩形結構物水平週期性運動如圖 8-1 所示，利用理論解析求解，問題的領域分成四個區域，結構物左側的（1）區、結構物上方的（2）區、結構物右側的（3）區、以及結構物下方的（4）區。

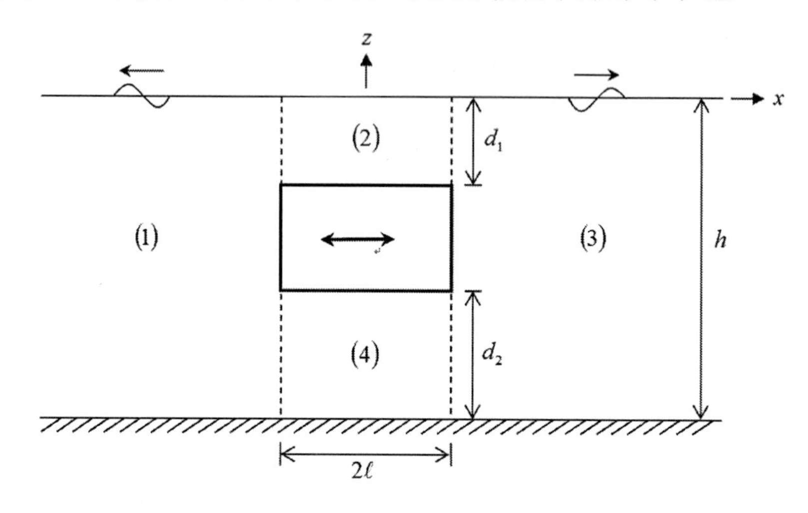

圖 8-1　水中結構物作水平運動示意圖

結構物作穩定週期性水平運動，其位移函數可表示為：

$$\xi_1 = s_1 \cdot e^{-i\omega t} \tag{8-1}$$

式中，s_1為振幅。同時，各區的勢函數可提出週期時間函數：

$$\Phi_j^1 = \phi_j^1 \cdot e^{-i\omega t},\quad j = 1,2,3,4 \tag{8-2}$$

其中上標 1 表示結構物作水平運動之輻射波浪場，下標為分區編號：控制方程式為：

$$\nabla^2 \phi_j^1 = 0,\quad j = 1,2,3,4 \tag{8-3}$$

各區的邊界條件如下所示：

<u>**第 1 區**</u>：$\left(-\infty \le x \le -\ell, -h \le z \le 0\right)$

自由液面邊界條件：

$$\frac{\partial \phi_1^1}{\partial z} = \frac{\omega^2}{g}\phi_1^1, \quad z = 0 \tag{8-4}$$

不透水底床邊界條件：

$$\frac{\partial \phi_1^1}{\partial z} = 0, \quad z = -h \tag{8-5}$$

波浪往$-x$方向傳遞。

<u>**第 2 區**</u>：$\left(-\ell \le x \le \ell, -d_1 \le z \le 0\right)$

自由液面邊界條件：

$$\frac{\partial \phi_1^1}{\partial z} = \frac{\omega^2}{g}\phi_1^1, \quad z = 0 \tag{8-6}$$

結構物邊界條件：

$$\frac{\partial \phi_1^1}{\partial z} = 0, \quad z = -d_1 \tag{8-7}$$

波浪包含往$-x$方向傳遞以及$+x$方向傳遞。

<u>**第 3 區**</u>：$\left(\ell \le x \le \infty, -h \le z \le 0\right)$

自由液面邊界條件：

$$\frac{\partial \phi_1^1}{\partial z} = \frac{\omega^2}{g}\phi_1^1, \quad z = 0 \tag{8-8}$$

不透水底床邊界條件：

$$\frac{\partial \phi_1^1}{\partial z}=0,\ z=-h \qquad (8\text{-}9)$$

波浪往 $+x$ 方向傳遞。

<u>第 **4** 區</u>：$\left(-\ell \le x \le \ell, -h \le z \le -h+d_2\right)$

結構物邊界條件：

$$\frac{\partial \phi_1^1}{\partial z}=0,\ z=-h+d_2 \qquad (8\text{-}10)$$

不透水底床邊界條件：

$$\frac{\partial \phi_1^1}{\partial z}=0,\ z=-h \qquad (8\text{-}11)$$

波浪存在於此區的範圍內。

上述四區中，第 1 區、第 2 區以及第 3 區均含有自由水面，因此造波理論波浪場通解均可以利用，第 4 區上下均為不透水邊界，因此通解需要重新利用分離變數法推導此區的通解。

上述四區波浪勢函數可以寫出如下：

$$\phi_1^1=\sum_{n=0}^{\infty} B_{1n}^1 \cos\left[k_n(z+h)\right] e^{k_n(x+\ell)} \qquad (8\text{-}12)$$

$$\phi_2^1=\sum_{n=0}^{\infty}\left[A_{2n}^1 e^{-k_{2n}(x+\ell)}+B_{2n}^1 e^{k_{2n}(x-\ell)}\right]\cos\left[k_{2n}(z+d_1)\right] \qquad (8\text{-}13)$$

$$\phi_3^1=\sum_{n=0}^{\infty} A_{3n}^1 \cos\left[k_n(z+h)\right] e^{-k_n(x-\ell)} \qquad (8\text{-}14)$$

$$\phi_4^1=\left(A_{40}^1 x+B_{40}^1\right)+\sum_{n=1}^{\infty}\left[A_{4n}^1 e^{-k_{4n}(x+\ell)}+B_{4n}^1 e^{k_{4n}(x-\ell)}\right]\cos\left[k_{4n}(z+h)\right] \qquad (8\text{-}15)$$

式中特徵值k_n、k_{2n}以及k_{4n}由以下式子計算：

$$\omega^2 = -gk_n \tan k_n h\,,\quad n = 0,1,2\cdots\infty \tag{8-16}$$

$$\omega^2 = -gk_{2n} \tan k_{2n} d_1\,,\quad n = 0,1,2\cdots\infty \tag{8-17}$$

$$k_{4n} = n\pi/d_2\,,\quad n = 1,2,\cdots\infty \tag{8-18}$$

留意到，第 1 區和第 3 區水深相同，水深函數相同。第 4 區的通解與第 2 區不同，第 4 區沒有自由水面，同時上下邊界均為不透水邊界。另外，第 4 區通解（8-15）式包含$\left(A_{40}^1 x + B_{40}^1\right)$表示式，若對$x$微分則得到常數，表示在第 4 區中含有等流速的成份。

接下來為利用垂直交界面$x = -\ell$與$x = \ell$處的速度和壓力相等求解各區通解的未定係數。（8-12）式~（8-15）式中，包含未知六個係數B_{1n}^1、A_{2n}^1、B_{2n}^1、A_{3n}^1、A_{4n}^1以及B_{4n}^1，可以利用$x = -\ell$位置整個水深的速度相等，以及$-d_1 \le z \le 0$和$-h \le z \le -h + d_2$壓力相等；$x = \ell$位置整個水深的速度相等，以及$-d_1 \le z \le 0$和$-h \le z \le -h + d_2$壓力相等，共六個條件求解六個未知係數。

位於$x = -\ell$處的速度與壓力相等條件：

速度相等條件：

$$\frac{\partial \phi_1^1}{\partial x} = \begin{cases} \dfrac{\partial \phi_2^1}{\partial x} & ,\ -d_1 \le z \le 0 \\ i\omega s_1 & ,\ -h + d_2 \le z \le -d_1 \\ \dfrac{\partial \phi_4^1}{\partial x} & ,\ -h \le z \le -h + d_2 \end{cases} \tag{8-19}$$

壓力相等條件：

$$\phi_1^1 = \phi_2^1,\quad -d_1 \le z \le 0 \tag{8-20}$$

$$\phi_1^1 = \phi_4^1,\ -h \le z \le -h + d_2 \tag{8-21}$$

位於 $x = \ell$ 處的速度與壓力相等條件：

速度相等條件：

$$\frac{\partial \phi_3^1}{\partial x} = \begin{cases} \dfrac{\partial \phi_2^1}{\partial x} & ,\ -d_1 \le z \le 0 \\ i\omega s_1 & ,\ -h + d_2 \le z \le -d_1 \\ \dfrac{\partial \phi_4^1}{\partial x} & ,\ -h \le z \le -h + d_2 \end{cases} \tag{8-22}$$

壓力相等條件：

$$\phi_3^1 = \phi_2^1,\ -d_1 \le z \le 0 \tag{8-23}$$

$$\phi_3^1 = \phi_4^1,\ -h \le z \le -h + d_2 \tag{8-24}$$

將四區輻射波浪勢函數通解以及速度表示式代入（8-19）式~（8-24）式，可得下列六個方程式：

（第 1 區速度等於第 2 區、結構物和第 4 區速度相加）

$$\sum_{n=0}^{\infty} - k_n B_{1n}^1 \cos[k_n(z+h)] e^{k_n(x+\ell)}$$

$$= \sum_{n=0}^{\infty} \left[k_{2n} A_{2n}^1 e^{-k_{2n}(x+\ell)} - k_{2n} B_{2n}^1 e^{k_{2n}(x-\ell)} \right] \cos[k_{2n}(z+d_1)]$$

$$+ (-i\omega \cdot s_1)$$

$$+ (-A_{40}^1) + \sum_{n=1}^{\infty} \left[k_{4n} A_{4n}^1 e^{-k_{4n}(x+\ell)} - k_{4n} B_{4n}^1 e^{k_{4n}(x-\ell)} \right] \cos[k_{4n}(z+h)]$$

（8-25）

（第 1 區與第 2 區壓力相等）

$$\sum_{n=0}^{\infty} B_{1n}^{1}\cos[k_n(z+h)]e^{k_n(x+\ell)}$$

$$=\sum_{n=0}^{\infty}\left[A_{2n}^{1}e^{-k_{2n}(x+\ell)}+B_{2n}^{1}e^{k_{2n}(x-\ell)}\right]\cos[k_{2n}(z+d_1)] \tag{8-26}$$

（第 1 區與第 4 區壓力相等）

$$\sum_{n=0}^{\infty} B_{1n}^{1}\cos[k_n(z+h)]e^{k_n(x+\ell)}$$

$$=\left(A_{40}^{1}x+B_{40}^{1}\right)+\sum_{n=1}^{\infty}\left[A_{4n}^{1}e^{-k_{4n}(x+\ell)}+B_{4n}^{1}e^{k_{4n}(x-\ell)}\right]\cos[k_{4n}(z+h)] \tag{8-27}$$

（第 3 區速度等於第 2 區、結構物和第 4 區速度相加）

$$\sum_{n=0}^{\infty} k_n A_{3n}^{1}\cos[k_n(z+h)]e^{-k_n(x-\ell)}$$

$$=\sum_{n=0}^{\infty}\left[k_{2n}A_{2n}^{1}e^{-k_{2n}(x+\ell)}-k_{2n}B_{2n}^{1}e^{k_{2n}(x-\ell)}\right]\cos[k_{2n}(z+d_1)]$$

$$+\left(-i\omega\cdot s_1\right)$$

$$+\left(-A_{40}^{1}\right)+\sum_{n=1}^{\infty}\left[k_{4n}A_{4n}^{1}e^{-k_{4n}(x+\ell)}-k_{4n}B_{4n}^{1}e^{k_{4n}(x-\ell)}\right]\cos[k_{4n}(z+h)] \tag{8-28}$$

（第 3 區與第 2 區壓力相等）

$$\sum_{n=0}^{\infty} A_{3n}^{1}\cos[k_n(z+h)]e^{-k_n(x-\ell)}$$

$$=\sum_{n=0}^{\infty}\left[A_{2n}^{1}e^{-k_{2n}(x+\ell)}+B_{2n}^{1}e^{k_{2n}(x-\ell)}\right]\cos[k_{2n}(z+d_1)] \tag{8-29}$$

（第 3 區與第 4 區壓力相等）

$$\sum_{n=0}^{\infty} A_{3n}^{1} \cos[k_n(z+h)] e^{-k_n(x-\ell)}$$

$$=\left(A_{40}^{1}x+B_{40}^{1}\right)+\sum_{n=1}^{\infty}\left[A_{4n}^{1}e^{-k_{4n}(x+\ell)}+B_{4n}^{1}e^{k_{4n}(x-\ell)}\right]\cos[k_{4n}(z+h)]$$

（8-30）

以上（8-25）式~（8-30）式 6 個方程式，實際上並無法求解 $6n$ 個未知係數，同時，方程式中含有座標 z 函數也需要處理。在理論求解上一般應用水深函數對水深積分，同時利用水深函數的正交性，將累加的未知係數分離出個別的求解方程式，藉以提供足夠的方程式求解。以下則對（8-25）式~（8-30）式逐一使用對應的水深函數進行處理。

（8-25）式等號兩邊乘上第 1 區水深函數 $\cos[k_m(z+h)]$，等號左邊並對整個水深 $-h \le z \le 0$ 積分，等號右邊則分別對第 2 區 $-d_1 \le z \le 0$ 和第 4 區 $-h \le z \le -h+d_2$ 的範圍積分，表示式寫為：

$$\int_{-h}^{0}\sum_{n=0}^{\infty}-k_n B_{1n}^{1}\cos[k_n(z+h)]e^{k_n(x+\ell)}\cdot\cos[k_m(z+h)]dz$$

$$=\int_{-d_1}^{0}\sum_{n=0}^{\infty}\left[k_{2n}A_{2n}^{1}e^{-k_{2n}(x+\ell)}-k_{2n}B_{2n}^{1}e^{k_{2n}(x-\ell)}\right]\cos[k_{2n}(z+d_1)]\cdot\cos[k_m(z+h)]dz$$

$$+\int_{-h+d_2}^{-d_1}(-i\omega s_1)\cdot\cos[k_m(z+h)]dz$$

$$+\int_{-h}^{-h+d_2}\left(-A_{40}^{1}\right)\cdot\cos[k_m(z+h)]dz$$

$$+\int_{-h}^{-h+d_2}\sum_{n=1}^{\infty}\left[k_{4n}A_{4n}^{1}e^{-k_{4n}(x+\ell)}-k_{4n}B_{4n}^{1}e^{k_{4n}(x-\ell)}\right]\cos[k_{4n}(z+h)]\cdot\cos[k_m(z+h)]dz$$

$$,\quad m=0,1,2,\cdots$$

（8-31）

利用相同水深函數正交性並經積分運算，可寫為：

$$-C_m^2 B_{1m}^1 = \sum_{n=0}^{\infty} C_{nm}^3 A_{2n}^1 - \sum_{n=0}^{\infty} C_{nm}^3 e^{k_{2n}(-2\ell)} B_{2n}^1 - i\omega C_m^{12} s_1 - C_m^4 A_{40}^1$$

$$+\sum_{n=1}^{\infty} C_{nm}^5 A_{4n}^1 - \sum_{n=1}^{\infty} C_{nm}^5 e^{k_{4n}(-2\ell)} B_{4n}^1 \quad , \quad m = 0,1,2,\cdots$$

（8-32）

（8-26）式等號兩邊乘上第 2 區水深函數 $\cos[k_{2m}(z+d_1)]$，並對第 2 區水深 $-d_1 \le z \le 0$ 積分，表示式寫為：

$$\int_{-d_1}^{0} \sum_{n=0}^{\infty} B_{1n}^1 \cos[k_n(z+h)] e^{k_n(x+\ell)} \cdot \cos[k_{2m}(z+d_1)] dz$$

$$= \int_{-d_1}^{0} \sum_{n=0}^{\infty} \left[A_{2n}^1 e^{-k_{2n}(x+\ell)} + B_{2n}^1 e^{k_{2n}(x-\ell)}\right] \cos[k_{2n}(z+d_1)] \cdot \cos[k_{2m}(z+d_1)] dz$$

$$, \quad m = 0,1,2,\cdots$$

（8-33）

利用相同水深函數正交性並經積分運算，可寫為：

$$\sum_{n=0}^{\infty} C_{nm}^7 B_{1n}^1 = C_m^8 A_{2m}^1 + C_m^8 e^{k_{2m}(-2\ell)} B_{2m}^1 , \quad m = 0,1,2,\cdots$$

（8-34）

（8-27）式等號兩邊乘上第 4 區水深正交函數 $\cos[k_{4m}(z+h)]$，並對第 4 區水深積分 $-h \le z \le -h+d_2$，表示式寫為：

$$\int_{-h}^{-h+d_2} \sum_{n=0}^{\infty} B_{1n}^1 \cos[k_n(z+h)] e^{k_n(x+\ell)} \cdot \cos[k_{4m}(z+h)] dz$$

$$= \int_{-h}^{-h+d_2} \left(A_{40}^1 x + B_{40}^1\right) \cdot \cos[k_{4m}(z+h)] dz$$

$$+ \int_{-h}^{-h+d_2} \sum_{n=1}^{\infty} \left[A_{4n}^1 e^{-k_{4n}(x+\ell)} + B_{4n}^1 e^{k_{4n}(x-\ell)}\right] \cos[k_{4n}(z+h)] \cdot \cos[k_{4m}(z+h)] dz$$

$$, \quad m = 1,2,\cdots$$

（8-35a）

經積分運算，(8-35a) 式可寫為：

$$\sum_{n=0}^{\infty} C_{nm}^{10} B_{1n}^{1} = \frac{d_2}{2} A_{4m}^{1} + \frac{d_2 e^{k_{4m}(-2\ell)}}{2} B_{4m}^{1}, \quad m = 1,2,\cdots \tag{8-36}$$

在此需要特別留意，第 4 區的水深函數含有常數項，也需要加入計算考慮，即 (8-27) 式等號兩邊乘上 1.0，並對第 4 區水深積分 $-h \le z \le -h + d_2$，表示式寫為：

$$\int_{-h}^{-h+d_2} \sum_{n=0}^{\infty} B_{1n}^{1} \cos[k_n(z+h)] e^{k_n(x+\ell)} \cdot 1dz$$

$$= \int_{-h}^{-h+d_2} \left(A_{40}^{1} x + B_{40}^{1}\right) \cdot 1dz + \int_{-h}^{-h+d_2} \sum_{n=1}^{\infty} \left[A_{4n}^{1} e^{-k_{4n}(x+\ell)} + B_{4n}^{1} e^{k_{4n}(x-\ell)}\right] \cos[k_{4n}(z+h)] \cdot 1dz \tag{8-35b}$$

經積分計算後，(8-35b) 式可寫為：

$$\sum_{n=0}^{\infty} C_n^4 B_{1n}^{1} = -\ell d_2 A_{40}^{1} + d_2 B_{40}^{1} \tag{8-37}$$

(8-37) 式隱含為 $m = 0$ 的情況。

(8-28) 式等號兩邊乘上第 3 區水深正交函數 $\cos[k_m(z+h)]$，並對第 3 區水深積分 $-h \le z \le 0$，表示式寫為：

$$\int_{-h}^{0} \sum_{n=0}^{\infty} k_n A_{3n}^{1} \cos[k_n(z+h)] e^{-k_n(x-\ell)} \cdot \cos[k_m(z+h)] dz$$

$$= \int_{-d_1}^{0} \sum_{n=0}^{\infty} \left[k_{2n} A_{2n}^{1} e^{-k_{2n}(x+\ell)} - k_{2n} B_{2n}^{1} e^{k_{2n}(x-\ell)}\right] \cos[k_{2n}(z+d_1)] \cdot \cos[k_m(z+h)] dz$$

$$+ \int_{-h+d_2}^{-d_1} (-i\omega s_1) \cdot \cos[k_m(z+h)] dz$$

$$+ \int_{-h}^{-h+d_2} \left(-A_{40}^{1}\right) \cdot \cos[k_m(z+h)] dz$$

$$+\int_{-h}^{-h+d_2}\sum_{n=1}^{\infty}\left[k_{4n}A_{4n}^{1}e^{-k_{4n}(x+\ell)}-k_{4n}B_{4n}^{1}e^{k_{4n}(x-\ell)}\right]\cos\left[k_{4n}(z+h)\right]\cdot\cos\left[k_{m}(z+h)\right]dz$$

$$,\quad m=0,1,2,\cdots \qquad (8\text{-}38)$$

經積分運算，（8-38）式可寫為：

$$C_m^2A_{3m}^1=\sum_{n=0}^{\infty}C_{nm}^3e^{-k_{2n}(-2\ell)}A_{2n}^1-\sum_{n=0}^{\infty}C_{nm}^3B_{2n}^1-i\omega C_m^{12}s_1-C_m^4A_{40}^1$$

$$+\sum_{n=1}^{\infty}C_{nm}^5e^{-k_{4n}(2\ell)}A_{4n}^1-\sum_{n=1}^{\infty}C_{nm}^5B_{4n}^1\quad,\quad m=0,1,2,\cdots \qquad (8\text{-}39)$$

（8-29）式等號兩邊乘上第 2 區水深正交函數$\cos\left[k_{2m}(z+d_1)\right]$，並對第 2 區水深積分 $-d_1\le z\le 0$，表示式寫為：

$$\int_{-d_1}^{0}\sum_{n=0}^{\infty}A_{3n}^1\cos\left[k_n(z+h)\right]e^{-k_n(x-\ell)}\cdot\cos\left[k_{2m}(z+d_1)\right]dz$$

$$=\int_{-d_1}^{0}\sum_{n=0}^{\infty}\left[A_{2n}^1e^{-k_{2n}(x+\ell)}+B_{2n}^1e^{k_{2n}(x-\ell)}\right]\cos\left[k_{2n}(z+d_1)\right]\cdot\cos\left[k_{2m}(z+d_1)\right]dz$$

$$,\quad m=0,1,2,\cdots \qquad (8\text{-}40)$$

經積分運算，並將係數按順序排列可得：

$$\sum_{n=0}^{\infty}C_m^7A_{3n}^1=C_m^8e^{-k_{2m}(-2\ell)}A_{2m}^1+C_m^8B_{2m}^1,\quad m=0,1,2,\cdots \qquad (8\text{-}41)$$

（8-30）式等號兩邊乘上第 4 區水深正交函數$\cos\left[k_{4m}(z+h)\right]$，並對第 4 區水深積分 $-h\le z\le -h+d_2$，表示式寫為：

$$\int_{-h}^{-h+d_2}\sum_{n=0}^{\infty}A_{3n}^1\cos\left[k_n(z+h)\right]e^{-k_n(x-\ell)}\cdot\cos\left[k_{4m}(z+h)\right]dz$$

$$=\int_{-h}^{-h+d_2}\left(A_{40}^1x+B_{40}^1\right)\cdot\cos\left[k_{4m}(z+h)\right]dz$$

$$+\int_{-h}^{-h+d_2}\sum_{n=1}^{\infty}\left[A_{4n}^1 e^{-k_{4n}(x+\ell)}+B_{4n}^1 e^{k_{4n}(x-\ell)}\right]\cos\left[k_{4n}(z+h)\right]\cdot\cos\left[k_{4m}(z+h)\right]dz$$

$$,\quad m=1,2,\cdots \tag{8-42a}$$

經積分運算，並將係數按順序排列可得：

$$\sum_{n=0}^{\infty}C_{nm}^{10}A_{3n}^1=\frac{d_2 e^{-k_{4m}(-2\ell)}}{2}A_{4m}^1+\frac{d_2}{2}B_{4m}^1,\quad m=1,2,\cdots \tag{8-43}$$

如同（8-27）式的處理，（8-30）式也需要等號兩邊乘上 1.0，並對第 4 區水深積分 $-h\le z\le -h+d_2$，表示式寫為：

$$\int_{-h}^{-h+d_2}\sum_{n=0}^{\infty}A_{3n}^1\cos\left[k_n(z+h)\right]e^{-k_n(x-\ell)}\cdot 1dz$$

$$=\int_{-h}^{-h+d_2}\left(A_{40}^1 x+B_{40}^1\right)\cdot 1dz+\int_{-h}^{-h+d_2}\sum_{n=1}^{\infty}\left[A_{4n}^1 e^{-k_{4n}(x+\ell)}+B_{4n}^1 e^{k_{4n}(x-\ell)}\right]\cos\left[k_{4n}(z+h)\right]\cdot 1dz \tag{8-42b}$$

經積分運算，並將係數按順序排列可得：

$$\sum_{n=0}^{\infty}C_n^4 A_{3n}^1=\ell d_2 A_{40}^1+d_2 B_{40}^1 \tag{8-44}$$

（8-44）式隱含為$m=0$的情況。

經過上述正交函數的處理將方程式進一步簡化，並經過積分運算，重新整理後可整理為以下表示式，

$$-C_m^2 B_{1m}^1-\sum_{n=0}^{N}C_{nm}^3 A_{2n}^1+\sum_{n=0}^{N}C_{nm}^3 e^{k_{2n}(-2\ell)}B_{2n}^1+C_m^4 A_{40}^1-\sum_{n=1}^{N}C_{nm}^5 A_{4n}^1$$

$$+\sum_{n=1}^{N}C_{nm}^5 e^{k_{4n}(-2\ell)}B_{4n}^1=-C_m^{12}s_1$$

$$,\quad m=0,1,2,\cdots,N \tag{8-45}$$

$$\sum_{n=0}^{N} C_{nm}^{7} B_{1n}^{1} - C_{m}^{8} A_{2m}^{1} - C_{m}^{8} e^{k_{2m}(-2\ell)} B_{2m}^{1} = 0 \quad , \quad m = 0,1,2,\cdots,N \tag{8-46}$$

$$\sum_{n=0}^{N} C_{n}^{4} B_{1n}^{1} + \ell d_{2} A_{40}^{1} - d_{2} B_{40}^{1} = 0 \quad , \quad m = 0 \tag{8-47}$$

$$\sum_{n=0}^{N} C_{nm}^{10} B_{1n}^{1} - \frac{d_{2}}{2} A_{4m}^{1} - \frac{d_{2} e^{k_{4m}(-2\ell)}}{2} B_{4m}^{1} = 0 \quad , \quad m = 0,1,2,\cdots,N \tag{8-48}$$

$$\begin{aligned} &-\sum_{n=0}^{N} C_{nm}^{3} e^{-k_{2n}(-2\ell)} A_{2n}^{1} + \sum_{n=0}^{N} C_{nm}^{3} B_{2n}^{1} + C_{m}^{2} A_{3m}^{1} + C_{m}^{4} A_{40}^{1} \\ &-\sum_{n=1}^{N} C_{nm}^{5} e^{-k_{4n}(2\ell)} A_{4n}^{1} + \sum_{n=1}^{N} C_{nm}^{5} B_{4n}^{1} = -i\omega C_{m}^{12} s_{1} \quad , \quad m = 0,1,2,\cdots,N \end{aligned} \tag{8-49}$$

$$-C_{m}^{8} e^{-k_{2m}(-2\ell)} A_{2m}^{1} - C_{m}^{8} B_{2m}^{1} + \sum_{n=0}^{N} C_{m}^{7} A_{3n}^{1} = 0 \quad , \quad m = 0,1,2,\cdots,N \tag{8-50}$$

$$-\ell d_{2} A_{40}^{1} - d_{2} B_{40}^{1} + \sum_{n=0}^{N} C_{n}^{4} A_{3n}^{1} = 0 \quad , \quad m = 0 \tag{8-51}$$

$$\sum_{n=0}^{N} C_{nm}^{10} A_{3n}^{1} - \frac{d_{2} e^{-k_{4m}(-2\ell)}}{2} A_{4m}^{1} - \frac{d_{2}}{2} B_{4m}^{1} = 0 \quad , \quad m = 0,1,2,\cdots,N \tag{8-52}$$

以上所列之方程式即可利用電腦數值計算程式（MatLab）建立矩陣，並求解矩陣即可求得水平輻射波浪勢函數中的未知係數 B_{1n}^{1}、A_{2n}^{1}、B_{2n}^{1}、A_{3n}^{1} 、 A_{4n}^{1} 以及 B_{4n}^{1} ，至此結構物水平運動輻射問題已求解完畢。

8.2 水面結構物 heave 造波

本章節的標題看來似乎沒什麼特別，僅僅是結構物在垂直方向運動造波。由於考慮流體為無粘性，因此在垂直方向上有速度出現在邊界條件上。典型結構物垂直運動造波如圖 8-2 所示。利用理論求解此問題，首先為將問題領域分為三個區域，結構物左方為第（1）區，結構物下方為第（2）區，結構物右方為第（3）區。而領域中的第 1 區與第 3 區，由於其上下皆為齊性邊界條件，因此第（1）區與第（3）區的波浪勢函數可直接由造波理論通解型式得到。然而領域中的第（2）區，由於上邊界為非齊性邊界條件，直接利用分離變數法無法求解，需另外配合求解才行。往昔求解這類型問題，在解析解的表示上均直接寫出特解（particular solution）。一般我們也知道特解的得到需要靠專業素養和直覺（intuition）去得到，當出現在理論解析過程中的一個環節時，仍然需要有固定程序的求解才行。基於此，Lee (1995) 提出一個可以採用的理論解析方法，以下則針對這個方法說明。

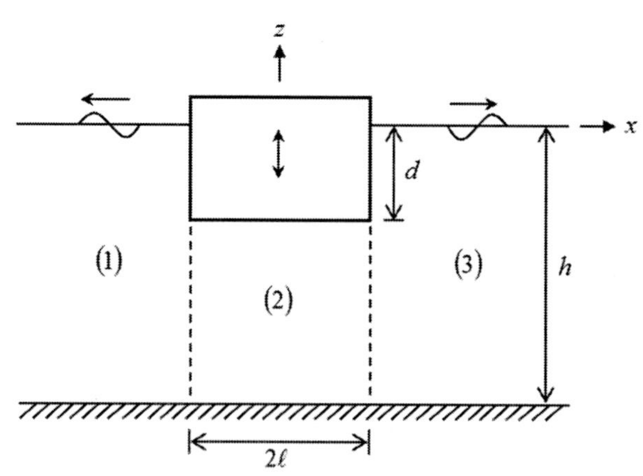

圖 8-2　結構物垂直運動造波示意圖

結構物垂直運動造波如圖-2 所示。結構物位移函數給定為：

$$\xi = s \cdot e^{-i\omega t} \tag{8-53}$$

其中 s 為運動振幅，ω 為結構物運動角頻率（$\omega = 2\pi/T$），T 為結構物運動週期。由於結構物的運動，結構物左右兩側以及下方會產生對應的波浪場。同時由於左右對稱之關係，可以預期左右兩側的波浪場也是對稱。第（1）區與第（3）區的通解，可以直接利用造波理論的通解表出

$$\Phi_1 = \sum_{n=0}^{\infty} A_{1n} \cos k_n (z+h) \cdot e^{k_n (x+\ell)} \cdot e^{-i\omega t} \tag{8-54}$$

$$\Phi_3 = \sum_{n=0}^{\infty} A_{3n} \cos k_n (z+h) \cdot e^{-k_n (x-\ell)} \cdot e^{-i\omega t} \tag{8-55}$$

其中，k_n 滿足 $\omega^2 = -g k_n \tan k_n h$，$n = 0,1,2,\cdots$。第（2）區通解型式則利用 Lee（1995）的作法求解。

第（2）區的邊界條件，如圖 8-3 所示，僅有底面為齊性邊界條件，其他三個邊界皆為非齊性邊界條件。造波理論中由於水面和水底皆為齊性邊界，因此在水深方向有特徵值（characteristic value）和特徵函數。而利用特徵函數的目的是利用正交性來求解波浪勢函數中級數解的未知係數。對於圖 8-3 顯示的問題，可以求解的方法便是將問題分成水平和垂直兩個方向的齊性問題，分別有特徵函數，也分別可以用來求解問題。

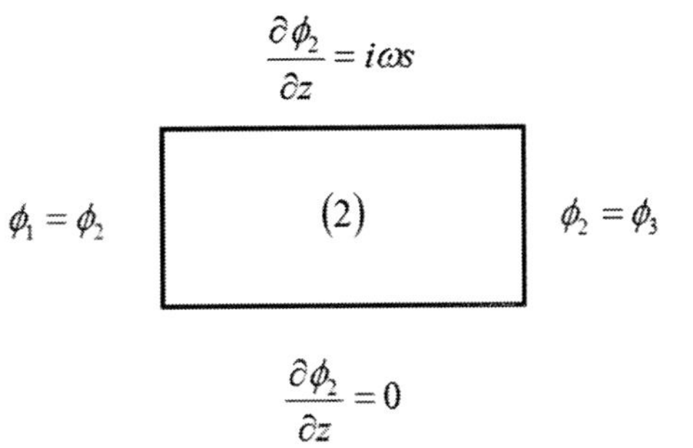

$$\frac{\partial \phi_2}{\partial z} = i\omega s$$

$$\phi_1 = \phi_2 \qquad (2) \qquad \phi_2 = \phi_3$$

$$\frac{\partial \phi_2}{\partial z} = 0$$

圖 8-3　第（2）區邊界條件

對於問題領域的第（2）區，上邊界為非齊性的結構物運動邊界條件，而下邊界為不透水底床的齊性邊界條件，波浪場勢函數可以寫為：

$$\phi_2 = \tilde{\phi}_2 + \hat{\phi}_2 \tag{8-56}$$

其中 $\tilde{\phi}_2$ 為滿足垂直齊性之勢函數，$\hat{\phi}_2$ 為滿足水平齊性之勢函數，分區求解的示意圖如圖 8-4 所示：

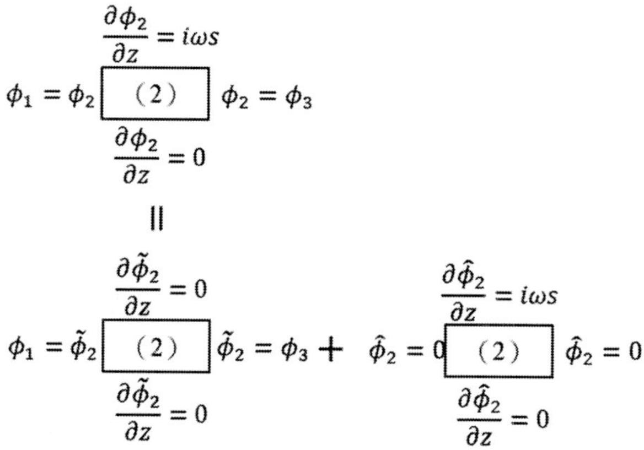

$$\frac{\partial \phi_2}{\partial z} = i\omega s$$

$$\phi_1 = \phi_2 \quad (2) \quad \phi_2 = \phi_3$$

$$\frac{\partial \phi_2}{\partial z} = 0$$

$$\parallel$$

$$\frac{\partial \tilde{\phi}_2}{\partial z} = 0 \qquad\qquad \frac{\partial \hat{\phi}_2}{\partial z} = i\omega s$$

$$\phi_1 = \tilde{\phi}_2 \quad (2) \quad \tilde{\phi}_2 = \phi_3 \; + \; \hat{\phi}_2 = 0 \quad (2) \quad \hat{\phi}_2 = 0$$

$$\frac{\partial \tilde{\phi}_2}{\partial z} = 0 \qquad\qquad \frac{\partial \hat{\phi}_2}{\partial z} = 0$$

圖 8-4　第（2）區非齊性邊界值問題分解示意圖

垂直齊性：

此部分的通解型式如同水下結構物散射問題領域第 4 區的通解型式，因此可以直接參照其型式寫出其通解表示式：

$$\tilde{\phi}_2(x,z) = \left(A_{20}x + B_{20}\right) + \sum_{n=1}^{\infty}\left[A_{2n}e^{-k_{2n}(x+\ell)} + B_{2n}e^{k_{2n}(x-\ell)}\right]\cos\left[k_{2n}(z+h)\right] \tag{8-57}$$

其中 k_{2n} 滿足：

$$k_{2n} = n\pi/d_2\text{，}\; n = 1,2,\ldots,\infty \tag{8-58}$$

水平齊性：

控制方程式為 Laplace's equation：

$$\nabla^2\hat{\phi}_2=0 \tag{8-59}$$

令 $\hat{\phi}_2(x,z)=X(x)Z(z)$ （8-60）

將（8-60）式代入控制方程式（8-59）可得：

$$-\frac{1}{X}\frac{\partial^2 X(x)}{\partial x^2}=\frac{1}{Z}\frac{\partial^2 Z(z)}{\partial z^2}=\begin{cases} K^2>0 \\ k=0 \\ -\tilde{k}^2<0 \end{cases} \tag{8-61}$$

以下分別討論分離常數大於零、等於零以及小於零的情形。

(1)　分離常數大於零 $K^2>0$

X 與 Z 微分方程式可得：

$$\ddot{X}+K^2X=0 \tag{8-62}$$

$$\ddot{Z}-K^2Z=0 \tag{8-63}$$

上述兩式均為二階常微分方程式，因此可寫出其通解形式：

$$X=\hat{A}e^{iKx}+\hat{B}e^{-iKx} \tag{8-64}$$

$$Z=Ce^{Kz}+De^{-Kz} \tag{8-65}$$

先將（8-64）式代入左側水平齊性邊界條件 $\hat{\phi}_2=0\Big|_{x=-\ell}$ ，可得：

$$\hat{A}e^{-iK\ell}=-\hat{B}e^{iK\ell} \tag{8-66}$$

令 $\hat{A}e^{-iK\ell}=-\hat{B}e^{iK\ell}=\dfrac{A}{2}$

所以可以將 $\hat{A},\hat{B}$ 改寫成 $\hat{A}=\dfrac{A}{2}e^{iK\ell}$ ； $\hat{B}=-\dfrac{A}{2}e^{-iK\ell}$ 。將 $\hat{A},\hat{B}$ 代回（8-

64）式，可得：

$$X=\frac{A}{2}e^{iK(x+\ell)}-\frac{A}{2}e^{-iK(x+\ell)}$$

$$=A\sin K(x+\ell) \tag{8-67}$$

至此波浪勢函數為：

$$\hat{\phi}_2(x,z)=X(x)Z(z)$$

$$=A\sin K(x+\ell)Z(z) \tag{8-68}$$

再將（8-68）式代入右側水平齊性邊界條件$\hat{\phi}_2=0\Big|_{x=\ell}$，可得：

$$A\sin 2K\ell\cdot Z(z)=0 \tag{8-69}$$

由於（8-69）式中係數A不可為零，因此$\sin 2K\ell=0$，即：

$$K=n\pi/2\ell=\gamma_n,\ \ n=1,2,\ldots,\infty \tag{8-70}$$

有了（8-70）式，K表示式，(8-65）式代入不透水底床邊界條件$\frac{\partial\hat{\phi}_2}{\partial z}=0\Big|_{z=-h}$，則可得：

$$\gamma_n Ce^{-\gamma_n h}-\gamma_n D^{e\gamma_n h}=0 \tag{8-71}$$

令$\gamma_n Ce^{-\gamma_n h}=\gamma_n D^{e\gamma_n h}=\frac{\hat{C}}{2}$，則$C=\frac{\hat{C}}{2}e^{\gamma_n h}$；$D=\frac{\hat{C}}{2}e^{-\gamma_n h}$，再將$C,D$代回波浪勢函數，並將$e^{\gamma_n z},e^{-\gamma_n z}$乘上$e^{-h}$，同時將係數合併寫為$F_2$，則可得波浪勢函數為：

$$\hat{\phi}_2(x,z)=F_{2n}\sin\gamma_n(x+\ell)\cdot\cosh\gamma_n(z+h) \tag{8-72}$$

至此係數F_{2n}仍為未知數，需要利用x方向的正交性求得。

目前仍還有結構物表面的邊界條件尚未使用，將（8-72）式代入結構物表面的邊界條件$\frac{\partial\hat{\phi}_2}{\partial z}=i\omega s\Big|_{z=-h+d_2}$，可得：

$$F_{2n}\sin\gamma_n(x+\ell)\cdot\gamma_n\sinh\gamma_n d_2=i\omega s \tag{8-73}$$

等號兩邊同乘$\sin\gamma_n(x+\ell)$，並從$-\ell$積分至ℓ，可得：

$$F_{2n}\cdot\gamma_n\sinh\gamma_n d_2\cdot\int_{-\ell}^{\ell}\sin^2\gamma_n(x+\ell)\cdot dx=i\omega s\cdot\int_{-\ell}^{\ell}\sin\gamma_n(x+\ell)dx \tag{8-74}$$

經由積分計算，化簡後可得：

$$F_{2n}=\frac{i\omega s(1-\cos 2\gamma_n\ell)}{\ell\gamma_n{}^2\sinh\gamma_n d_2} \tag{8-75}$$

(2)　分離常數等於零$k=0$

$$\ddot{X}=0 \tag{8-76}$$

$$\ddot{Z}=0 \tag{8-77}$$

上述兩式均為二階常微分方程式，因此可寫出其通解形式：

$$X=\widetilde{A}x+\widetilde{B} \tag{8-78}$$

$$Z=Cz+D \tag{8-79}$$

利用左側水平齊性邊界條件$\hat{\phi}_2=0\big|_{x=-\ell}$，可得：

$$-\ell\widetilde{A}+\widetilde{B}=0 \tag{8-80}$$

由右側水平齊性邊界條件$\hat{\phi}_2=0\big|_{x=\ell}$，可得：

$$\ell\widetilde{A}+\widetilde{B}=0 \tag{8-81}$$

綜合（8-80）和（8-81）兩式，可得$\widetilde{A}=\widetilde{B}=0$，因此，在分離常數等於零的情形下為零解。

(3)　分離常數小於零$-\widetilde{k}^2<0$

$$\ddot{X}-\widetilde{k}^2X=0 \tag{8-82}$$

$$\ddot{Z}+\tilde{k}^{2}Z=0 \tag{8-83}$$

上述兩式均為二階常微分方程式，因此可寫出其通解形式：

$$X=\tilde{A}e^{\tilde{k}x}+\tilde{B}e^{-\tilde{k}x} \tag{8-84}$$

$$Z=Ce^{i\tilde{k}z}+De^{-i\tilde{k}z} \tag{8-85}$$

先利用左側水平齊性邊界條件 $\hat{\phi}_2=0\big|_{x=-\ell}$ ，可得：

$$\tilde{A}e^{-\tilde{k}\ell}+\tilde{B}e^{\tilde{k}\ell}=0 \tag{8-86}$$

另由右側水平齊性邊界條件 $\hat{\phi}_2=0\big|_{x=\ell}$ ，可得：

$$\tilde{A}e^{\tilde{k}\ell}+\tilde{B}e^{-\tilde{k}\ell}=0 \tag{8-87}$$

綜合（8-86）和（8-87）兩式，可得 $\tilde{A}=\tilde{B}=0$。因此，在分離常數小於零的情形下亦為零解。至此，三種分離常數的情況 $K^2>0$、$k=0$ 以及 $-\tilde{k}^2<0$ 都已經討論完畢，可將第 2 區波浪勢函數寫出如下：

$$\hat{\phi}_2(x,z)=\sum_{n=1}^{\infty}F_{2n}\cosh\gamma_n(z+h)\cdot\sin\gamma_n(x+\ell) \tag{8-88}$$

綜合上述的垂直齊性解與水平齊性解，結構物垂直運動的第(2)區波浪場勢函數包含垂直齊性解與水平齊性解可寫出如下：

$$\begin{aligned}\phi_2&=\tilde{\phi}_2+\hat{\phi}_2\\&=\left(A_{40}x+B_{40}\right)+\sum_{n=1}^{\infty}\left[A_{2n}e^{-k_{4n}(x+\ell)}+B_{2n}e^{k_{4n}(x-\ell)}\right]\cos\left[k_{2n}(z+h)\right]\\&+\sum_{n=1}^{\infty}F_{2n}\cosh\gamma_n(z+h)\sin\gamma_n(x+\ell)\end{aligned} \tag{8-89}$$

其中

$$k_{2n}=n\pi/d_2,\quad n=0,1,2,\ldots,\infty \tag{8-90}$$

$$\gamma_n=n\pi/2\ell,\quad n=1,2,\ldots,\infty \tag{8-91}$$

$$F_{2n}=\frac{-i\omega s\left(-1+\cos 2\gamma_n\ell\right)}{\ell\gamma_n{}^2\sinh\gamma_n d_2},\quad n=1,2,\ldots,\infty \tag{8-92}$$

有了結構物下方第（2）區的通解，則利用第（1）（3）區的通解，配合各區銜接邊界的速度和壓力連續條件，以及水深方向的正交函數，則可以列出矩陣求解波浪勢函數的未定係數。求解過程和水中固定結構物相鄰兩區銜接的理論推導相同，在此不另列出。

在此值得探究的，如果上述非齊性邊界值問題不使用水平和垂直分離球解，而直接對圖 8-2 使用分離變數法求解，結果會如何。當然最後也是無解，不過在此也列出過程提供作參考。

控制方程式為 Laplace equation：

$$\nabla^2\phi_2=0 \tag{8-93}$$

$$令\ \phi_2\left(x,z\right)=X\left(x\right)Z\left(z\right) \tag{8-94}$$

將上式代入控制方程式可得：

$$-\frac{1}{X}\frac{\partial^2 X(x)}{\partial x^2}=\frac{1}{Z}\frac{\partial^2 Z(z)}{\partial z^2}=\begin{cases}K^2>0\\ k=0\\ -\tilde{k}^2<0\end{cases} \tag{8-95}$$

以下分別討論分離常數大於零、等於零以及小於零的情形。

(1)　當分離常數大於零 $K^2>0$

X 與 Z 函數可得：

$$\ddot{X}+K^2X=0 \tag{8-96}$$

$$\ddot{Z}-K^2Z=0 \tag{8-97}$$

上述兩式均為二階常微分方程式，因此可寫出其通解形式：

$$X = \widetilde{A}e^{iKx} + \widetilde{B}e^{-iKx} \tag{8-98}$$

$$Z = Ce^{Kz} + De^{-Kz} \tag{8-99}$$

先將（8-99）式代入不透水底床邊界條件 $\left.\frac{\partial \phi_2}{\partial z} = 0\right|_{z=-h}$，可得：

$$Ce^{-Kh} = De^{Kh} \tag{8-100}$$

得：

$$C = De^{2Kh} \tag{8-101}$$

則：

$$\begin{aligned} Z &= D(e^{2Kh}e^{Kz} + e^{-Kz}) \\ &= \widetilde{D}\cosh(z+h) \end{aligned} \tag{8-102}$$

至此波浪勢函數為：

$$\phi_2(x,z) = X(x)Z(z)$$

$$= X(x)\cdot\widetilde{D}\cosh K(z+h) \tag{8-103}$$

再代入結構物底面邊界條件 $\left.\frac{\partial \phi_2}{\partial z} = i\omega s\right|_{z=-h+d_2}$，可得：

$$K\cdot X(x)\cdot\tilde{D}\sinh Kd_2 = i\omega s \tag{8-104}$$

因此 $X(x) = \frac{i\omega s}{\widetilde{D}K\sinh Kd_2}$，此函數亦無法滿足（8-96）式。

(2)　當分離常數等於零 $k=0$

$$\ddot{X} = 0 \tag{8-105}$$

$$\ddot{Z} = 0 \tag{8-106}$$

上述兩式均為二階常微分方程式，因此可寫出其通解形式：

$$X=\widetilde{A}x+\widetilde{B} \tag{8-107}$$

$$Z=Cz+D \tag{8-108}$$

將（8-108）式代入不透水底床邊界條件$\left.\frac{\partial\phi_2}{\partial z}=0\right|_{z=-h}$以及結構物底面邊界條件$\left.\frac{\partial\phi_2}{\partial z}=i\omega s\right|_{z=-h+d_2}$，可得：

$$\begin{cases}C=0\\C=i\omega s\end{cases} \tag{8-109}$$

因此此部分為無解。

(3)　當分離常數小於零$-\widetilde{k}^2<0$

$$\ddot{X}-\widetilde{k}^2X=0 \tag{8-110}$$

$$\ddot{Z}+\widetilde{k}^2Z=0 \tag{8-111}$$

上述兩式均為二階常微分方程式，因此可寫出其通解形式：

$$X=\widetilde{A}e^{\widetilde{k}x}+\widetilde{B}e^{-\widetilde{k}x} \tag{8-112}$$

$$Z=Ce^{i\widetilde{k}z}+De^{-i\widetilde{k}z} \tag{8-113}$$

先將（8-113）式代入不透水底床邊界條件$\left.\frac{\partial\phi_2}{\partial z}=0\right|_{z=-h}$，可得：

$$Ce^{-i\widetilde{k}h}=De^{i\widetilde{k}h} \tag{8-114}$$

得：

$$C=De^{i2\widetilde{k}h} \tag{8-115}$$

則：

$$Z = D(e^{i2\tilde{k}h}e^{i\tilde{k}z} + e^{-i\tilde{k}z}) = \tilde{D}\cos\tilde{k}(z+h) \tag{8-116}$$

至此，波浪勢函數為：

$$\phi_2(x,z) = X(x)Z(z) = X(x)\cdot\tilde{D}\cos\tilde{k}(z+h) \tag{8-117}$$

再代入結構物底面邊界條件 $\left.\frac{\partial\phi_2}{\partial z} = i\omega s\right|_{z=-h+d_2}$ ，可得：

$$-\tilde{k}\cdot X(x)\cdot\tilde{D}\sin\tilde{k}d_2 = i\omega s \tag{8-118}$$

因此 $X(x) = -\frac{i\omega s}{\tilde{k}\tilde{D}\sin\tilde{k}d_2}$ ，但此 $X(x)$ 函數代回（8-110）式，無法滿足原本之方程式，因此這部份也無解。

【參考資料】

1. Lee, Jaw-Fang, On the heave radiation of a rectangular structure, Ocean Engineering, Vol.22, Issue 1, pp.19-34, 1995.

8.3 水中結構物 roll 造波

水中結構物轉動輻射造波示意如圖 8-5 所示。理論求解為將求解領域分為四個區域，結構物的左側為第 1 區，結構物上方為第 2 區，結構物右側為第 3 區，而結構物下方為第 4 區。結構物在垂直紙面方向作週期性轉動。

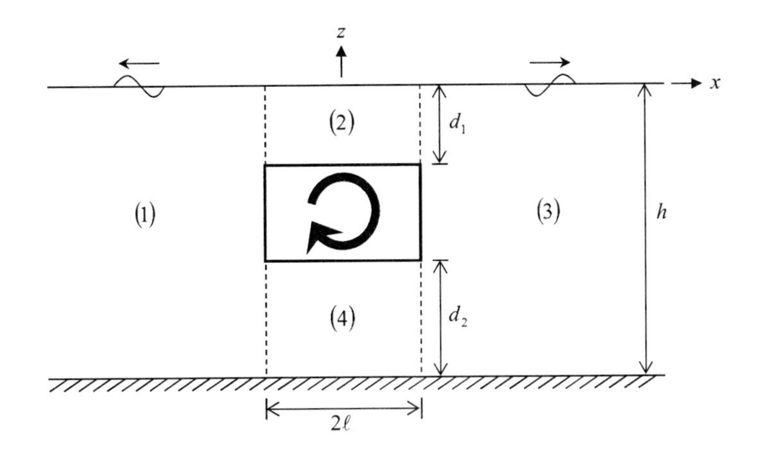

圖 8-5　水中結構物轉動造波示意圖

結構物作穩定週期性轉動，振幅為s，位移函數可表示為：

$$\xi_3 = s_3 \cdot e^{-i\sigma t} \tag{8-119}$$

各區的勢函數：

$$\Phi_j^3 = \phi_j^3 \cdot e^{-i\sigma t}, \quad j = 1,2,3,4 \tag{8-120}$$

其中上標 3 表示結構物作垂直運動之輻射波浪場，下標為分區編號。

控制方程式為：

$$\nabla^2 \phi_j^3 = 0, \quad j = 1,2,3,4 \tag{8-121}$$

各區的邊界條件如下所示：

<u>**第 1 區**</u>：$\left(-\infty \le x \le -\ell, -h \le z \le 0\right)$

自由液面邊界條件：

$$\frac{\partial \phi_1^3}{\partial z} = \frac{\omega^2}{g}\phi_1^3, \quad z = 0 \tag{8-122}$$

不透水底床邊界條件：

$$\frac{\partial \phi_1^3}{\partial z} = 0,\ \ z = -h \tag{8-123}$$

波浪往$-x$方向傳遞。

<u>**第 2 區**</u>：$\left(-\ell \le x \le \ell, -d_1 \le z \le 0\right)$

自由液面邊界條件：

$$\frac{\partial \phi_1^3}{\partial z} = \frac{\omega^2}{g}\phi_1^3,\ \ z = 0 \tag{8-124}$$

結構物邊界條件：

$$\frac{\partial \phi_1^3}{\partial z} = i\omega s_3\left(x - x_0\right),\ \ z = -d_1 \tag{8-125}$$

波浪包含往$-x$方向傳遞以及$+x$方向傳遞。

<u>**第 3 區**</u>：$\left(\ell \le x \le \infty, -h \le z \le 0\right)$

自由液面邊界條件：

$$\frac{\partial \phi_1^3}{\partial z} = \frac{\omega^2}{g}\phi_1^3,\ \ z = 0 \tag{8-126}$$

不透水底床邊界條件：

$$\frac{\partial \phi_1^3}{\partial z} = 0,\ \ z = -h \tag{8-127}$$

波浪往$+x$方向傳遞。

<u>**第 4 區**</u>：$\left(-\ell \le x \le \ell, -h \le z \le -h + d_2\right)$

結構物邊界條件：

$$\frac{\partial \phi_1^3}{\partial z} = i\omega s_3(x - x_0),\ \ z = -h + d_2 \tag{8-128}$$

不透水底床邊界條件：

$$\frac{\partial \phi_1^3}{\partial z} = 0,\ \ z = -h \tag{8-129}$$

波浪存在於此區的範圍內。

上述四區中，第 1 區以及第 3 區均含有自由水面與不透水底床，因此造波理論波浪場通解均可以利用，第 2 區上邊界為自由水面，下邊界為非齊性結構物邊界條件，第 4 區上為非齊性結構物邊界條件，下為不透水邊界，因此第 2 區與第 4 區通解無法直接利用分離變數法求得，本文採用 Lee (1995) 方法推導第 2 區與第 4 區的通解。

上述四區波浪勢函數可以寫出如下：

$$\phi_1^3 = \sum_{n=0}^{\infty} B_{1n}^3 \cos[k_n(z+h)] e^{k_n(x+\ell)} \tag{8-130}$$

$$\begin{aligned}\phi_2^3 &= \sum_{n=0}^{\infty}\left[A_{2n}^3 e^{-k_{2n}(x+\ell)} + B_{2n}^2 e^{k_{2n}(x-\ell)}\right]\cos[k_{2n}(z+d_1)] \\ &+ \sum_{n=1}^{\infty} D_{2n}^3\left(\mu_{n1} e^{\gamma_n(z-h)} + \mu_{n2} e^{-\gamma_n(z+h)}\right)\sin\gamma_n(x+\ell)\end{aligned} \tag{8-131}$$

$$\phi_3^3 = \sum_{n=0}^{\infty} A_{3n}^3 \cos[k_n(z+h)] e^{-k_n(x-\ell)} \tag{8-132}$$

$$\begin{aligned}\phi_4^3 &= \left(A_{40}^3 x + B_{40}^3\right) + \sum_{n=1}^{\infty}\left[A_{4n}^3 e^{-k_{4n}(x+\ell)} + B_{4n}^3 e^{k_{4n}(x-\ell)}\right]\cos[k_{4n}(z+h)] \\ &+ \sum_{n=1}^{\infty} F_{4n}^3 \cosh\gamma_n(z+h)\sin\gamma_n(x+\ell)\end{aligned} \tag{8-133}$$

式中特徵值 k_n 、 k_{2n} 、 k_{4n} 、 γ_n 、 μ_{n1} 、 μ_{n2} 、 D_{2n}^3 以及 F_{4n}^3 由以下式子計算：

$$\omega^2 = -gk_n \tan k_n h\text{，}\ n = 0,1,2\cdots\infty \tag{8-134}$$

$$\omega^2 = -gk_{2n} \tan k_{2n} d_1\text{，}\ n = 0,1,2\cdots\infty \tag{8-135}$$

$$k_{4n} = n\pi/d_2\text{，}\ n = 1,2,\cdots\infty \tag{8-136}$$

$$\gamma_n = n\pi/2\ell\text{，}\ n = 1,2,\cdots\infty \tag{8-137}$$

$$\mu_{n1} = \gamma_n + \omega^2/g\text{，}\ n = 1,2,\cdots\infty \tag{8-138}$$

$$\mu_{n2} = \gamma_n - \omega^2/g\text{，}\ n = 1,2,\cdots\infty \tag{8-139}$$

$$D_{2n}^3 = \frac{-i\omega s_3\left(1+\cos 2\gamma_n \ell\right)}{\gamma_n{}^2\left(\mu_{n2} e^{\gamma_n(-d_1-h)} - \mu_{n2} e^{-\gamma_n(-d_1+h)}\right)}\text{，}\ n = 1,2,\cdots\infty \tag{8-140}$$

$$F_{4n}^3 = \frac{-i\omega s_3\left(1+\cos 2\gamma_n \ell\right)}{\gamma_n{}^2 \sinh \gamma_n d_2}\text{，}\ n = 1,2,\cdots\infty \tag{8-141}$$

接下來為利用垂直交界面$x = -\ell$與$x = \ell$處的速度和壓力相等求解各區通解的未定係數。（8-130）式~（8-133）式中，包含未知六個係數B_{1n}^3、A_{2n}^3、B_{2n}^3、A_{3n}^3、A_{4n}^3以及B_{4n}^3，可以利用$x = -\ell$位置整個水深的速度相等，以及$-d_1 \le z \le 0$和$-h \le z \le -h + d_2$壓力相等；$x = \ell$位置整個水深的速度相等，以及$-d_1 \le z \le 0$和$-h \le z \le -h + d_2$壓力相等，共六個條件求解六個未知係數。

位於$x = -\ell$處的速度與壓力相等條件：

速度相等條件：

$$\frac{\partial \phi_1^3}{\partial x} = \begin{cases} \dfrac{\partial \phi_2^3}{\partial x} & ,\ -d_1 \le z \le 0 \\ i\omega\left(z - z_0\right) & ,\ -h + d_2 \le z \le -d_1 \\ \dfrac{\partial \phi_4^3}{\partial x} & ,\ -h \le z \le -h + d_2 \end{cases} \tag{8-142}$$

壓力相等條件：

$$\phi_1^3 = \phi_2^3,\ -d_1 \le z \le 0 \tag{8-143}$$

$$\phi_1^3 = \phi_4^3,\ -h \le z \le -h + d_2 \tag{8-144}$$

位於 $x = \ell$ 處的速度與壓力相等條件：

速度相等條件：

$$\frac{\partial \phi_3^3}{\partial x} = \begin{cases} \dfrac{\partial \phi_2^3}{\partial x} & ,\ -d_1 \le z \le 0 \\ i\omega(z - z_0) & ,\ -h + d_2 \le z \le -d_1 \\ \dfrac{\partial \phi_4^3}{\partial x} & ,\ -h \le z \le -h + d_2 \end{cases} \tag{8-145}$$

壓力相等條件：

$$\phi_3^3 = \phi_2^3,\ -d_1 \le z \le 0 \tag{8-146}$$

$$\phi_3^3 = \phi_4^3,\ -h \le z \le -h + d_2 \tag{8-147}$$

將四區輻射波浪勢函數通解以及速度表示式代入（8-142）式~（8-147）式，可得下列六個方程式：

（第 1 區速度等於第 2 區、結構物和第 4 區速度相加）

$$\sum_{n=0}^{\infty} -k_n B_{1n}^3 \cos[k_n(z+h)] e^{k_n(x+\ell)}$$

$$= \sum_{n=0}^{\infty} \left[k_{2n} A_{2n}^3 e^{-k_{2n}(x+\ell)} - k_{2n} B_{2n}^3 e^{k_{2n}(x-\ell)}\right] \cos[k_{2n}(z+d_1)]$$

$$+ \sum_{n=1}^{\infty} -\gamma_n D_{2n}^3 \left(\mu_{n1} e^{\gamma_n(z-h)} + \mu_{n2} e^{-\gamma_n(z+h)}\right) \cos\gamma_n(x+\ell)$$

$$-i\omega s_3(z-z_0)$$

$$+\left(-A_{40}^3\right)+\sum_{n=1}^{\infty}\left[k_{4n}A_{4n}^3e^{-k_{4n}(x+\ell)}-k_{4n}B_{4n}^3e^{k_{4n}(x-\ell)}\right]\cos\left[k_{4n}(z+h)\right]$$

$$+\sum_{n=1}^{\infty}-\gamma_n F_{4n}^3\cosh\gamma_n(z+h)\cos\gamma_n(x+\ell) \tag{8-148}$$

（第 1 區與第 2 區壓力相等）

$$\sum_{n=0}^{\infty}B_{1n}^3\cos\left[k_n(z+h)\right]e^{k_n(x+\ell)}$$

$$=\sum_{n=0}^{\infty}\left[A_{2n}^3e^{-k_{2n}(x+\ell)}+B_{2n}^3e^{k_{2n}(x-\ell)}\right]\cos\left[k_{2n}(z+d_1)\right]$$

$$+\sum_{n=1}^{\infty}D_{2n}^3\left(\mu_{n1}e^{\gamma_n(z-h)}+\mu_{n2}e^{-\gamma_n(z+h)}\right)\sin\gamma_n(x+\ell) \tag{8-149}$$

（第 1 區與第 4 區壓力相等）

$$\sum_{n=0}^{\infty}B_{1n}^3\cos\left[k_n(z+h)\right]e^{k_n(x+\ell)}$$

$$=\left(A_{40}^3x+B_{40}^3\right)+\sum_{n=1}^{\infty}\left[A_{4n}^3e^{-k_{4n}(x+\ell)}+B_{4n}^3e^{k_{4n}(x-\ell)}\right]\cos\left[k_{4n}(z+h)\right]$$

$$+\sum_{n=1}^{\infty}F_{4n}^3\cosh\gamma_n(z+h)\sin\gamma_n(x+\ell) \tag{8-150}$$

（第 3 區速度等於第 2 區、結構物和第 4 區速度相加）

$$\sum_{n=0}^{\infty}k_nA_{3n}^3\cos\left[k_n(z+h)\right]e^{-k_n(x-\ell)}$$

$$=\sum_{n=0}^{\infty}\left[k_{2n}A_{2n}^3e^{-k_{2n}(x+\ell)}-k_{2n}B_{2n}^3e^{k_{2n}(x-\ell)}\right]\cos\left[k_{2n}(z+d_1)\right]$$

$$+\sum_{n=1}^{\infty}-\gamma_n D_{2n}^3\left(\mu_{n1}e^{\gamma_n(z-h)}+\mu_{n2}e^{-\gamma_n(z+h)}\right)\cos\gamma_n(x+\ell)$$

$$-i\omega s_3(z-z_0)$$

$$+\left(-A_{40}^3\right)+\sum_{n=1}^{\infty}\left[k_{4n}A_{4n}^3e^{-k_{4n}(x+\ell)}-k_{4n}B_{4n}^3e^{k_{4n}(x-\ell)}\right]\cos\left[k_{4n}(z+h)\right]$$

$$+\sum_{n=1}^{\infty}-\gamma_n F_{4n}^3\cosh\gamma_n(z+h)\cos\gamma_n(x+\ell) \tag{8-151}$$

（第 3 區與第 2 區壓力相等）

$$\sum_{n=0}^{\infty}A_{3n}^3\cos\left[k_n(z+h)\right]e^{-k_n(x-\ell)}$$

$$=\sum_{n=0}^{\infty}\left[A_{2n}^3e^{-k_{2n}(x+\ell)}+B_{2n}^3e^{k_{2n}(x-\ell)}\right]\cos\left[k_{2n}(z+d_1)\right]$$

$$+\sum_{n=1}^{\infty}D_{2n}^3\left(\mu_{n1}e^{\gamma_n(z-h)}+\mu_{n2}e^{-\gamma_n(z+h)}\right)\sin\gamma_n(x+\ell) \tag{8-152}$$

（第 3 區與第 4 區壓力相等）

$$\sum_{n=0}^{\infty}A_{3n}^3\cos\left[k_n(z+h)\right]e^{-k_n(x-\ell)}$$

$$=\left(A_{40}^3x+B_{40}^3\right)+\sum_{n=1}^{\infty}\left[A_{4n}^3e^{-k_{4n}(x+\ell)}+B_{4n}^3e^{k_{4n}(x-\ell)}\right]\cos\left[k_{4n}(z+h)\right]$$

$$+\sum_{n=1}^{\infty}F_{4n}^3\cosh\gamma_n(z+h)\sin\gamma_n(x+\ell) \tag{8-153}$$

以上（8-148）式~（8-153）式 6 個方程式，實際上並無法求解 $6n$ 個未知係數，同時，方程式中含有座標 z 函數也需要處理。在理論求解上一般應用水深函數對水深積分，同時利用水深函數的正交性，將累加的未知係數分離出個別的求解方程式，藉以提供足夠的方程式求解。以下則對（8-148）式~（8-153）式逐一使用對應的水深函數進行處理。

（8-148）式等號兩邊乘上第 1 區水深函數$\cos[k_m(z+h)]$，等號左邊並對整個水深 $-h \le z \le 0$積分，等號右邊則分別對第 2 區 $-d_1 \le z \le 0$和第 4 區 $-h \le z \le -h+d_2$的範圍積分，表示式寫為：

$$\int_{-h}^{0}\sum_{n=0}^{\infty}-k_n B_{1n}^3 \cos[k_n(z+h)]e^{k_n(x+\ell)}\cdot\cos[k_m(z+h)]dz$$

$$=\int_{-d_1}^{0}\sum_{n=0}^{\infty}\left[k_{2n}A_{2n}^3 e^{-k_{2n}(x+\ell)}-k_{2n}B_{2n}^3 e^{k_{2n}(x-\ell)}\right]\cos[k_{2n}(z+d_1)]\cdot\cos[k_m(z+h)]dz$$

$$+\int_{-d_1}^{0}\sum_{n=1}^{\infty}-\gamma_n D_{2n}^3\left(\mu_{n1}e^{\gamma_n(z-h)}+\mu_{n2}e^{-\gamma_n(z+h)}\right)\cos\gamma_n(x+\ell)\cdot\cos[k_m(z+h)]dz$$

$$+\int_{-h+d_2}^{-d_1}-i\omega s_3(z-z_0)\cdot\cos k_m(z+h)dz$$

$$+\int_{-h}^{-h+d_2}\left(-A_{40}^3\right)\cdot\cos[k_m(z+h)]dz$$

$$+\int_{-h}^{-h+d_2}\sum_{n=1}^{\infty}\left[k_{4n}A_{4n}^3 e^{-k_{4n}(x+\ell)}-k_{4n}B_{4n}^3 e^{k_{4n}(x-\ell)}\right]\cos[k_{4n}(z+h)]\cdot\cos[k_m(z+h)]dz$$

$$+\int_{-h}^{-h+d_2}\sum_{n=1}^{\infty}-\gamma_n F_{4n}^3\cosh\gamma_n(z+h)\cos\gamma_n(x+\ell)\cdot\cos[k_m(z+h)]dz$$

$$,\quad m=0,1,2,\cdots \qquad (8\text{-}154)$$

利用相同水深函數正交性並經積分運算，可寫為：

$$-C_m^2 B_{1m}^3=\sum_{n=0}^{\infty}C_{nm}^3 A_{2n}^3-\sum_{n=0}^{\infty}C_{nm}^3 e^{k_{2n}(-2\ell)}B_{2n}^3-\sum_{n=1}^{\infty}\gamma_n\mu_{n1}D_{2n}^3 C_{nm}^{13}-\sum_{n=1}^{\infty}\gamma_n\mu_{n2}D_{2n}^3 C_{nm}^{14}$$
$$-i\omega C_m^{16}s_3-C_m^4 A_{40}^3+\sum_{n=1}^{\infty}C_{nm}^5 A_{4n}^3-\sum_{n=1}^{\infty}C_{nm}^5 e^{k_{4n}(-2\ell)}B_{4n}^3-\sum_{n=1}^{\infty}\gamma_n F_{4n}^3 C_{nm}^{15}$$

$$,\quad m=0,1,2,\cdots \qquad (8\text{-}155)$$

（8-149）式等號兩邊乘上第 2 區水深函數$\cos[k_{2m}(z+d_1)]$，並對第 2 區水深 $-d_1 \le z \le 0$積分，表示式寫為：

$$\int_{-d_1}^{0}\sum_{n=0}^{\infty}B_{1n}^{3}\cos[k_n(z+h)]e^{k_n(x+\ell)}\cdot\cos[k_{2m}(z+d_1)]dz$$

$$=\int_{-d_1}^{0}\sum_{n=0}^{\infty}\left[A_{2n}^{3}e^{-k_{2n}(x+\ell)}+B_{2n}^{3}e^{k_{2n}(x-\ell)}\right]\cos[k_{2n}(z+d_1)]\cdot\cos[k_{2m}(z+d_1)]dz$$

$$+\int_{-d_1}^{0}\sum_{n=1}^{\infty}D_{2n}^{3}\left(\mu_{n1}e^{\gamma_n(z-h)}+\mu_{n2}e^{-\gamma_n(z+h)}\right)\sin\gamma_n(x+\ell)\cdot\cos[k_{2m}(z+d_1)]dz$$

$$,\ m=0,1,2,\cdots \qquad (8\text{-}156)$$

利用相同水深函數正交性並經積分運算，可寫為：

$$\sum_{n=0}^{\infty}C_{nm}^{7}B_{1n}^{3}=C_{m}^{8}A_{2m}^{3}+C_{m}^{8}e^{k_{2m}(-2\ell)}B_{2m}^{3},\quad m=0,1,2,\cdots \qquad (8\text{-}157)$$

（8-150）式等號兩邊乘上第 4 區水深正交函數$\cos[k_{4m}(z+h)]$，並對第 4 區水深積分 $-h\le z\le -h+d_2$，表示式寫為：

$$\int_{-h}^{-h+d_2}\sum_{n=0}^{\infty}B_{1n}^{3}\cos[k_n(z+h)]e^{k_n(x+\ell)}\cdot\cos[k_{4m}(z+h)]dz$$

$$=\int_{-h}^{-h+d_2}\left(A_{40}^{3}x+B_{40}^{3}\right)\cdot\cos[k_{4m}(z+h)]dz$$

$$+\int_{-h}^{-h+d_2}\sum_{n=1}^{\infty}\left[A_{4n}^{3}e^{-k_{4n}(x+\ell)}+B_{4n}^{3}e^{k_{4n}(x-\ell)}\right]\cos[k_{4n}(z+h)]\cdot\cos[k_{4m}(z+h)]dz$$

$$+\int_{-h}^{-h+d_2}\sum_{n=1}^{\infty}F_{4n}^{3}\cosh\gamma_n(z+h)\sin\gamma_n(x+\ell)\cdot\cos k_{4m}(z+h)dz$$

$$,\ m=1,2,\cdots \qquad (8\text{-}158a)$$

經積分運算，（8-158a）式可寫為：

$$\sum_{n=0}^{\infty}C_{nm}^{10}B_{1n}^{3}=\frac{d_2}{2}A_{4m}^{3}+\frac{d_2e^{k_{4m}(-2\ell)}}{2}B_{4m}^{3},\quad m=1,2,\cdots \qquad (8\text{-}159)$$

在此需要特別留意，第 4 區的水深函數含有常數項，也需要加入計算考慮，即（8-150）式等號兩邊乘上 1.0，並對第 4 區水深積分

$-h \le z \le -h + d_2$，表示式為：

$$\int_{-h}^{-h+d_2} \sum_{n=0}^{\infty} B_{1n}^3 \cos[k_n(z+h)] e^{k_n(x+\ell)} \cdot 1 dz$$

$$= \int_{-h}^{-h+d_2} \left(A_{40}^3 x + B_{40}^3\right) \cdot 1 dz$$

$$+ \int_{-h}^{-h+d_2} \sum_{n=1}^{\infty} \left[A_{4n}^3 e^{-k_{4n}(x+\ell)} + B_{4n}^3 e^{k_{4n}(x-\ell)}\right] \cos[k_{4n}(z+h)] \cdot 1 dz$$

$$+ \int_{-h}^{-h+d_2} \sum_{n=1}^{\infty} F_{4n}^3 \cosh \gamma_n (z+h) \sin \gamma_n (x+\ell) \cdot 1 dz \quad \text{（8-158b）}$$

經積分計算後，（8-158b）式可寫為：

$$\sum_{n=0}^{\infty} C_n^4 B_{1n}^3 = -\ell d_2 A_{40}^3 + d_2 B_{40}^3 \quad \text{（8-160）}$$

（8-160）式隱含為 $m=0$ 的情況。

（8-151）式等號兩邊乘上第 3 區水深正交函數 $\cos[k_m(z+h)]$，並對第 3 區水深積分 $-h \le z \le 0$，表示式寫為：

$$\int_{-h}^{0} \sum_{n=0}^{\infty} k_n A_{3n}^3 \cos[k_n(z+h)] e^{-k_n(x-\ell)} \cdot \cos[k_m(z+h)] dz$$

$$= \int_{-d_1}^{0} \sum_{n=0}^{\infty} \left[k_{2n} A_{2n}^3 e^{-k_{2n}(x+\ell)} - k_{2n} B_{2n}^3 e^{k_{2n}(x-\ell)}\right] \cos[k_{2n}(z+d_1)] \cdot \cos[k_m(z+h)] dz$$

$$+ \int_{-d_1}^{0} \sum_{n=1}^{\infty} -\gamma_n D_{2n}^3 \left(\mu_{n1} e^{\gamma_n(z-h)} + \mu_{n2} e^{-\gamma_n(z+h)}\right) \cos \gamma_n (x+\ell) \cdot \cos[k_m(z+h)] dz$$

$$+ \int_{-h+d_2}^{-d_1} -i\omega s_3 (z-z_0) \cdot \cos k_m (z+h) dz$$

$$+ \int_{-h}^{-h+d_2} \left(-A_{40}^3\right) \cdot \cos[k_m(z+h)] dz$$

$$+\int_{-h}^{-h+d_2}\sum_{n=1}^{\infty}\left[k_{4n}A_{4n}^3e^{-k_{4n}(x+\ell)}-k_{4n}B_{4n}^3e^{k_{4n}(x-\ell)}\right]\cos\left[k_{4n}(z+h)\right]\cdot\cos\left[k_m(z+h)\right]dz$$

$$+\int_{-h}^{-h+d_2}\sum_{n=1}^{\infty}-\gamma_nF_{4n}^3\cosh\gamma_n(z+h)\cos\gamma_n(x+\ell)\cdot\cos k_m(z+h)dz$$

$$，m=0,1,2,\cdots \qquad (8\text{-}161)$$

經積分運算，上式可寫為：

$$C_m^2A_{3m}^3=\sum_{n=0}^{\infty}C_{nm}^3e^{-k_{2n}(-2\ell)}A_{2n}^3-\sum_{n=0}^{\infty}C_{nm}^3B_{2n}^3-\sum_{n=1}^{\infty}\gamma_n\mu_{n1}D_{2n}^3C_{nm}^{13}\cos2\gamma_n\ell$$

$$-\sum_{n=1}^{\infty}\gamma_n\mu_{n2}D_{2n}^3C_{nm}^{14}\cos2\gamma_n\ell-i\omega C_m^{16}s_3-C_m^4A_{40}^3+\sum_{n=1}^{\infty}C_{nm}^5e^{-k_{4n}(2\ell)}A_{4n}^3-\sum_{n=1}^{\infty}C_{nm}^5B_{4n}^3$$

$$，m=0,1,2,\cdots \qquad (8\text{-}162)$$

（8-152）式等號兩邊乘上第 2 區水深正交函數$\cos\left[k_{2m}(z+d_1)\right]$，並對第 2 區水深積分 $-d_1\le z\le 0$，表示式寫為：

$$\int_{-d_1}^{0}\sum_{n=0}^{\infty}A_{3n}^3\cos\left[k_n(z+h)\right]e^{-k_n(x-\ell)}\cdot\cos\left[k_{2m}(z+d_1)\right]dz$$

$$=\int_{-d_1}^{0}\sum_{n=0}^{\infty}\left[A_{2n}^3e^{-k_{2n}(x+\ell)}+B_{2n}^3e^{k_{2n}(x-\ell)}\right]\cos\left[k_{2n}(z+d_1)\right]\cdot\cos\left[k_{2m}(z+d_1)\right]dz$$

$$+\int_{-d_1}^{0}\sum_{n=1}^{\infty}D_{2n}^3\left(\mu_{n1}e^{\gamma_n(z-h)}+\mu_{n2}e^{-\gamma_n(z+h)}\right)\sin\gamma_n(x+\ell)\cdot\cos k_{2m}(z+d_1)dz$$

$$，m=0,1,2,\cdots \qquad (8\text{-}163)$$

經積分運算，並將係數按順序排列可得：

$$\sum_{n=0}^{\infty}C_m^7A_{3n}^3=C_m^8e^{-k_{2m}(-2\ell)}A_{2m}^3+C_m^8B_{2m}^3，\ m=0,1,2,\cdots \qquad (8\text{-}164)$$

（8-153）式等號兩邊乘上第 4 區水深正交函數$\cos\left[k_{4m}(z+h)\right]$，並對第 4 區水深積分 $-h\le z\le -h+d_2$，表示式寫為：

$$\int_{-h}^{-h+d_2}\sum_{n=0}^{\infty}A_{3n}^3\cos[k_n(z+h)]e^{-k_n(x-\ell)}\cdot\cos[k_{4m}(z+h)]dz$$

$$=\int_{-h}^{-h+d_2}\left(A_{40}^3x+B_{40}^3\right)\cdot\cos[k_{4m}(z+h)]dz$$

$$+\int_{-h}^{-h+d_2}\sum_{n=1}^{\infty}\left[A_{4n}^3e^{-k_{4n}(x+\ell)}+B_{4n}^3e^{k_{4n}(x-\ell)}\right]\cos[k_{4n}(z+h)]\cdot\cos[k_{4m}(z+h)]dz$$

$$+\int_{-h}^{-h+d_2}\sum_{n=1}^{\infty}F_{4n}^3\cosh\gamma_n(z+h)\sin\gamma_n(x+\ell)\cdot\cos k_{4m}(z+h)dz$$

$$,\quad m=1,2,\cdots \tag{8-165a}$$

經積分運算，並將係數按順序排列可得：

$$\sum_{n=0}^{\infty}C_{nm}^{10}A_{3n}^3=\frac{d_2e^{-k_{4m}(-2\ell)}}{2}A_{4m}^3+\frac{d_2}{2}B_{4m}^3,\quad m=1,2,\cdots \tag{8-166}$$

如同（8-150）式的處理，（8-153）式也需要等號兩邊乘上 1.0，並對第 4 區水深積分 $-h\le z\le -h+d_2$，表示式寫為：

$$\int_{-h}^{-h+d_2}\sum_{n=0}^{\infty}A_{3n}^3\cos[k_n(z+h)]e^{-k_n(x-\ell)}\cdot 1dz$$

$$=\int_{-h}^{-h+d_2}\left(A_{40}^3x+B_{40}^3\right)\cdot 1dz$$

$$+\int_{-h}^{-h+d_2}\sum_{n=1}^{\infty}\left[A_{4n}^3e^{-k_{4n}(x+\ell)}+B_{4n}^3e^{k_{4n}(x-\ell)}\right]\cos[k_{4n}(z+h)]\cdot 1dz$$

$$+\int_{-h}^{-h+d_2}\sum_{n=1}^{\infty}F_{4n}^3\cosh\gamma_n(z+h)\sin\gamma_n(x+\ell)\cdot 1dz \tag{8-165b}$$

經積分運算，並將係數按順序排列可得：

$$\sum_{n=0}^{\infty}C_n^4A_{3n}^3=\ell d_2A_{40}^3+d_2B_{40}^3 \tag{8-167}$$

（8-167）式隱含為$m=0$的情況。

經過上述正交函數的處理將方程式進一步簡化，並經過積分運算，重新整理後可整理為以下表示式：

$$-C_m^2 B_{1m}^3 - \sum_{n=0}^{N} C_{nm}^3 A_{2n}^3 + \sum_{n=0}^{N} C_{nm}^3 e^{k_{2n}(-2\ell)} B_{2n}^3 + C_m^4 A_{40}^3 - \sum_{n=1}^{N} C_{nm}^5 A_{4n}^3 + \sum_{n=1}^{N} C_{nm}^5 e^{k_{4n}(-2\ell)} B_{4n}^3$$
$$= -\sum_{n=1}^{N} \gamma_n \mu_{n1} D_{2n}^3 C_{nm}^{13} - \sum_{n=1}^{N} \gamma_n \mu_{n2} D_{2n}^3 C_{nm}^{14} - i\omega C_m^{16} s_3 - \sum_{n=1}^{N} \gamma_n F_{4n}^3 C_{nm}^{15}$$

$$, \ m = 0,1,2,\cdots,N \qquad (8\text{-}168)$$

$$\sum_{n=0}^{N} C_{nm}^7 B_{1n}^3 - C_m^8 A_{2m}^3 - C_m^8 e^{k_{2m}(-2\ell)} B_{2m}^3 = 0,\ m = 0,1,2,\cdots,N \qquad (8\text{-}169)$$

$$\sum_{n=0}^{N} C_n^4 B_{1n}^3 + \ell d_2 A_{40}^3 - d_2 B_{40}^3 = 0,\ m = 0 \qquad (8\text{-}170)$$

$$\sum_{n=0}^{N} C_{nm}^{10} B_{1n}^3 - \frac{d_2}{2} A_{4m}^3 - \frac{d_2 e^{k_{4m}(-2\ell)}}{2} B_{4m}^3 = 0,\ m = 0,1,2,\cdots,N \qquad (8\text{-}171)$$

$$C_m^2 A_{3m}^3 - \sum_{n=0}^{N} C_{nm}^3 e^{-k_{2n}(-2\ell)} A_{2n}^3 + \sum_{n=0}^{N} C_{nm}^3 B_{2n}^3 + C_m^4 A_{40}^3 - \sum_{n=1}^{N} C_{nm}^5 e^{-k_{4n}(2\ell)} A_{4n}^3$$
$$+ \sum_{n=1}^{N} C_{nm}^5 B_{4n}^3 = -\sum_{n=1}^{N} \gamma_n \mu_{n1} D_{2n}^3 C_{nm}^{13} \cos 2\gamma_n \ell - \sum_{n=1}^{N} \gamma_n \mu_{n1} D_{2n}^3 C_{nm}^{13} \cos 2\gamma_n \ell - i\omega C_m^{16} s_3$$

$$, \ m = 0,1,2,\cdots,N \qquad (8\text{-}172)$$

$$-C_m^8 e^{-k_{2m}(-2\ell)} A_{2m}^3 - C_m^8 B_{2m}^3 + \sum_{n=0}^{N} C_m^7 A_{3n}^3 = 0,\ m = 0,1,2,\cdots,N \qquad (8\text{-}173)$$

$$\sum_{n=0}^{N} C_n^4 A_{3n}^3 - \ell d_2 A_{40}^3 - d_2 B_{40}^3 = 0,\ m = 0 \qquad (8\text{-}174)$$

$$\sum_{n=0}^{N} C_{nm}^{10} A_{3n}^3 - \frac{d_2 e^{-k_{4m}(-2\ell)}}{2} A_{4m}^3 - \frac{d_2}{2} B_{4m}^3 = 0,\ m = 0,1,2,\cdots,N \qquad (8\text{-}175)$$

以上所列之方程式即可利用電腦數值計算程式（MatLab）建立矩陣，並求解矩陣即可求得轉動輻射波浪勢函數中的未知係數 B_{1n}^3、A_{2n}^3、B_{2n}^3、

第九章　波浪與結構物互制分析

本章大綱

前面章節考慮的全反射直立壁以及直立圓柱繞射理論問題中結構物均為固定（fixed）且不變形，以下考慮結構物受波浪作用會產生運動的問題。一般海洋結構物受波浪作用產生運動，以三維問題而言，物體之運動包含以下六個自由度，分別為 x, y, z 三個方向的位移 surge, sway, heave，以及三個方向的轉動 roll, pitch, yaw，如圖 9-1 所示。

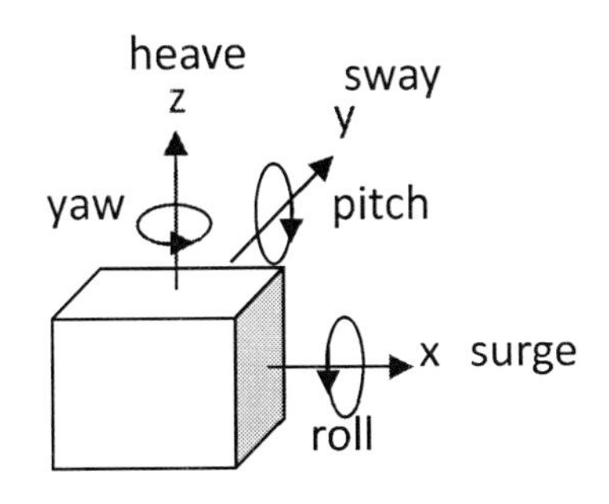

圖 9-1　三維物體運動六個自由度

若為二維則在 y-z 平面三個自由度分別為 sway, heave，以及 roll，如圖 9-2 所示。

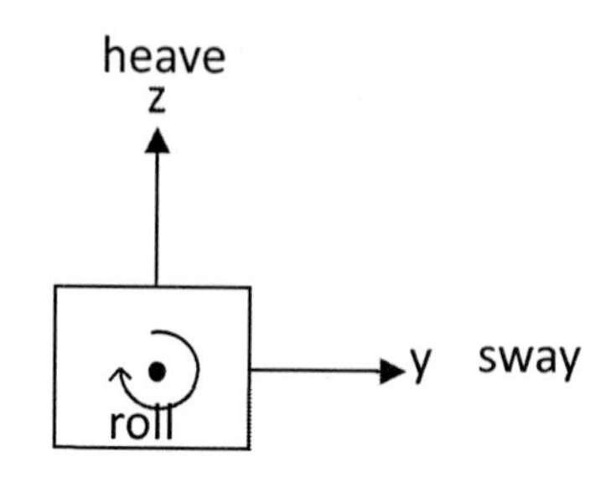

圖 9-2　二維 y-z 平面物體運動三個自由度

對於入射波浪和浮式結構物互相作用問題的分析，由於結構物運動多個自由度的關係，問題的分析本來就是相當複雜。為了容易了解理論解析的作法，以下特別以一維問題作說明。藉由一維問題的解析，除了顯現解析的作法外，也同時可以清楚的看出，目前普遍將結構物反應出來的波浪，分離成散射波和輻射波的原理。一維問題的解析也可說是延伸到二維或者三維問題最好的基礎。

9.1 一維結構物系統

最簡單的問題為一維的結構物運動，而結構物系統除了本身的質量（mass）外，則同時可以具有彈簧（spring）以及阻尼（damper）支撐，如圖 9-3 所示。

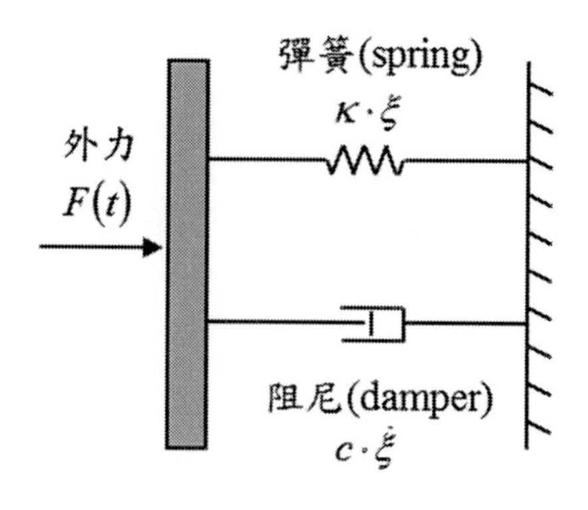

圖 9-3　一維結構物系統

結構物受外力作用力量的平衡如圖 9-4 所示，包括彈簧回復力，$\kappa\xi$，ξ 為位移，κ 為彈簧係數，阻尼力為 $c\dot{\xi}$，$\dot{\xi}=d\xi/dt$ 為速度，c 為阻尼係數，而慣性力（inertial force）則為 $m\ddot{\xi}$，$\ddot{\xi}=d^2\xi/dt^2$ 為加速度。

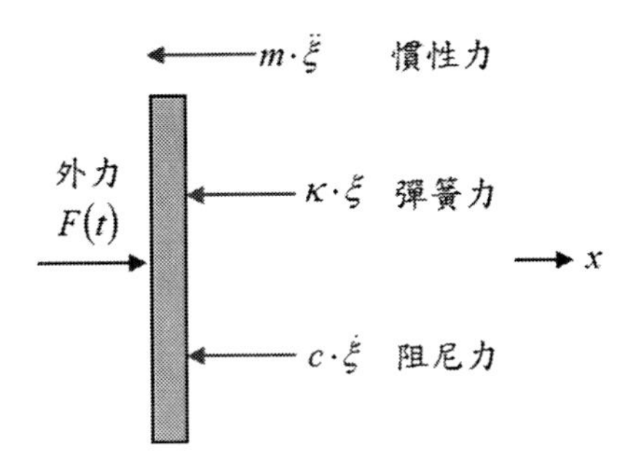

圖 9-4　一維結構物力的平衡圖

由圖 9-4 可看出力平衡式可寫出為：

$$m\ddot{\xi}+c\dot{\xi}+\kappa\xi=F(t) \tag{9-1}$$

上式為對時間的二階常微分方程式，且等號右邊不等於零，為非齊性式子。若外力為週期性：

$$F(t)=f\cdot e^{-i\omega t} \tag{9-2}$$

則在穩定週期性（steady and periodic）條件下，物體運動亦為週期性。

$$\xi(t)=s\cdot e^{-i\omega t} \tag{9-3}$$

即速度和加速度分別為：

$$\dot{\xi}(t)=-i\omega s\cdot e^{-i\omega t} \tag{9-4}$$

$$\ddot{\xi}(t)=-\omega^2 s\cdot e^{-i\omega t} \tag{9-5}$$

則力的平衡（9-1）式可寫為：

$$(-m\omega^2-i\omega c+\kappa)s\cdot e^{-i\omega t}=fe^{-i\omega t} \tag{9-6}$$

或表示為：

$$s=\frac{f}{(-m\omega^2-i\omega c+\kappa)} \tag{9-7}$$

上式中，s 為複數，表示物體運動和外力不一定同相位（in phase）。若阻尼$c=0$，則（9-7）式簡化為：

$$s=\frac{f}{(-m\omega^2+\kappa)} \tag{9-8}$$

（9-8）式可改寫為：

$$s=\frac{f/m}{(\omega_0^2-\omega^2)} \tag{9-9}$$

式中，$\omega_0=\sqrt{\kappa/m}$ 為結構物的自然頻率（natural frequency）。當 $\omega=\omega_0$ 時，即外力頻率等於結構物的自然頻率時，s 為無窮大，此時稱為共振（resonance）。結構物共振曲線如圖 9-5 所示，圖中 $\omega_0=3.87$ 。當結構系統有阻尼時共振曲線則為有限值，圖中顯示阻尼分別為 $c=0.5,1,2,4$ ，阻尼越大則自然頻率位置的共振越小。

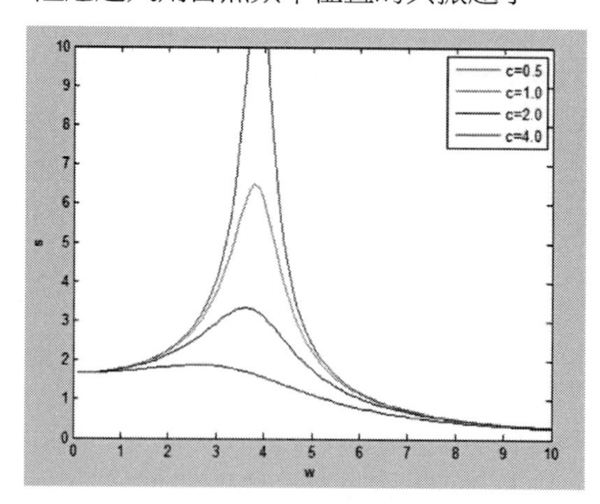

圖 9-5　結構物反應曲線（ $f=50, m=2, \kappa=30$ ）

9.2 一維波浪與結構物互制分析

就所考慮入射波浪作用在一維結構物系統的問題如圖 9-6 所示，入射波浪作用在右方的結構物系統上，由於結構物為直立板，入射波浪會產生反射波浪，同時，由於結構物受到波浪作用產生運動因而造出波浪。在此定義結構物前方的反射波和結構物造出的波浪合稱為反應波（response wave），意即入射波作用在會運動的結構物系統上產生反應波。

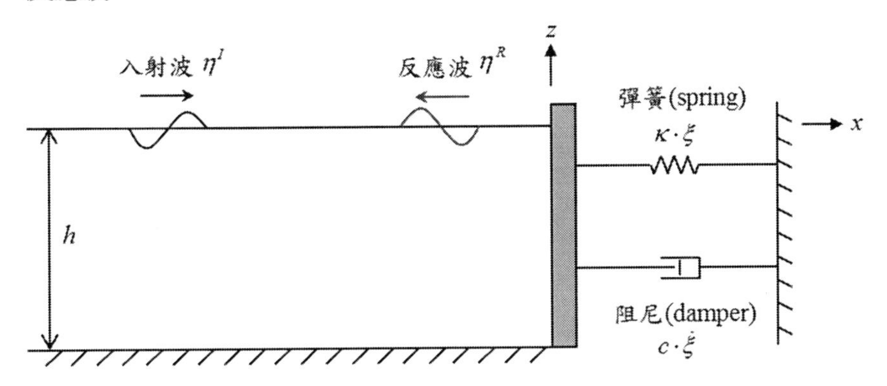

圖 9-6　入射波浪作用在結構系統問題定義圖

給定的入射波水位為：

$$\eta^I = \frac{H}{2} e^{i(Kx-\omega t)} \tag{9-11}$$

對應的波浪式函數可寫為：

$$\Phi^I(x,z,t) = i\frac{Hg}{2\omega}\frac{\cosh K(z+h)}{\cosh Kh} e^{iKx} e^{-i\omega t} \tag{9-10}$$

由於所求解為反應波，則描述波浪運動的控制方程式，以及自由水面、底床邊界條件、波浪傳遞方向條件皆適用。依據圖 9-6 所定的 x-z 座標，則反應波勢函數可寫出為：

$$\Phi^R(x,z,t)=\sum_{n=0}^{\infty}C_n\cos k_n(z+h)e^{k_n x}e^{-i\omega t} \tag{9-12}$$

式中，C_n 為待定係數。在結構物表面的邊界條件為：

$$-\frac{\partial(\Phi^I+\Phi^R)}{\partial x}=\dot{\xi}\text{ ， }x=0 \tag{9-13}$$

上式代入結構物運動速度 $\dot{\xi}(t)=-i\omega s e^{-i\omega t}$ ，以及入射波和反應波勢函數，（9-10）式和（9-12）式，可得：

$$\frac{HgK}{2\omega}\frac{\cosh K(z+h)}{\cosh Kh}-\sum_{n=0}^{\infty}C_n k_n\cos k_n(z+h)=-i\omega s \tag{9-14}$$

上式乘上水深正交函數 $\cos k_n(z+h)$ 後，對水深積分 $-h\le z\le 0$ 可得：

$$C_0=i\frac{Hg}{2\omega\cosh Kh}-\frac{\omega\sinh Kh}{N_0K^2}\cdot s \tag{9-15a}$$

$$C_n=i\omega\frac{\sin k_n h}{N_n k_n^2}\cdot s,\ n\ge 1 \tag{9-15b}$$

其中，定義 $k_0=-iK$ ，

$$N_0=\int_{-h}^{0}\cosh^2 K(z+h)dz \tag{9-16a}$$

$$N_n=\int_{-h}^{0}\cos^2 k_n(z+h)dz\text{ ， }n\ge 1 \tag{9-16b}$$

上述係數 C_0 和 C_n 均含有結構物運動振幅 s ，在此仍為未知，因此仍需再利用結構物運動方程式求得。在波浪與會動的結構物互相作用的問題分析中，一般需要利用到速度相等的條件，稱為運動邊界條件。另方面則需要利用到動力邊界條件，在此則為結構物運動方程式，利用到波浪場作用在結構物上的波浪作用力。

在結構物運動方程式中，等號右邊的外力項為其前方入射波和反應波合成之波浪作用力，可由流體壓力對水深積分，如圖 9-7，得到：

$$F(t)=\int_{-h}^{0}p(z,t)dz \tag{9-17}$$

其中

$$p(z,t)=\rho\frac{\partial}{\partial t}\left(\Phi^{I}+\Phi^{R}\right)\text{，}\ x=0 \tag{9-18}$$

（9-18）式代入入射波和反應波表示式，（9-10）式和（9-12）式，可得壓力表示式為：

$$p(z,t)=\rho\left(\frac{Hg}{2}\frac{\cosh K(z+h)}{\cosh Kh}-i\omega\sum_{n=0}^{\infty}C_n\cos k_n(z+h)\right)e^{-i\omega t} \tag{9-19}$$

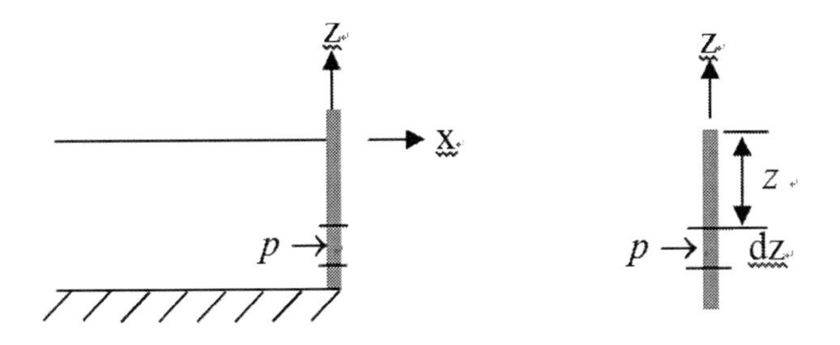

圖 9-7　結構物前方波浪作用力之計算

波浪作用力由（9-19）式代入（9-17）式可以得到：

$$F(t)=\rho\left(\frac{Hg}{2K}\frac{\sinh Kh}{\cosh Kh}-i\omega\sum_{n=0}^{\infty}\frac{C_n}{k_n}\sin k_n h\right)e^{-i\omega t} \tag{9-20}$$

將（9-20）式波浪作用力代入結構物運動方程式（9-1）式可得：

$$(-m\omega^2-i\omega c+\kappa)se^{-i\omega t}=\rho\left(\frac{Hg}{2K}\frac{\sinh Kh}{\cosh Kh}-i\omega\sum_{n=0}^{\infty}\frac{C_n}{k_n}\sin k_n h\right)e^{-i\omega t} \tag{9-21}$$

（9-21）式消去時間函數 $e^{-i\omega t}$ ，整理可得：

$$(-m\omega^2 - i\omega c + \kappa)s = \frac{\rho Hg}{2K}\frac{\sinh Kh}{\cosh Kh} + \omega\rho\frac{C_0}{K}\left(-i\sinh Kh\right) - i\omega\rho\sum_{n=1}^{\infty}\frac{C_n}{k_n}\sin k_n h \quad (9\text{-}22)$$

將係數C_0和C_n表示式，(9-15a, b)式，代入(9-22)式，可得：

$$\begin{aligned}(-m\omega^2 - i\omega c + \kappa)\cdot s = &\frac{\rho Hg}{2K}\frac{\sinh Kh}{\cosh Kh} + \frac{\rho Hg}{2K}\frac{\sinh Kh}{\cosh Kh}\\ &+ i\frac{\omega^2\rho\sinh^2 Kh}{N_0K^3}\cdot s + \omega^2\rho\sum_{n=1}^{\infty}\frac{\sin^2 k_n h}{N_n k_n^3}\cdot s\end{aligned} \quad (9\text{-}23)$$

式中，等號右邊第一及二項代表結構物固定時之入射波和反射波作用力，第三及四項則代表物體作 s 振幅的造波運動所產生的波浪場作用力，包含進行波與振盪波之作用力。(9-23)式可以進一步寫為：

$$\begin{aligned}(-m\omega^2 - i\omega c + \kappa)\cdot s = &\frac{\rho Hg}{2K}\frac{\sinh Kh}{\cosh Kh} + \frac{\rho Hg}{2K}\frac{\sinh Kh}{\cosh Kh}\\ &+ \left(i\frac{\omega^2\rho\sinh^2 Kh}{N_0K^3} + \omega^2\rho\sum_{n=1}^{\infty}\frac{\sin^2 k_n h}{N_n k_n^3}\right)\cdot s\end{aligned} \quad (9\text{-}24)$$

式中，等號右邊為作用結構物上的波浪作用力，第一項和第二項分別為入射波和反射波作用力；第三項則代表振幅 s 造波得到的波浪作用力。以(9-24)式等號右邊的表示式，可以說如果有了等號右邊表示式則波浪和結構物問題的求解就可以直接計算。即求解入射波作用在結構物系統的問題，就是分別由結構物固定得到入射波和反射波波浪作用力，加上單位振幅結構物造波得到波浪作用力乘上未知的結構物運動振幅，然後合成起來的表示式就是結構物方程式等號右邊的外力表示式。

對(9-24)式的求解，可將等號右邊含有運動振幅 s 的部份移到等號左邊。留意到，等號右邊第三項含有虛數 i 的表示式併入阻尼項，而另一表示式則併入慣性力項。整式可以重寫為：

$$\left[-\omega^2\left(m+m_A\right)-i\omega\left(c+c_R\right)+\kappa\right]\cdot s=2\frac{\rho Hg}{2K}\frac{\sinh Kh}{\cosh Kh} \tag{9-25}$$

其中

$$m_A=\omega^2\rho\sum_{n=1}^{\infty}\frac{\sin^2 k_n h}{N_n k_n^3} \tag{9-26a}$$

$$c_R=\frac{\omega\rho\sinh^2 Kh}{N_0 K^3} \tag{9-26b}$$

m_A 稱為 added mass（附加質量），c_R 稱為 radiation damping（輻射阻尼）。由表示式可以看出 m_A 由振盪波計算（$n\geq 1$），c_R 則由進行波（$n=0$）計算。在說明上則為，進行波往外傳遞帶走能量，對結構物系統而言相當於阻尼效應，而振盪波在物體前方振盪，形成附加質量。

由（9-25）式，結構物運動振幅則可以解出為：

$$s=\frac{2\dfrac{\rho Hg}{2K}\dfrac{\sinh Kh}{\cosh Kh}}{-\omega^2\left(m+m_A\right)-i\omega\left(c+c_R\right)+\kappa} \tag{9-27}$$

式中，分子部份主要由入射波浪和反射波浪組成。利用（9-27）式，結構物運動振幅 s 計算出後，則反應波 Φ^R 可以代入計算。

$$\Phi^R(x,z,t)=\sum_{n=0}^{\infty}C_n\cos k_n(z+h)e^{k_n x}e^{-i\omega t} \tag{9-28}$$

式中

$$C_0=i\frac{Hg}{2\omega\cosh Kh}-\frac{\omega\sinh Kh}{N_0K^2}s \tag{9-29a}$$

$$C_n=i\omega\frac{\sin k_n h}{N_n k_n^2}s,\ n\geq 1 \tag{9-29b}$$

反應波的水位則為：

$$\eta^R(x,t)=\frac{1}{g}\frac{\partial\Phi^R}{\partial t}\bigg|_{z=0} \\ =\sum_{n=0}^{\infty}\frac{-i\omega}{g}C_n\cos k_n h\cdot e^{k_n x}e^{-i\omega t} \tag{9-30}$$

上式配合（9-29a）式和（9-29b）式可知，反應波包含反射波加上造波振幅為 s 的結構物造出的波浪。

$$\eta^R(x,t)=\frac{\mathrm{H}}{2}e^{-i(Kx+\omega t)}+s\cdot\sum_{n=1}^{\infty}\frac{\omega^2}{g}\frac{\sin k_n h}{N_n k_n^2}\cos k_n h\cdot e^{k_n x}e^{-i\omega t} \tag{9-31}$$

由（9-31）式，結構物前方的波浪場則為入射波加上反射波，以及結構物運動振幅為 s 造出的波浪。至此，一維問題的入射波浪與一個自由度結構物運動的互相作用問題已理論解析完成。

藉由上述求解入射波浪與一個自由度結構物系統互相作用問題的分析，可以另外整理對此類問題的分析方法。由計算結構物運動振幅的表示式，（9-27）式，可以看出，等號右邊僅含入射波和反射波，意即需要求解結構物固定時的全反射波浪問題。另外，附加質量和輻射阻尼表示式則由單位運動振幅的造波問題得到，意即需要求解單位運動振幅的造波問題。因此，對於波浪和一維結構物系統互相作用的問題，如圖 9-8 所示，可以分解成全反射問題，如圖 9-9，加上單位振幅造波問題，如圖 9-10，再配合結構物運動方程式求解。

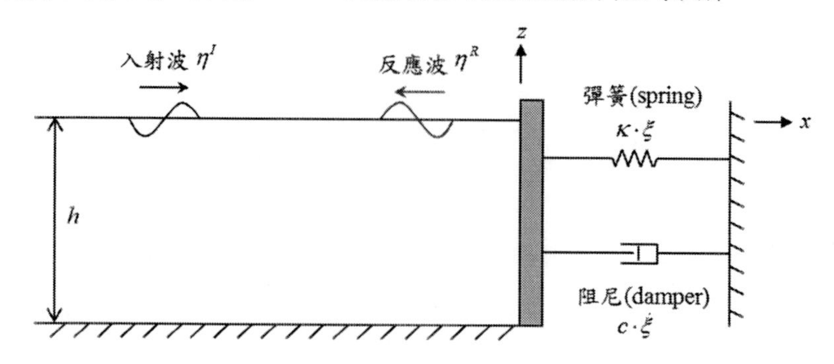

圖 9-8　入射波與一維結構物系統互相作用問題

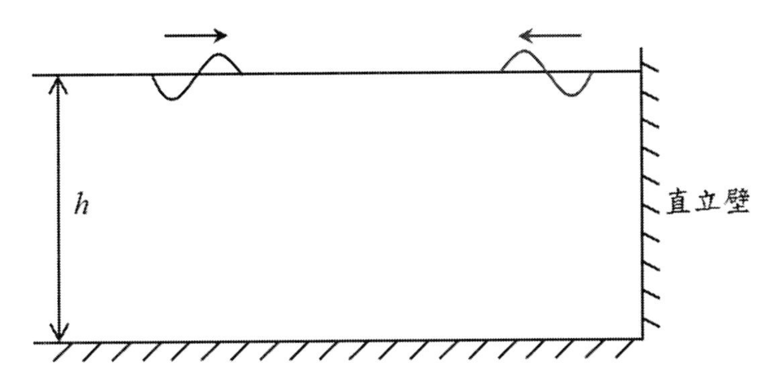

圖 9-9　入射波作用在直立壁的全反射問題

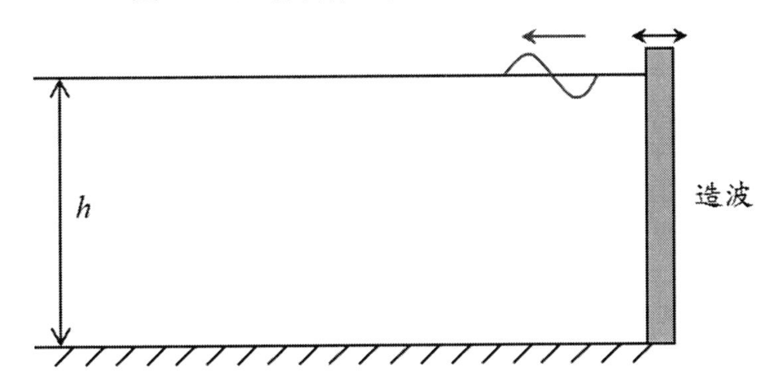

圖 9-10　單位運動振幅造波問題

由於波浪場的求解加上結構物運動造波，波浪和結構物互制問題的分析概念變得比較模糊，前述一維問題的解析可以提供很好的概念來分析二維或者三維問題。因此在分析上，一般都把問題按照上述一維問題分析方法處理，即把問題分解成結構物固定的波浪場求解，以及結構物單位振幅運動的造波問題求解。以二維問題而言，則互相作用問題分解成，結構物固定受入射波浪作用的散射問題（scattering problem），以及三個自由度，單位振幅結構物造波幅射問題（radiation problem）。就三維問題而言，則分解成結構物固定受入射波浪作用的繞射問題（diffraction problem），以及六個自由度，單位振幅結構物造波幅射問題（radiation problem）。而無論二維或者三維問題，都需要再配合結構物運動方程式求解結構物運動振幅，以完成整個互相作用問題的求解。當然，以理論的概念來說，這樣的分離求解方法僅僅是提供一個簡單明確的求解概念藉以依循去求解問題。如果不作散射和輻射的分離逕行求解也是可行（鄭，2010）。

【參考文獻】

1. 鄭宇君，繫纜浮式結構物和波浪互相作用之數值計算，碩士論文，國立成功大學水利及海洋工程系，2010。

9.3 二維波浪和水中浮式結構物互制分析

對於二維的波浪和結構物互制問題說明，考慮如圖 9-11 所示的水中浮式結構物受到入射波作用。而結構物也有繫纜錨碇到底床，繫纜則用彈簧模擬。直角座標系統以圓點定在靜水位上。等水深h，結構物寬度2ℓ，結構物吃水深d_1，結構物距離底床d_2。錨碇彈簧分別為$\overline{AB}$和$\overline{CD}$。入射波為η^I反射波η^R而透過波為η^T。

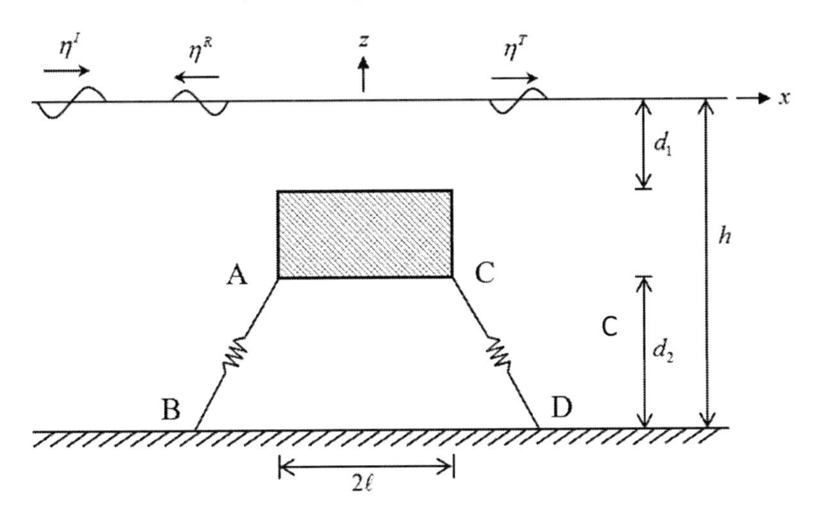

圖 9-11　水中錨碇浮式結構示意圖

所使用的入射波勢函數給定為：

$$\Phi^I(x,z,t)=\frac{igA^I}{\omega}\cdot\frac{\cosh K(z+h)}{\cosh Kh}\cdot e^{i(Kx-\omega t)} \tag{9-32}$$

其中，A^I為入射波振幅，K為週波數，ω為角頻率，g為重力常數，$i=\sqrt{-1}$。理論解析這個問題，整個領域分成四區如圖 9-12 所示。結構物左側為（1）區、結構物上方為（2）區、結構物後方為（3）區、結構物下方為（4）區。

依據前節一維問題的解析，所求解波浪場可以分為入射波、散射波、和輻射波的合成，表示為：

$$\phi = \phi^I + \phi^D + \sum_{j=1}^{3} s_j \cdot \phi^j \tag{9-33}$$

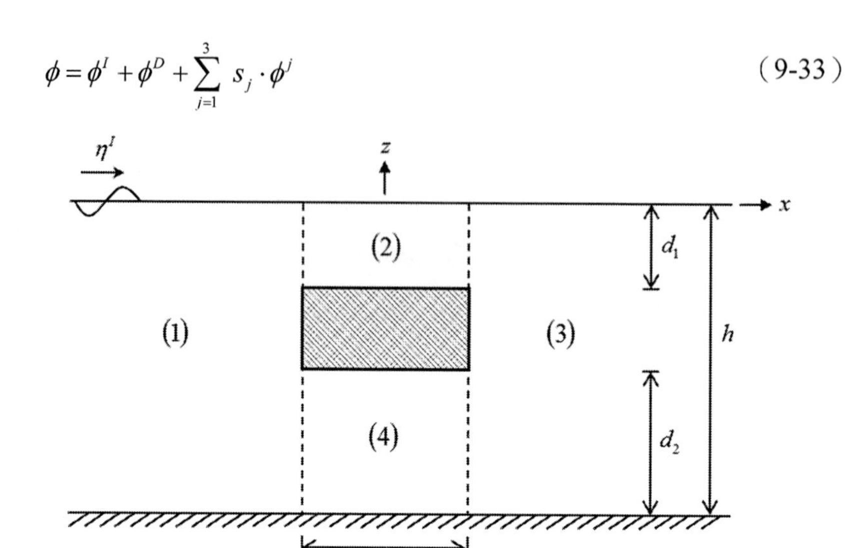

圖 9-12　理論解析問題領域分區圖

其中，右上標D代表散射波，s_j為結構物第j自由度的振幅、ϕ^j則為對應的單位振幅浮射波波浪勢函數，j = 1, 2, 3 分別代表水平 surge、垂直 heave、轉動 pitch 三個方向的運動。四個區域的散射波以及三個自由度的輻射波可以表示如下：

<u>區域（1）</u>：$(-\infty \le x \le -\ell, -h \le z \le 0)$

$$\phi_1^D = \sum_{n=0}^{\infty} B_{1n}^D \cos[k_n(z+h)] e^{k_n(x+\ell)} \tag{9-34}$$

$$\phi_1^1 = \sum_{n=0}^{\infty} B_{1n}^1 \cos[k_n(z+h)] e^{k_n(x+\ell)} \tag{9-35}$$

$$\phi_1^2 = \sum_{n=0}^{\infty} B_{1n}^2 \cos[k_n(z+h)] e^{k_n(x+\ell)} \tag{9-36}$$

$$\phi_1^3 = \sum_{n=0}^{\infty} B_{1n}^3 \cos[k_n(z+h)] e^{k_n(x+\ell)} \tag{9-37}$$

其中，k_n滿足

$$\omega^2 = -gk_n \tan k_n h, \quad n = 0,1,2\cdots\infty \tag{9-38}$$

區域（3）：$(\ell \le x \le \infty, -h \le z \le 0)$

$$\phi_3^D = \sum_{n=0}^{\infty} A_{3n}^D \cos[k_n(z+h)]e^{-k_n(x-\ell)} \tag{9-39}$$

$$\phi_3^1 = \sum_{n=0}^{\infty} A_{3n}^1 \cos[k_n(z+h)]e^{-k_n(x-\ell)} \tag{9-40}$$

$$\phi_3^2 = \sum_{n=0}^{\infty} A_{3n}^2 \cos[k_n(z+h)]e^{-k_n(x-\ell)} \tag{9-41}$$

$$\phi_3^3 = \sum_{n=0}^{\infty} A_{3n}^3 \cos[k_n(z+h)]e^{-k_n(x-\ell)} \tag{9-42}$$

區域（4）：$(-\ell \le x \le \ell, -h \le z \le -h + d_2)$

$$\phi_4^D = \left(A_{40}^D x + B_{40}^D\right) + \sum_{n=1}^{\infty}\left[A_{4n}^D e^{-k_{4n}(x+\ell)} + B_{4n}^D e^{k_{4n}(x-\ell)}\right]\cos[k_{4n}(z+h)] \tag{9-43}$$

$$\phi_4^1 = \left(A_{40}^1 x + B_{40}^1\right) + \sum_{n=1}^{\infty}\left[A_{4n}^1 e^{-k_{4n}(x+\ell)} + B_{4n}^1 e^{k_{4n}(x-\ell)}\right]\cos[k_{4n}(z+h)] \tag{9-44}$$

$$\phi_4^2 = \left(A_{40}^2 x + B_{40}^2\right) + \sum_{n=1}^{\infty}\left[A_{4n}^2 e^{-k_{4n}(x+\ell)} + B_{4n}^2 e^{k_{4n}(x-\ell)}\right]\cos[k_{4n}(z+h)] + \sum_{n=1}^{\infty} F_{4n}^2 \cosh\kappa_n(z+h)\sin\kappa_n(x+\ell) \tag{9-45}$$

$$\phi_4^3 = \left(A_{40}^3 x + B_{40}^3\right) + \sum_{n=1}^{\infty}\left[A_{4n}^3 e^{-k_{4n}(x+\ell)} + B_{4n}^3 e^{k_{4n}(x-\ell)}\right]\cos[k_{4n}(z+h)] + \sum_{n=1}^{\infty} F_{4n}^3 \cosh\kappa_n(z+h)\sin\kappa_n(x+\ell) \tag{9-46}$$

式中，k_{4n}，κ_n，F_{4n}^2, and F_{4n}^3如下：

$$k_{4n} = n\pi/d_2, \quad n = 1,2,\cdots\infty \tag{9-47}$$

$$\kappa_n = n\pi/2\ell,\ n = 1,2,\cdots\infty \tag{9-48}$$

$$F_{4n}^2 = \frac{i\omega s_2(1-\cos 2\kappa_n \ell)}{\ell \kappa_n^{\ 2} \sinh \kappa_n d_2},\ n = 1,2,\cdots\infty \tag{9-49}$$

$$F_{4n}^3 = \frac{-i\omega s_3(1+\cos 2\kappa_n \ell)}{\kappa_n^{\ 2} \sinh \kappa_n d_2},\ n = 1,2,\cdots\infty \tag{9-50}$$

區域（2）的通解則為：

$$\phi_2^D = \sum_{n=0}^{\infty}\left[A_{2n}^D e^{-k_{2n}(x+\ell)} + B_{2n}^D e^{k_{2n}(x-\ell)}\right]\cos[k_{2n}(z+d_1)] \tag{9-51}$$

$$\phi_2^1 = \sum_{n=0}^{\infty}\left[A_{2n}^1 e^{-k_{2n}(x+\ell)} + B_{2n}^1 e^{k_{2n}(x-\ell)}\right]\cos[k_{2n}(z+d_1)] \tag{9-52}$$

$$\begin{aligned}\phi_2^2 = &\sum_{n=0}^{\infty}\left[A_{2n}^2 e^{-k_{2n}(x+\ell)} + B_{2n}^2 e^{k_{2n}(x-\ell)}\right]\cos[k_{2n}(z+d_1)] \\ &+ \sum_{n=1}^{\infty} D_{2n}^2\left(\mu_{n1} e^{\kappa_n(z-h)} + \mu_{n2} e^{-\kappa_n(z+h)}\right)\sin \kappa_n (x+\ell)\end{aligned} \tag{9-53}$$

$$\begin{aligned}\phi_2^3 = &\sum_{n=0}^{\infty}\left[A_{2n}^3 e^{-k_{2n}(x+\ell)} + B_{2n}^2 e^{k_{2n}(x-\ell)}\right]\cos[k_{2n}(z+d_1)] \\ &+ \sum_{n=1}^{\infty} D_{2n}^3\left(\mu_{n1} e^{\kappa_n(z-h)} + \mu_{n2} e^{-\kappa_n(z+h)}\right)\sin \kappa_n (x+\ell)\end{aligned} \tag{9-54}$$

其中，k_{2n} 滿足：

$$\omega^2 = -g k_{2n} \tan k_{2n} d_1,\ n = 0,1,2\cdots\infty \tag{9-55}$$

$$D_{2n}^2 = \frac{i\omega s_2(1-\cos 2\kappa_n \ell)}{\ell \kappa_n^{\ 2}\left(\mu_{n1} e^{\kappa_n(-d_1-h)} - \mu_{n2} e^{-\kappa_n(-d_1+h)}\right)},\ n = 1,2,\cdots\infty \tag{9-56}$$

$$D_{3n}^2 = \frac{-i\omega s_3(1+\cos 2\kappa_n \ell)}{\kappa_n^{\ 2}\left(\mu_{n1} e^{\kappa_n(-d_1-h)} - \mu_{n2} e^{-\kappa_n(-d_1+h)}\right)},\ n = 1,2,\cdots\infty \tag{9-57}$$

$$\mu_{n1} = \kappa_n + \omega^2/g,\ n = 1,2,\cdots\infty \tag{9-58}$$

$$\mu_{n2} = \kappa_n - \omega^2/g，\ n = 1,2,\cdots\infty \tag{9-59}$$

前述四個分區的散射波和三個自由度的輻射波波浪勢函數，表示式裡面的未定係數則需要藉由相鄰兩區交界邊界的速度和壓力連續條件來聯立求解。例如轉動 pitch 的輻射問題：

在 $x = -\ell$ 邊界：

速度連續：

$$\frac{\partial \phi_1^3}{\partial x} = \frac{\partial \phi_2^3}{\partial x} + i\omega s_3(z - z_0) + \frac{\partial \phi_4^3}{\partial x} \tag{9-60}$$

壓力連續：

$$\phi_1^3 = \phi_2^3 \tag{9-61}$$

$$\phi_1^3 = \phi_4^3 \tag{9-62}$$

在 $x = +\ell$ 邊界：

速度連續：

$$\frac{\partial \phi_2^3}{\partial x} + i\omega s_3(z - z_0) + \frac{\partial \phi_4^3}{\partial x} = \frac{\partial \phi_3^3}{\partial x} \tag{9-63}$$

壓力連續：

$$\phi_2^3 = \phi_3^3 \tag{9-64}$$

$$\phi_4^3 = \phi_3^3 \tag{9-65}$$

（9-60）~（9-65）式分別乘上對應的正交函數可得：

在 $x = -\ell$ 邊界：

$$\int_{-h}^{0}\frac{\partial\phi_1^3}{\partial x}\cos k_m(z+h)dz=\int_{-d_1}^{0}\frac{\partial\phi_2^3}{\partial x}\cos k_m(z+h)dz$$
$$+\int_{-h+d_2}^{-d_1}i\omega s_3(z-z_0)\cos k_m(z+h)dz+\int_{-h}^{-h+d_2}\frac{\partial\phi_4^3}{\partial x}\cos k_m(z+h)dz \tag{9-66}$$

$$\int_{-d_1}^{0}\phi_1^3\cos k_{2m}(z+d_1)dz=\int_{-d_1}^{0}\phi_2^3\cos k_{2m}(z+d_1)dz+\int_{-d_1}^{0}\phi_4^3\cos k_{2m}(z+d_1)dz \tag{9-67}$$

$$\int_{-h}^{-h+d_2}\phi_1^3\cos k_{4m}(z+h)dz=\int_{-h}^{-h+d_2}\phi_2^3\cos k_{4m}(z+h)dz+\int_{-h}^{-h+d_2}\phi_4^3\cos k_{4m}(z+h)dz \tag{9-68a}$$

$$\int_{-h}^{-h+d_2}\phi_1^3dz=\int_{-h}^{-h+d_2}\phi_2^3dz+\int_{-h}^{-h+d_2}\phi_4^3dz \tag{9-68b}$$

在 $x=+\ell$ 邊界：

$$\int_{-d_1}^{0}\frac{\partial\phi_2^3}{\partial x}\cos k_m(z+h)dz+\int_{-h+d_2}^{-d_1}i\omega s_3(z-z_0)\cos k_m(z+h)dz$$
$$+\int_{-h}^{-h+d_2}\frac{\partial\phi_4^3}{\partial x}\cos k_m(z+h)dz=\int_{-h}^{0}\frac{\partial\phi_3^3}{\partial x}\cos k_m(z+h)dz \tag{9-69}$$

$$\int_{-d_1}^{0}\phi_2^3\cos k_{2m}(z+d_1)dz+\int_{-d_1}^{0}\phi_4^3\cos k_{2m}(z+d_1)dz=\int_{-d_1}^{0}\phi_3^3\cos k_{2m}(z+d_1)dz \tag{9-70}$$

$$\int_{-h}^{-h+d_2}\phi_2^3\cos k_{4m}(z+h)dz+\int_{-h}^{-h+d_2}\phi_4^3\cos k_{4m}(z+h)dz=\int_{-h}^{-h+d_2}\phi_3^3\cos k_{4m}(z+h)dz \tag{9-71a}$$

$$\int_{-h}^{-h+d_2}\phi_2^3dz+\int_{-h}^{-h+d_2}\phi_4^3dz=\int_{-h}^{-h+d_2}\phi_3^3dz \tag{9-71b}$$

（9-66）式~（9-71）式經由積分和整理聯立則可以藉由矩陣求解得到波浪勢函數表示式裡面的未定係數。當散射波和三個自由度的單位輻射波都求解完之後，則可以計算作用在浮式結構物上的三個自由度波力，然後代入結構物運動方程式求解運動振幅。

水中浮式結構物的運動方程式可以表示為：

$$[M]\begin{Bmatrix}\ddot{\xi}_1\\ \ddot{\xi}_2\\ \ddot{\xi}_3\end{Bmatrix}=\begin{Bmatrix}F_1\\ F_2\\ F_3\end{Bmatrix}-\begin{Bmatrix}T_x\\ T_z\\ T_\theta\end{Bmatrix} \tag{9-72}$$

其中，質量矩陣$[M]$可以寫為：

$$[M]=\begin{bmatrix} m & 0 & m(z_c-z_0)\\ 0 & m & -m(x_c-x_0)\\ m(z_c-z_0) & -m(x_c-x_0) & I_0\end{bmatrix} \tag{9-73}$$

式中，m為浮式結構物的質量，(x_0,z_0)為形心，

(x_c,z_c)為轉動中心，結構物在 surge, heave, roll 三個方向的位移則分別為ξ_1，ξ_2，ξ_3。

（9-72）式等號右邊第一項為波浪作用力，第二項為錨碇彈簧的回復力（restoring force）。波浪作用力可以由結構物周遭的波浪壓力對結構表面積積分得到，可以表示為：

$$F=-i\omega\rho\cdot e^{-i\omega t}\int_S \phi dS \tag{9-74}$$

其中S為結構物表面積。至於錨碇彈簧的回復力則可以利用結構物的運動位移以及錨碇角度表示為：

$$T_{\overline{AB}}=\begin{bmatrix} K_{xx}^{\overline{AB}} & K_{xz}^{\overline{AB}} & K_{x\theta}^{\overline{AB}}\\ K_{zx}^{\overline{AB}} & K_{zz}^{\overline{AB}} & K_{z\theta}^{\overline{AB}}\\ K_{\theta x}^{\overline{AB}} & K_{\theta z}^{\overline{AB}} & K_{\theta\theta}^{\overline{AB}}\end{bmatrix}\begin{bmatrix}\xi_1\\ \xi_2\\ \xi_3\end{bmatrix} \tag{9-75}$$

$$T_{\overline{CD}}=\begin{bmatrix} K_{xx}^{\overline{CD}} & K_{xz}^{\overline{CD}} & K_{x\theta}^{\overline{CD}}\\ K_{zx}^{\overline{CD}} & K_{zz}^{\overline{CD}} & K_{z\theta}^{\overline{CD}}\\ K_{\theta x}^{\overline{CD}} & K_{\theta z}^{\overline{CD}} & K_{\theta\theta}^{\overline{CD}}\end{bmatrix}\begin{bmatrix}\xi_1\\ \xi_2\\ \xi_3\end{bmatrix} \tag{9-76}$$

其中

$$K_{xx}^{\overline{AB}} = K_{xx}^{\overline{CD}} = K_s \cos^2\theta \qquad (9\text{-}77)$$

$$K_{xz}^{\overline{AB}} = K_{zx}^{\overline{AB}} = -K_{xz}^{\overline{CD}} = -K_{zx}^{\overline{CD}} = K_s \cos\theta \sin\theta \qquad (9\text{-}78)$$

$$K_{x\theta}^{\overline{AB}} = K_{\theta x}^{\overline{AB}} = K_{x\theta}^{\overline{CD}} = K_{\theta x}^{\overline{CD}} = K_s\left[-0.5(h-d_1-d_2)\cos^2\theta - \ell\cos\theta\sin\theta\right] \qquad (9\text{-}79)$$

$$K_{zz}^{\overline{AB}} = K_{zz}^{\overline{CD}} = K_s \sin^2\theta \qquad (9\text{-}80)$$

$$K_{z\theta}^{\overline{AB}} = K_{\theta z}^{\overline{AB}} = -K_{z\theta}^{\overline{CD}} = -K_{\theta z}^{\overline{CD}} = K_s\left[0.5(h-d_1-d_2)\cos\theta\sin\theta + \ell\sin^2\theta\right] \qquad (9\text{-}81)$$

將波浪作用力和彈簧回復力表示式代入結構物運動方程式，（9-72）式，三個自由度的表示式可以得到為：

水平力：

$$\begin{aligned}
-\omega^2 m s_1 = -i\omega\rho &\left\{\int_{-h+d_2}^{-d_1}\left[\left(\phi^I+\phi_1^D\right)\Big|_{x=-\ell} - \phi_3^D\Big|_{x=\ell}\right]dz \right.\\
&\left. + s_1\cdot\int_{-h+d_2}^{-d_1}\left[\phi_1^1\Big|_{x=-\ell} - \phi_3^1\Big|_{x=\ell}\right]dz + s_3\cdot\int_{-h+d_2}^{-d_1}\left[\phi_1^3\Big|_{x=-\ell} - \phi_3^3\Big|_{x=\ell}\right]dz\right\} \\
&- K_{xx}s_1 - K_{x\theta}s_3
\end{aligned} \qquad (9\text{-}82)$$

垂直力：

$$\begin{aligned}
-\omega^2 m s_2 = -i\omega\rho &\left\{\int_{-\ell}^{\ell}\left[\phi_4^D\Big|_{z=-h+d_2} - \phi_2^D\Big|_{x=-d_1}\right]dx \right.\\
&\left. + s_2\cdot\int_{-\ell}^{\ell}\left[\phi_4^2\Big|_{z=-h+d_2} - \phi_2^2\Big|_{x=-d_1}\right]dx\right\} - K_{zz}s_2
\end{aligned} \qquad (9\text{-}83)$$

力矩：

$$\begin{aligned}
-\omega^2 m s_3 = -i\omega\rho &\left\{\int_{-h+d_2}^{-d_1}(z-z_0)\left[\left(\phi^I+\phi_1^D\right)\Big|_{x=-\ell} - \phi_3^D\Big|_{x=\ell}\right]dz \right.\\
&- \int_{-\ell}^{\ell}x\left[\phi_4^D\Big|_{z=-h+d_2} - \phi_2^D\Big|_{x=-d_1}\right]dx + s_1\cdot\int_{-h+d_2}^{-d_1}(z-z_0)\left[\phi_1^1\Big|_{x=-\ell} - \phi_3^1\Big|_{x=\ell}\right]dz \\
&- s_1\cdot\int_{-\ell}^{\ell}x\left[\phi_4^1\Big|_{z=-h+d_2} - \phi_2^1\Big|_{x=-d_1}\right]dx + s_3\cdot\int_{-h+d_2}^{-d_1}(z-z_0)\left[\phi_1^3\Big|_{x=-\ell} - \phi_3^3\Big|_{x=\ell}\right]dz \\
&\left. - s_3\cdot\int_{-\ell}^{\ell}x\left[\phi_4^3\Big|_{z=-h+d_2} - \phi_2^3\Big|_{x=-d_1}\right]dx\right\} - K_{\theta x}s_1 - K_{\theta\theta}s_3
\end{aligned} \qquad (9\text{-}84)$$

（9-82）式~（9-84）式需要進一步將結構物變數整理到等號左邊，則得到的矩陣式子可以表示為：

$$\left(-\omega^2[M]+i\omega\rho\left[f^R\right]+[K]\right)\begin{Bmatrix} s_1 \\ s_2 \\ s_3 \end{Bmatrix}=-i\omega\rho\begin{Bmatrix} f_1^D \\ f_3^D \\ f_3^D \end{Bmatrix} \qquad (9\text{-}85)$$

由（9-85）式可得：

$$\{s\}=\frac{-i\omega\rho\left\{f^D\right\}}{-\omega^2[M]+i\omega\rho\left[f^R\right]+[K]} \qquad (9\text{-}86)$$

求解（9-86）式可以得到結構物運動振幅s_1，s_2，s_3，然後波浪場也都可以計算得到。至此則二維的波浪和水中浮式結構物互相作用的問題完成求解。

藉由前述得到的入射波與水中浮式結構物互相作用的解析解，可以由反射率和透過率的能量守恆測試理論解的正確性。如圖 9-13 所示：

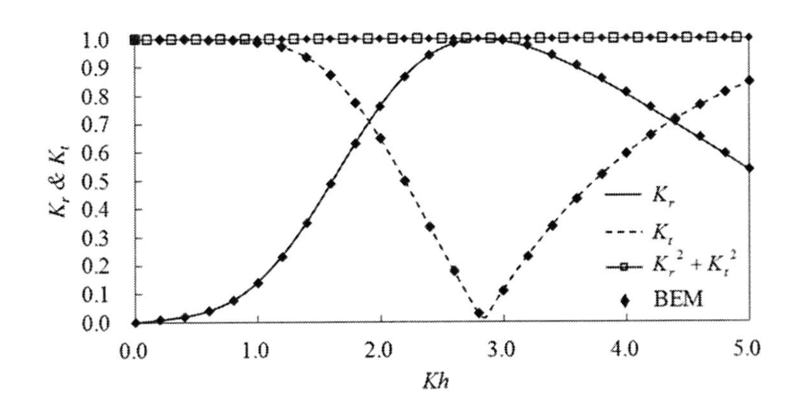

圖 9-13　反射率和透過率與相對水深關係圖

由於有考慮彈簧的錨碇，水中浮式結構物可以非常靠近水面模擬水面結構物的特性，也可以相當接近水底模擬潛堤。不過，相當接近水面或者水底畢竟還是有很小的間隙，會有某種程度的效應；另一方面，彈簧儘管給相當大的勁度仍然具有自然頻率的效應，和固定仍然有差異。圖 9-14 為潛堤反射率模擬的結果，其中有兩種配置情形，汗前人研究比較結果相當接近。圖 9-15 則為和水面固定結構物的結果反射率比較，由圖可以看出水面間隙的效應有某種程度的影響。

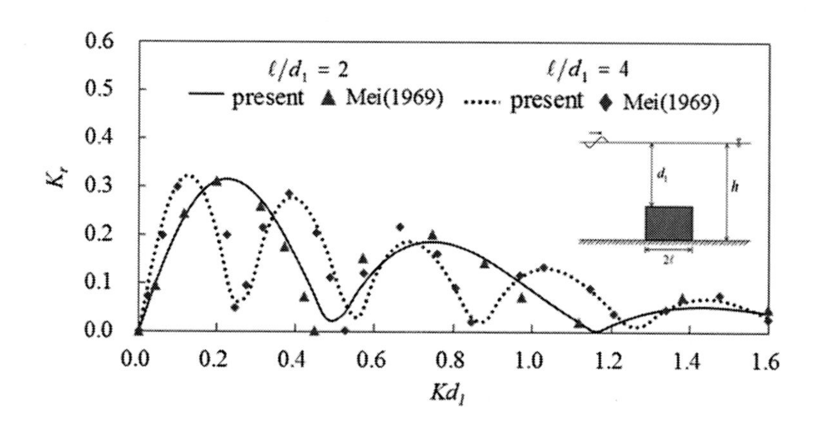

圖 9-14　水中浮式結構物模擬潛堤反射率之比較

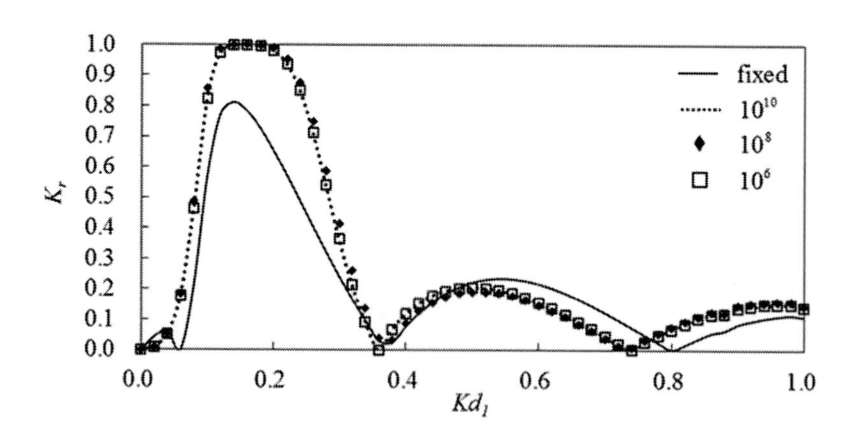

圖 9-15　水中浮式結構物模擬水面固定結構反射率之比較

9.4 考慮繫纜上的波力

作用於錨碇繫纜上的波浪作用力可以利用線性化的 Morison equation (Lee, 1994) 來計算：

$$dF^M = \frac{\rho C_{D\ell} D_S}{2}\left(U - \dot{\varsigma}\right)dS + \frac{\rho\pi C_M D_S^2}{4}\left(\dot{U} - \ddot{\varsigma}\right)dS \tag{9-87}$$

其中，ρ 是流體密度、D_s 為繫纜的直徑、U 和 $\dot{U}$ 分別為繫纜法線方向的速度和加速度。C_M 為虛擬質量係數、$\dot{\varsigma}$ 與 $\ddot{\varsigma}$ 則為繫纜的速度和加速度。線性拖曳力係數可計算得到為：

$$C_{D\ell} = \frac{4C_D}{3\pi\omega}\frac{\int_{-h}^{-h+d_2}\left|U - \dot{\varsigma}\right|^3 dz}{\int_{-h}^{-h+d_2}\left|U - \dot{\varsigma}\right|^2 dz} \tag{9-88}$$

留意到，繫纜的運動需要求解才為已知。因此，整個問題的完整求解需要藉由疊代計算，求得繫纜的運動參數之後更新纜繩的受力，再重新計算整個問題直到收斂為止。另外，目前繫纜為使用彈簧作近似，但是彈簧無法承受側向力，在計算上則將彈簧受力轉換為作用在繫留點（attach points）。彈簧所受波力轉換到作用在繫留點 A 和 C 的力可表示為：

$$F_A^M = \frac{\csc\theta}{d_2}\int_{-h}^{-h+d_2}\left[\frac{\rho C_{D\ell} D_S}{2}\left(U_1 - \dot{\varsigma}_{\overline{AB}}\right) + \frac{\rho\pi C_M D_S^2}{4}\left(\dot{U}_1 - \ddot{\varsigma}_{\overline{AB}}\right)\right]dz \tag{9-89}$$

$$F_C^M = \frac{\csc\theta}{d_2}\int_{-h}^{-h+d_2}\left[\frac{\rho C_{D\ell} D_S}{2}\left(U_3 - \dot{\varsigma}_{\overline{CD}}\right) + \frac{\rho\pi C_M D_S^2}{4}\left(\dot{U}_3 - \ddot{\varsigma}_{\overline{CD}}\right)\right]dz \tag{9-90}$$

式中，下標 1 和 3 表示區域 1 和 3、下標 $\overline{AB}$ 和 $\overline{CD}$ 則分別表示彈簧 AB 和 CD，波浪流速表示式則根據波浪表示式配合彈簧的配置角度表示為：

$$U_1 = -\left(\Phi_x^I + \Phi_{1x}^D + s_1 \cdot \Phi_{1x}^1 + s_2 \cdot \Phi_{1x}^2 + s_3 \cdot \Phi_{1x}^3\right)\sin\theta - \left(\Phi_z^I + \Phi_{1z}^D + s_1 \cdot \Phi_{1z}^1 + s_2 \cdot \Phi_{1z}^2 + s_3 \cdot \Phi_{1z}^3\right)\cos\theta \tag{9-91}$$

$$U_3 = -\left(\Phi_{3x}^D + s_1 \cdot \Phi_{3x}^1 + s_2 \cdot \Phi_{3x}^2 + s_3 \cdot \Phi_{3x}^3\right)\sin\theta - \left(\Phi_{3z}^D + s_1 \cdot \Phi_{1z}^1 + s_2 \cdot \Phi_{3z}^2 + s_3 \cdot \Phi_{3z}^3\right)\cos\theta \tag{9-92}$$

流速表示式（9-91）式和（9-92）式代入（9-88）式和（9-89）式，可得兩個繫留點纜繩作用力表示式：

$$F_A^M = F_A^{Mw} + F_A^{Ms} \tag{9-93}$$

$$F_C^M = F_C^{Mw} + F_C^{Ms} \tag{9-94}$$

其中，

$$F_A^{Mw} = \frac{\csc\theta}{d_2}\left(\frac{\rho C_{D\ell} D_S}{2} - \frac{i\omega\rho\pi D_S^2 C_M}{4}\right)\left\{\left(\frac{KgA^I e^{-iK\ell}\sin\theta}{\omega\cosh Kh}\right)\left(\frac{Kd_2\sinh Kd_2 - \cosh Kd_2 + 1}{K^2}\right)\right.$$
$$+\left(\frac{iKgA^I e^{-iK\ell}\cos\theta}{\omega\cosh Kh}\right)\left(\frac{Kd_2\cosh Kd_2 - \sinh Kd_2}{K^2}\right)$$
$$+\sin\theta\left[\sum_{n=0}^{\infty}\left(B_{1n}^D + s_1 B_{1n}^1 + s_2 B_{1n}^2 + s_3 B_{1n}^3\right)\left(\frac{-k_n d_2\sin k_n d_2 - \cos k_n d_2 - 1}{k_n}\right)\right]$$
$$\left.+\cos\theta\left[\sum_{n=0}^{\infty}\left(B_{1n}^D + s_1 B_{1n}^1 + s_2 B_{1n}^2 + s_3 B_{1n}^3\right)\left(\frac{-\sin k_n d_2 + k_n d_2\cos k_n d_2}{k_n}\right)\right]\right\} \tag{9-95}$$

$$F_A^{Ms} = \frac{\csc\theta}{d_2}\left(\frac{i\omega\rho C_{D\ell} D_S^2}{2} + \frac{\pi\rho C_M \omega^2 D_S^2}{4}\right)$$
$$\left\{s_1\left(\frac{\sin\theta}{d_2}\right)\frac{d_2^3}{3} - s_2\frac{d_2^2}{2}\cos\theta - s_3\left[\frac{(h-d_1-d_2)\sin\theta}{2d_2}\frac{d_2^3}{3} + \ell\frac{d_2^2}{2}\cos\theta\right]\right\} \tag{9-96}$$

$$F_C^{Mw}=\frac{\csc\theta}{d_2}\left(\frac{\rho C_{D\ell}D_S}{2}-\frac{i\omega\rho\pi D_S^2 C_M}{4}\right)$$
$$\cdot\left\{\sin\theta\left[\sum_{n=0}^{\infty}\left(A_{3n}^D+s_1A_{3n}^1+s_2A_{3n}^2+s_3A_{3n}^3\right)\left(\frac{k_nd_2\sin k_nd_2+\cos k_nd_2-1}{k_n}\right)\right]\right. \quad (9\text{-}97)$$
$$\left.+\cos\theta\left[\sum_{n=0}^{\infty}\left(A_{3n}^D+s_1A_{3n}^1+s_2A_{3n}^2+s_3A_{3n}^3\right)\left(\frac{\sin k_nd_2-k_nd_2\cos k_nd_2}{k_n}\right)\right]\right\}$$

$$F_C^{Ms}=\frac{\csc\theta}{d_2}\left(\frac{i\omega\rho C_{D\ell}D_S}{2}+\frac{\pi\rho C_M\omega^2D_S^2}{4}\right) \quad (9\text{-}98)$$
$$\left\{s_1\left(\frac{\sin\theta}{d_2}\right)\frac{d_2^{\,3}}{3}+s_2\frac{d_2^{\,2}}{2}\cos\theta-s_3\left[\frac{(h-d_1-d_2)\sin\theta}{2d_2}\frac{d_2^{\,3}}{3}+\ell\frac{d_2^{\,2}}{2}\cos\theta\right]\right\}$$

留意到彈簧$\overline{AB}$位於含有入射波的分區，而彈簧$\overline{CD}$位於結構物後方分區因此不含入射波表示式。

考慮繫纜上的波浪作用力後，浮式結構物運動方程式則寫成為[19]：

$$[M]\begin{Bmatrix}\ddot{\xi}_1\\ \ddot{\xi}_2\\ \ddot{\xi}_3\end{Bmatrix}=\begin{Bmatrix}F_1\\F_2\\F_3\end{Bmatrix}-\begin{Bmatrix}T_1\\T_2\\T_3\end{Bmatrix}+\begin{Bmatrix}F_1^M\\F_2^M\\F_3^M\end{Bmatrix} \quad (9\text{-}99)$$

式中，$[M]$為質量矩陣、$\{F\}$為波浪作用力、$\{T\}$為錨碇彈簧的回復力（restoring force）、$\{F^M\}$則為波浪作用於繫纜的作用力。波浪作用力來自於波浪場，包括輻射波浪和散射波浪，表示式可以寫出為：

$$\begin{Bmatrix}F_1\\F_2\\F_3\end{Bmatrix}=\left[f^R\right]\begin{Bmatrix}s_1\\s_2\\s_3\end{Bmatrix}+\begin{Bmatrix}f_1^D\\f_3^D\\f_3^D\end{Bmatrix} \quad (9\text{-}100)$$

其中，$\left[f^R\right]$和$\left\{f^D\right\}$分別為單位振幅福射波浪作用力和散射波浪作用力。

錨碇彈簧回復力和彈簧的幾何配置有關，彈簧 $\overline{AB}$ 和 $\overline{CD}$ 可以分別表示為：

$$T^{\overline{AB}}=\begin{bmatrix} K_{11}^{\overline{AB}} & K_{12}^{\overline{AB}} & K_{13}^{\overline{AB}} \\ K_{21}^{\overline{AB}} & K_{22}^{\overline{AB}} & K_{23}^{\overline{AB}} \\ K_{31}^{\overline{AB}} & K_{32}^{\overline{AB}} & K_{33}^{\overline{AB}} \end{bmatrix}\begin{bmatrix} \xi_1 \\ \xi_2 \\ \xi_3 \end{bmatrix} \qquad (9\text{-}101)$$

$$T^{\overline{CD}}=\begin{bmatrix} K_{11}^{\overline{CD}} & K_{12}^{\overline{CD}} & K_{13}^{\overline{CD}} \\ K_{21}^{\overline{CD}} & K_{22}^{\overline{CD}} & K_{23}^{\overline{CD}} \\ K_{31}^{\overline{CD}} & K_{32}^{\overline{CD}} & K_{33}^{\overline{CD}} \end{bmatrix}\begin{bmatrix} \xi_1 \\ \xi_2 \\ \xi_3 \end{bmatrix} \qquad (9\text{-}102)$$

彈簧上的波浪作用力為使用線性化 Morison 公式計算，利用波浪場解析解配合彈簧的幾何配置，則可以表示為：

$$\begin{Bmatrix} F_1^M \\ F_2^M \\ F_3^M \end{Bmatrix}=\left[f^{MR}\right]\begin{Bmatrix} s_1 \\ s_2 \\ s_3 \end{Bmatrix}+\begin{Bmatrix} f_1^{MD} \\ f_3^{MD} \\ f_3^{MD} \end{Bmatrix} \qquad (9\text{-}103)$$

其中，$\left[f^{MR}\right]$ 為和輻射波浪有關的係數矩陣。

利用（9-100）式~（9-103）式表示式代入（9-99）式則可以計算浮式結構物運動位移之振幅，表出為：

$$\begin{Bmatrix} s_1 \\ s_2 \\ s_3 \end{Bmatrix}=\left[\tilde{K}\right]^{-1}\left(-i\omega\rho\begin{Bmatrix} f_1^D \\ f_3^D \\ f_3^D \end{Bmatrix}+\begin{Bmatrix} f_1^{MD} \\ f_2^{MD} \\ f_3^{MD} \end{Bmatrix}\right) \qquad (9\text{-}104)$$

其中，

$$\left[\tilde{K}\right]=\left(-\omega^2\left[M\right]+i\omega\rho\left[f^R\right]+\left[K\right]-\left[f^{MR}\right]\right) \qquad (9\text{-}105)$$

以求解問題的角度來看，結構物的運動位移振幅求得之後，則波浪勢函數即可得到。利用波浪勢函數藉由 Bernoulli 方程式則可以計算結構物前方的反射率和結構物後方的透過率。至此，考慮波浪和水中繫纜浮式結構物互相作用的問題則完全求解。

第十章　透水波浪理論

本章大綱

10.1　透水波浪理論
10.2　突出水面透水結構
10.3　透水潛堤
10.4　多層多區透水結構

這裡所說的透水波浪理論，指的是波浪通過透水孔隙介質的問題，如：波浪作用在海岸的消波塊，或是棧橋式的碼頭。波浪在孔隙中的流動則以巨觀的方式去處理。有關透水波浪理論的描述可以參考 Lee (1987) 其論文中有完整的敘述。

有了透水波浪理論，則波浪通過突出水面透水堤，或者水下潛堤的問題即可以應用來求解。李和藍（1995）考慮波浪通過突出水面透水結構物的問題。但是若考慮水下透水潛堤的問題，堤上交界面條件為非齊性條件，在理論解析可以應用 Lee (1995) 提出的方法應用來求解（Lee and Liu, 1995）。劉（2002）進一步進行波浪通過潛堤之二階理論解析。求解波浪通過透水潛堤的問題，Rojanakamthorn et al. (1989) 在作法上採用透水區域和其上方的水域只有一個週波數，進而提出一個含有透水結構特性的波浪分散方程式計算週波數，引用這樣的作法 Lee and Cheng (2007) 則利用來求解波浪通過多層多區透水潛堤的問題；Tsai et al. (2006) 則應用來使用緩坡方程式（mild-slope equation）計算海岸波浪的變形。

本章內容 10.1 先介紹透水波浪理論，10.2 說明波浪通過突出水面透水結構理論解析，10.3 則說明波浪通過透水潛堤的問題，最後 10.4 則說明波浪通過多層多區問題的理論解析。

10.1 透水波浪理論

本節透水波浪理論主要參考 Lee (1987) 所描述的內容。然而應用在波浪和透水結構物問題的分析上，相當需要對於透水波浪理論有正確的認識，基於此，也再將透水波浪理論再作整理說明如下。

流體在孔隙中流動以巨觀的角度來看，流體流動的運動方程式可以寫出，如下式：

$$\frac{du_j}{dt}=-\frac{1}{\rho}\frac{\partial}{\partial \xi_j}\left(P+\rho g\xi_2\right)-\beta_{1j}u_j-\beta_{2j}u_j\left|u_j\right|-\beta_{3j}\frac{du_j}{dt} \qquad (10\text{-}1)$$

（10-1）式與沒有孔隙的運動方程式差別在等號右邊的第二至四項，第一項為與 Euler equation（即不考慮流體的黏性）相同。其中在二維問題右下標 $j=1,2$ 分別為水平和垂直方向。等號右邊第二項為與流速成正比之表面摩擦力，β_{1j} 為摩擦力係數；第三項為與 $u_j\left|u_j\right|$ 成正比之拖曳力，β_{2j} 為拖曳力係數；第四項為與加速度成正比之附加質量力，β_{3j} 為附加質量係數（added mass coefficient）。等號右邊的第三項為非線性項，若要線性化可以利用等功法（Lorentz's condition of equivalent work）來表示：

$$\int_{\forall}\int_0^T\left(\omega f_j u_j\right)u_j\,dt\,d\forall=\int_{\forall}\int_0^T\left(\beta_{1j}u_j+\beta_{2j}u_j\left|u_j\right|\right)u_j\,dt\,d\forall \qquad (10\text{-}2)$$

（10-2）式積分裡面為作用力乘上速度為作功，因為波浪為週期性，所以對一個週期積分，即得到一個波浪所作的功。ω 為波浪角頻率（$\omega=2\pi/T$），$\forall$ 為所計算的透水結構流場領域。使用（10-2）式之定義同時合併加速度項，（10-1）式可改寫為：

$$S_j\frac{du_j}{dt}=-\frac{1}{\rho}\frac{\partial}{\partial \xi_j}\left(P+\rho g\xi_2\right)-\omega f_j u_j \qquad (10\text{-}3)$$

（10-3）式中的速度即由平方變成一次方，$S_j=(1+\beta_{3j})$ 為虛擬質量係數(virtual mass coefficient)。由於所考慮問題具週期性，$u_j \propto \exp(-i\omega t)$，$i=\sqrt{-1}$，則（10-3）式可改寫為：

$$\omega\left(f_j - iS_j\right)u_j = -\frac{1}{\rho}\frac{\partial}{\partial \xi_j}\left(P+\rho g \xi_2\right) \tag{10-4}$$

由（10-4）式可定義一擬速度 u_j^*：

$$u_j^* = \frac{(f_j - iS_j)}{-i}u_j \tag{10-5}$$

則（10-4）式可轉變改寫為：

$$\frac{\partial u_j^*}{\partial t} = -\frac{1}{\rho}\frac{\partial}{\partial \xi_j}\left(P+\rho g \xi_2\right) \tag{10-6}$$

若對（10-6）式做旋度（curl）運算，並配合週期性流體運動特性，可知擬速度場為非旋流。因此，可定義一勢函數 Φ：

$$u_j^* = -\frac{\partial \Phi}{\partial \xi_j} \tag{10-7}$$

另定義：

$$a_j^2 = \frac{i}{f_j - iS_j} \tag{10-8}$$

則由（10-5），（10-7），（10-8）式可得：

$$u_j = a_j^2 \frac{\partial \Phi}{\partial \xi_j} \tag{10-9}$$

由（10-9）式代入連續方程式，可得流體運動之控制方程式為：

$$a_1^2 \frac{\partial^2 \Phi}{\partial \xi_1^2} + a_2^2 \frac{\partial^2 \Phi}{\partial \xi_2^2} = 0 \tag{10-10}$$

（10-10）式中，若考慮透水結構物為均質（homogeneous），則流體控制方程式仍然為 Laplace equation。接下來則為交界面的邊界條件。

以下則以波浪通過水下透水潛堤的問題作說明。如圖 10-1 所示。透水結構物前方的流量連續以及壓力連續條件為：

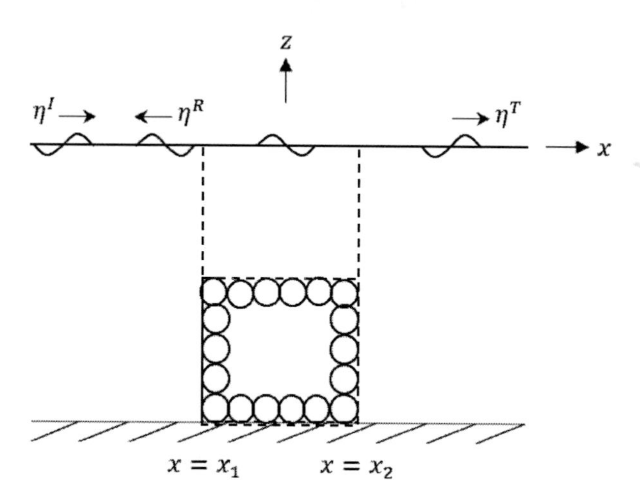

圖 10-1　波浪通過透水潛堤示意圖

$$\varepsilon_x a_x^2 \frac{\partial \phi_2}{\partial x} = -\left[\frac{\partial \phi^I}{\partial x} + \frac{\partial \phi^R}{\partial x}\right], \quad x = x_1 \tag{10-11}$$

$$\phi_2 = \phi^I + \phi^R, \ x = x_1 \tag{10-12}$$

透水潛堤後方透水結構和波浪的邊界條件則為：

$$\varepsilon_x a_x^2 \frac{\partial \phi_2}{\partial x} = -\frac{\partial \phi_3}{\partial x}, \quad x = x_2 \tag{10-13}$$

$$\phi_2 = \phi_3, \ x = x_2 \tag{10-14}$$

以上則為波浪通過孔隙結構物相關的邊界值問題敘述。

【參考文獻】

1. Lee, Chung-Pang, Wave Interaction with Permeable Structures, Ph.D. thesis, Ocean Engineering Program, Department of Civil Engineering, Oregon State University, Corvallis, Oregon, USA, 1987.
2. Tsai, C.P., Chen, H.B., and Lee, F.C., Wave transformation over submerged porous breakwater on porous bottom, Ocean Engineering, 33, 1623-1643, 2006.
3. 李兆芳和藍元志，波浪通過透水結構之理論分析，港灣技術，第十卷，第一期，第 77-92 頁，1995。
4. 劉正琪，波浪通過潛堤之二階理論解析，博士論文，國立成功大學水利及海洋工程學系，2002。

10.2 波浪通過突出水面透水結構物

應用 10.1 的波浪透水結構理論即可以求解波浪和透水結構互相作用的問題，而最簡單的問題應該就是波浪通過突出水面的透水結構，由於波浪通過透水結構物，因此透水結構裡面含有自由水面，除了透水特性外，在理論解析中幾乎和波浪理論相同。只需要好好利用透水結構和波浪場之間交界面的邊界條件即可以處理。本節內容摘自李和藍（1995）港灣技術的文章。

所考慮問題如圖 10-2 所示，水深 h ，結構物寬度 b 。入射波受到結構物影響在結構前方產生反射波，而在結構後方產生透過波。透水結構突出水面，因此透水結構中含有自由水面。利用 10.1 透水波浪理論可以描述透水結構理面的波浪場，並求解整個問題。

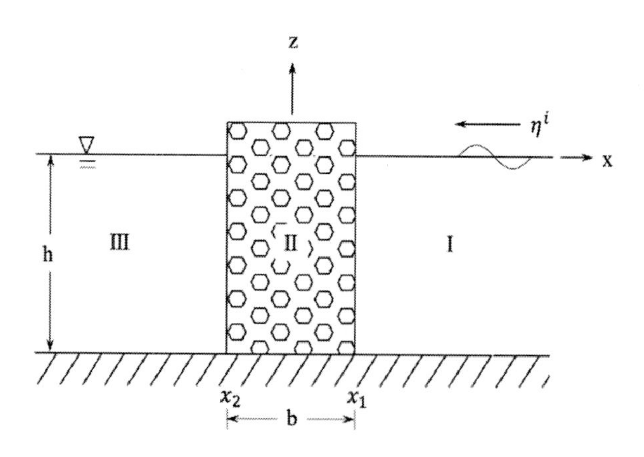

圖 10-2　波浪通過突出水面透水結構示意圖

穩定週期性波浪，波浪勢函數為：

$$\Phi(x,z,t) = \phi(x,z) \cdot e^{-i\omega t} \quad (10\text{-}15)$$

式中，波浪角頻率 $\omega = 2\pi / T$ ，T 為週期。入射波浪往-x 方向傳遞，水位和勢函數給定為：

$$\eta^i = iA^i e^{-iKx} e^{-i\omega t} \quad (10\text{-}16)$$

$$\phi^i = \frac{igA^i}{\omega} \frac{\cosh K(z+h)}{\cosh Kh} e^{-iKx} \quad (10\text{-}17)$$

其中，A^i為波浪振幅、g為重力常數、K為週波數。理論解析將問題領域分成三區。第 I 區包括入射波和反射波ϕ^r，第 III 區則為透過波。各區之控制方程式與邊界條件可列出如下：

I 區求解ϕ^r之控制方程式與邊界條件為：

$$\frac{\partial^2 \phi^r}{\partial x^2} + \frac{\partial^2 \phi^r}{\partial z^2} = 0, x_1 \le x \le \infty, -h \le z \le 0 \quad (10\text{-}18a)$$

$$\frac{\partial \phi^r}{\partial z} = 0,\ z = -h \quad (10\text{-}18b)$$

$$\frac{\partial \phi^r}{\partial z} - \frac{\omega^2}{g}\phi^r = 0,\ z = 0 \quad (10\text{-}18c)$$

ϕ^r為有限值且進行波為往$+x$方向傳遞。

II 區透水結構區求解ϕ_2之控制方程式與邊界條件為：

$$a_x^2 \frac{\partial^2 \phi_2}{\partial x^2} + a_z^2 \frac{\partial^2 \phi_2}{\partial z^2} = 0, x_2 \le x \le x_1, -h \le z \le 0 \quad (10\text{-}19a)$$

$$\frac{\partial \phi_2}{\partial z} = 0,\ z = -h \quad (10\text{-}19b)$$

$$a_z^2 \frac{\partial \phi_2}{\partial z} - \frac{\omega^2}{g}\phi_2 = 0,\ z = 0 \quad (10\text{-}19c)$$

III 區求解ϕ_3之控制方程式與邊界條件為：

$$\frac{\partial^2 \phi_3}{\partial x^2} + \frac{\partial^2 \phi_3}{\partial z^2} = 0, -\infty \le x \le x_2, -h \le z \le 0 \quad (10\text{-}20a)$$

$$\frac{\partial \phi_3}{\partial z} = 0,\ z = -h \tag{10-20b}$$

$$\frac{\partial \phi_3}{\partial z} - \frac{\omega^2}{g}\phi_3 = 0,\ z = 0 \tag{10-20c}$$

ϕ_3 為有限值且進行波為往 $-x$ 方向傳遞

相鄰各區之邊界上，流量連續以及壓力連續條件為：

$$\varepsilon_x a_x^2 \frac{\partial \phi_2}{\partial x} = -[\frac{\partial \phi^i}{\partial x} + \frac{\partial \phi^r}{\partial x}],\ x = x_1 \tag{10-21a}$$

$$\phi_2 = \phi^i + \phi^r,\ x = x_1 \tag{10-21b}$$

以及

$$\varepsilon_x a_x^2 \frac{\partial \phi_2}{\partial x} = -\frac{\partial \phi_3}{\partial x},\ x = x_2 \tag{10-22a}$$

$$\phi_2 = \phi_3,\ x = x_2 \tag{10-22b}$$

利用分離變數法三區邊界值問題之通解可表出為：

$$\phi^r = \sum_{n=0}^{\infty} A_{1n} \cos k_n (z+h) \exp(-k_n x) \tag{10-23}$$

$$\phi_2 = \sum_{n=0}^{\infty} [A_{2n} \exp(-k_{*n} x) + B_{2n} \exp(k_{*n} x)] \cos[\frac{k_{*n}}{a_{z/x}}(z+h)] \tag{10-24}$$

$$\phi_3 = \sum_{n=0}^{\infty} B_{2n} \cos k_n (z+h) \exp(k_n x) \tag{10-25}$$

式中

$$a_{z/x} = \frac{a_z}{a_x} \tag{10-26}$$

$$k_0 = -iK \tag{10-27}$$

（10-23）-（10-25）式中，波浪場之週波數 k_n 以及透水波浪場之 k_{*n} 可由分散方程式求得：

$$\frac{\omega^2}{g} = -k_n \tan k_n h \tag{10-28}$$

$$\frac{\omega^2}{g} = \frac{a_z^2 k_{*n}}{a_{z/x}} \tan[\frac{k_{*n} h}{a_{z/x}}] \tag{10-29}$$

對於（10-23）-（10-25）式中之未知係數 $A_{1n}, A_{2n}, B_{2n}, B_{3n}$,則需要利用相鄰兩區邊界條件，（10-21）式和（10-22）式，配合波浪場之水深函數正交特性進行聯立求解。聯立方程式表示如下：

$$\varepsilon_x a_x^2 k_{*m}[-A_{2m}\exp(-k_{*m}x_1) + B_{2m}\exp(k_{*m})]\underline{N_m}$$

$$= \frac{gA_i k_0}{\omega}\frac{\exp(k_0 x_1)}{\cos(k_0 h)}\underline{M_{m0}} + \sum_{n=0}^{\infty} k_n A_{1n}\exp(-k_n x_1)\underline{M_{mn}},\ m = 0,1,2.... \tag{10-30}$$

$$\varepsilon_x a_x^2 k_{*m}[-A_{2m}\exp(-k_{*m}x_2) + B_{2m}\exp(k_{*m}x_2)]\underline{N_m}$$

$$= -\sum_{n=0}^{\infty} k_n B_{3n}\exp(-k_n x_2)\underline{M_{mn}},\quad m = 0,1,2.... \tag{10-31}$$

$$\left[A_{2m}\exp(-k_{*m}x_1) + B_{2m}\exp(-k_{*m}x_1)\right]\underline{N_m}$$

$$= -\frac{gA_i}{\omega}\frac{\exp(k_0 x_1)}{\cos(k_0 h)}\underline{M_{m0}} + \sum_{n=0}^{\infty} A_{1n}\exp(-k_n x_1)\underline{M_{mn}},\ m = 0,1,2.... \tag{10-32}$$

$$[A_{2m}\exp(-k_{*m}x_2) + B_{2m}\exp(k_{*m}x_2)]\underline{N_m}$$

$$= -\sum_{n=0}^{\infty} B_{3n}\exp(k_n x_2)\underline{M_{mn}},\ m = 0,1,2.... \tag{10-33}$$

式中

$$\underline{N_m} = h\left\{1+\frac{\sin\left(2\frac{k_{*m}h}{a_{z/x}}\right)}{2\frac{k_{*m}h}{a_{z/x}}}\right\} \tag{10-34}$$

$$\underline{M_{mn}} = \frac{h}{2}\left\{\frac{\sin\left(k_n h+\frac{k_{*m}h}{a_{z/x}}\right)}{k_n h+\frac{k_{*m}h}{a_{z/x}}}+\frac{\sin\left(k_n h-\frac{k_{*m}h}{a_{z/x}}\right)}{k_n h-\frac{k_{*m}h}{a_{z/x}}}\right\} \tag{10-35}$$

實際求解（10-30）式-（10-33）式，累加項在數值計算上則取有限項求解，即取$m = n = N$求解$4(N+1)$個聯立方程式。解出勢函數係數後，I 區反射波與 III 區透過波水位變化即可計算求得：

$$\begin{aligned}\eta^r &= -\frac{i\omega}{g}\phi^r \exp(-i\omega t)\big|_{z=0} \\ &= \sum_{n=0}^{N} -\frac{i\omega}{g}A_{1n}\cos k_n h \exp(-k_n x)\exp(-i\omega t)\end{aligned} \tag{10-36}$$

$$\begin{aligned}\eta_3 &= -\frac{i\omega}{g}\phi_3 \exp(-i\omega t)\big|_{z=0} \\ &= \sum_{n=0}^{N} -\frac{i\omega}{g}B_{3n}\cos k_n h \exp(-k_n x)\exp(-i\omega t)\end{aligned} \tag{10-37}$$

在（10-36）式中，A_{10}為反射進行波之係數；而（10-37）式中B_{30}為透過進行波之係數，由此可求得反射率K_r和透過率K_t為：

$$K_r = \frac{\left|-\frac{i\omega}{g}A_{10}\cos k_0 h\right|}{A_i} \tag{10-38}$$

$$K_t = \frac{\left|-\frac{i\omega}{g}B_{30}\cos k_0 h\right|}{A_i} \tag{10-39}$$

前述理論計算中，所定義之線性摩擦係數 f_j，考慮透水體為均勻介質可寫為（Lee, 1987）：

$$f_j = \frac{\varepsilon_j}{\omega}\left\{\frac{\nu}{K_{Pj}} + \frac{C_{f_j}\varepsilon_j}{\sqrt{K_{Pj}}}\frac{\int_\forall\int_0^T u_j\left|u_j\right|u_j dtd\forall}{\int_\forall\int_0^T u_j u_j dtd\forall}\right\} \tag{10-40}$$

式中流速以實數值代入，由週期性運動之流速複數表示式可表出為：

$$\mathrm{Re}\left(u_j\right) = \left|\overline{u_j}\right|\cos\left(\omega t - \alpha\right) \tag{10-41}$$

式中 $\left|\overline{u_j}\right|$ 為流速值振幅，α 為相位差。利用（10-41）式代入（10-40）式，f_j 表示式可簡化為：

$$f_j = \frac{\varepsilon_j}{\omega}\left\{\frac{\nu}{K_{Pj}} + \frac{8}{3\pi}\frac{C_{f_j}\varepsilon_j}{\sqrt{K_{Pj}}}\frac{\int_\forall\left|\overline{u}_j\right|^3 d\forall}{\int_\forall\left|\overline{u}_j\right|^2 d\forall}\right\} \tag{10-42}$$

（10-42）式之非線性積分計算，可以利用數值計算，將所考慮透水結構領域 $\forall$ 分成許多小區域，然後分別計算累加起來，即：

$$\int_\forall\left|\overline{u}_j\right|^3 d\forall = \sum_m \left|\overline{u_j}\right|_m^3 d\forall_m \tag{10-43a}$$

$$\int_\forall\left|\overline{u}_j\right|^2 d\forall = \sum_m \left|\overline{u_j}\right|_m^2 d\forall_m \tag{10-43b}$$

至於透水結構中波浪運動之分散方程式，（10-29）式，求解方法可以如下：

(a) 以波浪流場之分散方程式（10-28）式所求得之實數解為起始計算值。

(b) 令 $f_j^{(0)} = 0$，利用割線法（secant method）求解（10-29）式。

(c) 以(b)所求得之特徵值為起始值，令 $f_j^{(1)} = f_j^{(0)} + \Delta f_j$，再次求解（10-

29）式。Δf_j 為一嘗試的小增量。

(d) 續(c)之方法，逐次增加 $f_j^{(n)}$ 值求解，直至 $f_j^{(n)} = f_j$，即求得在 f_j 條件下之透水結構物分散方程式之解。

(e) 由步驟(a)～(d)求得之解，若有相同的情形，則將 Δf_j 之值再縮小，重新由步驟(a)開始，直到全部之解求得為止。

在上面計算過程中，$f_j^{(n)}$ 表第 n 次逐次增加之值，即：

$$f_j^{(n)} = f_j^{(n-1)} + \Delta f_j,\quad f_j^{(0)} = 0,\quad n = 1,2,3\ldots \qquad (10\text{-}44)$$

另外，由於透水結構波浪流場之計算過程中，包含線性摩擦係數 f_j 之計算，而 f_j 係數為流場流速、透水結構特性、以及入射波振幅之函數；而同時，波浪流場亦受摩擦係數 f_j 之影響，因此在理論計算上需要利用疊代計算。即：

(a) 假設一起始的 f_j 值。在實際計算上，Sollitt and Cros (1972) 建議使用 $f_j = 1.0$。

(b) 求解分散方程式。

(c) 求解流場中各區勢函數之各項係數。

(d) 由(c)決定流速 u_j 值，並重新求解 f_j 值。

(e) 比較 f_j 之舊值與新值之差異是否達到要求的精度。若尚未達到，則以新值取代舊值重回步驟(b)；若已達到，則執行下一步驟(f)。

(f) 計算反射率與透過率以及要計算之物理量。

以上摩擦係數之計算，在 Sollitt and Cross (1972) 考慮透水結構流場為等相姓，因此摩擦係數僅一個 f。而在 Lee (1987) 之理論中則考慮不等向性流動特性，因此摩擦係數之計算含兩個方向 f_x 及 f_z。另外，由於摩擦係數之計算關係到流場流速的計算，因此，不同的水平及垂直流速將計算出不同的摩擦係數分量，進而也會影響流場的計算結果。

利用前述波浪通過突出水面透水結構物的理論解析，考慮 $b/h=1.0$、$S_x=S_z=1.0$、$\varepsilon=0.4$，摩擦係數 $f_x=f_z=f$ 分別為 0.5 和 2.0，即考慮透水結構物為具等向性。理論結果與 Sulisz (1985) 使用邊界元素法計算結果比較如圖 10-3 所示。

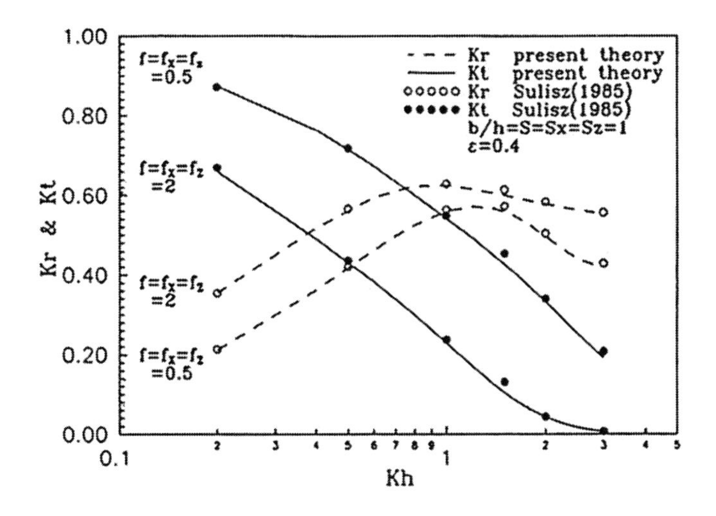

圖 10-3　波浪通過突出水面透水結構理論與數值比較

【參考文獻】

1. 李兆芳和藍元志，波浪通過透水結構之理論分析，港灣技術，第十卷，第一期，第 77-92 頁，1995。
2. Lee, C-P., Wave interaction with permeable structures, PhD Thesis, Oregon State University, Corvallis, Oregon, USA, 1987.
3. Sollitt, C.K. and R.H. Cross, Wave transmission through permeable structures, Proc. 13th ICCE, Vol. III, pp.1827-1846, 1972.
4. Sulisz, W., Wave reflection and transmission of permeable breakwaters of arbitrary cross section, Coastal Engineering, Vol.9, pp.371-386, 1985.

10.3 波浪通過透水潛堤

本節考慮潛式透水結構物，波浪通過透水潛堤。問題的示意圖如圖 10-4 所示。理論解析求解，因此領域分成四個區域。對於這個問題的求解，Rojanakanthorm et al. (1989) 提出一個作法，假設透水結構和上面的區域（第 II 和 IV 區）的波浪週波數相同，再藉由透水結構底床和透水結構上方交界以及自由水面條件求得波浪的分散方程式。在此，我們呈現另外一種作法，利用 Lee (1995) 提出的求解非齊性波浪邊界值問題的方法進行求解。本節的內容主要摘自劉正琪博士論文（2002）其中的波浪通過潛堤的解析，論文內容重點在非線性的第二階解析解，這裡我們僅說明線性的第一階解，同時，使用的變數符號也仿照使用。

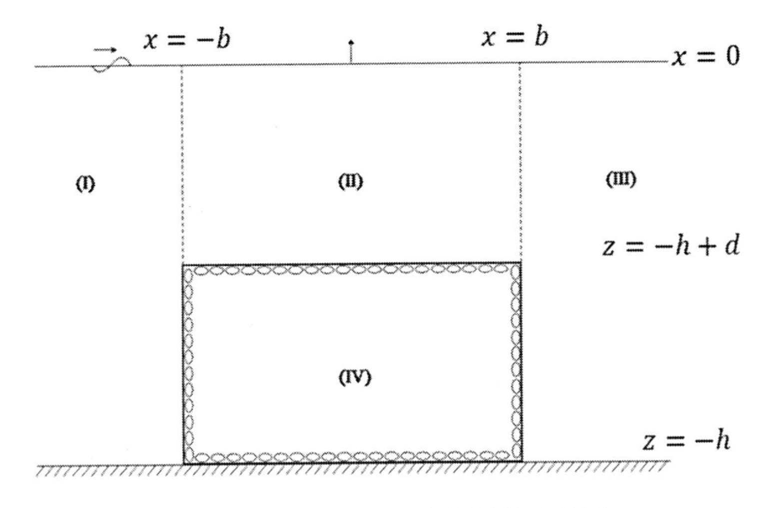

圖 10-4　波浪通過透水潛堤示意圖

對於圖10-4的問題，我們有了10.1波浪透水結構理論以及10.2波浪通過突出水面透水體的解析，應該很容易就列出控制方程式、邊界條件、以及交界面的條件。假設入射波第一階量水位變化$\eta_I^{(1)}(x,t)$及速度勢$\Phi_I^{(1)}(x,z,t)$為：

$$\eta_I^{(1)}(x,t)=\mathrm{Re}\left\{a_0 e^{-i\left(K^{(1)}x-\sigma t\right)}\right\} \tag{10-45}$$

$$\Phi_I(x,z,t)=\frac{iga_0}{\sigma}\frac{\cosh\left[K^{(1)}(z+h_1)\right]}{\cosh\left(K^{(1)}h_1\right)}e^{-i\left(K^{(1)}x-\sigma t\right)} \tag{10-46}$$

式中a_0為入射波第一階量振幅，$K^{(1)}$為入射波第一階量波數，σ為波浪角頻率，$i=\sqrt{-1}$為純虛數。各分區第一階量速度勢可表示成：

$$\Phi_j^{(1)}(x,z,t)=\phi_j^{(1)}(x,z)e^{-i\sigma t},\quad j=1,2,3,4 \tag{10-47}$$

式中$\phi_j^{(1)}(x,z)$為各分區第一階量勢函數，於第（I）區內$\phi_1^{(1)}=\phi_I^{(1)}+\phi_R^{(1)}$，其中$\phi_I^{(1)}$為入射波第一階量勢函數，$\phi_R^{(1)}$為反射波第一階量勢函數。

第（I）區及第（III）區第一階量勢函數$\phi_1^{(1)}$及$\phi_3^{(1)}$須滿足控制方程式：

$$\nabla^2\phi_j^{(1)}=0,\ \ j=1,3 \tag{10-48a}$$

及下列邊界條件：

$$\phi_{j,z}^{(1)}=0,\ \ z=-h\ ,\ \ j=1,3 \tag{10-48b}$$

$$\phi_{j,z}^{(1)}=\frac{\sigma^2}{g}\phi_j^{(1)},\ \ z=0\ ,\ \ j=1,3 \tag{10-48c}$$

利用分離變數法求解上述邊界值問題（10-48a）-（10-48c）式，得到第（I）區及第（III）區第一階量勢函數$\phi_1^{(1)}$及$\phi_3^{(1)}$之解為：

$$\phi_1^{(1)}(x,z)=\frac{ig}{\sigma}\left[A_{10}^{(1)}Z_{10}^{(1)}(z)e^{-k_{10}^{(1)}(x+b)}+\sum_{n=0}^{\infty}B_{1n}^{(1)}Z_{1n}^{(1)}(z)e^{k_{1n}^{(1)}(x+b)}\right] \tag{10-49}$$

$$\phi_3^{(1)}(x,z)=\frac{ig}{\sigma}\sum_{n=0}^{\infty}A_{3n}^{(1)}Z_{1n}^{(1)}(z)e^{-k_{1n}^{(1)}(x-b)} \tag{10-50}$$

其中

$$Z_{1n}^{(1)}(z)=\frac{\cos\left[k_{1n}^{(1)}(z+h)\right]}{\cos\left(k_{1n}^{(1)}h\right)} \tag{10-51}$$

於（10-49）式中括號內第一項表示入射波浪，第二項代表反射波浪成份波，（10-50）式代表透過波浪成份波，其中下標$n=0$之項表示進行波，$n\geq 1$之項表示振盪波。$B_{1n}^{(1)}$及$A_{3n}^{(1)}$為待定之係數。式中特徵值$k_{1n}^{(1)}$滿足波浪分散關係：

$$\frac{\sigma^2}{g}=-k_{1n}^{(1)}\tan\left(k_{1n}^{(1)}h\right),\ \ n=0,1,2,\cdots \tag{10-52}$$

（10-52）式有一組純虛根（即$k_0=-iK^{(1)}$）及無限多組實數根（$n\geq 1$）。

第（II）區及第（IV）區第一階量勢函數$\phi_2^{(1)}$及$\phi_4^{(1)}$分別滿足下列控制方程式及邊界條件：

$$\nabla^2 \phi_2^{(1)} = 0 \tag{10-53a}$$

$$\phi_{2,z}^{(1)} = \frac{\sigma^2}{g}\phi_2^{(1)}, \quad z = 0 \tag{10-53b}$$

$$\nabla^2 \phi_4^{(1)} = 0 \tag{10-54a}$$

$$\phi_{4,z}^{(1)} = 0, \quad z = -h \tag{10-54b}$$

於水平交界面($z = -h + d$)上滿足壓力連續條件及質量通率連續條件，即：

$$\phi_{2,z}^{(1)} = n_e \phi_{4,z}^{(1)}, \quad -b \le x \le b \tag{10-55a}$$

$$\phi_2^{(1)} = (s + if)\phi_4^{(1)}, \quad -b \le x \le b \tag{10-55b}$$

由於第（II）區及第（IV）區之邊界條件屬於非齊性，無法直接求解得到特徵函數。因此，為求能夠克服此一問題達到求解目的，以下仿照Lee (1995) 的作法，針對第（II）區及第（IV）區之邊界值問題進一步處理。

本文假設第（II）區及第（IV）區第一階量勢函數$\phi_j^{(1)}$可表示成：

$$\phi_j^{(1)} = \phi_j^{(1a)} + \phi_j^{(1b)}, \quad j = 2,4 \tag{10-56}$$

式中$\phi_j^{(1a)}$及$\phi_j^{(1b)}$分別滿足控制方程式：

$$\nabla^2 \phi_j^{(1a)} = 0 \tag{10-57a}$$

$$\nabla^2 \phi_j^{(1b)} = 0 \tag{10-57b}$$

此處$\phi_j^{(1a)}$代表滿足垂直方向齊性邊界條件之解（如圖10-5所示），即：

$$\phi_{2,z}^{(1a)} = \frac{\sigma^2}{g}\phi_2^{(1a)}, \quad z = 0 \tag{10-58a}$$

$$\phi_{2,z}^{(1a)}=0, \quad z=-h+d \tag{10-58b}$$

及

$$\phi_{4,z}^{(1a)}=0, \quad z=-h+d \tag{10-59a}$$

$$\phi_{4,z}^{(1a)}=0, \quad z=-h \tag{10-59b}$$

$\phi_j^{(1b)}$代表滿足水平方向齊性邊界條件之解（如圖10-5所示），即：

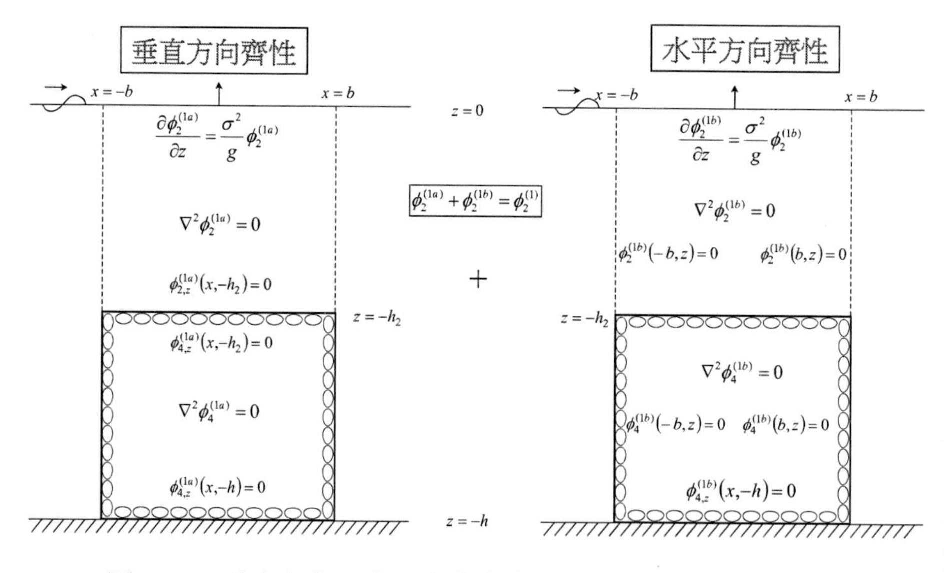

圖 10-5　垂直方向及水平方向之齊性邊界值問題示意圖

$$\phi_2^{(1b)}(-b,z)=\phi_2^{(1b)}(b,z)=0 \tag{10-60a}$$

$$\phi_{2,z}^{(1b)}=\frac{\sigma^2}{g}\phi_2^{(1b)}, \quad z=0 \tag{10-60b}$$

及

$$\phi_4^{(1b)}(-b,z)=\phi_4^{(1b)}(b,z)=0 \tag{10-61a}$$

$$\phi_{4,z}^{(1b)}=0, \quad z=-h \tag{10-61b}$$

第（II）區的第一階量勢函數$\phi_2^{(1a)}$及$\phi_2^{(1b)}$之邊界值問題可以得到解的表示式為：

$$\phi_2^{(1a)}=\frac{ig}{\sigma}\sum_{n=0}^{\infty}Z_{2n}^{(1a)}(z)\left[A_{2n}^{(1)}e^{-k_{2n}^{(1)}(x+b)}+B_{2n}^{(1)}e^{k_{2n}^{(1)}(x-b)}\right] \tag{10-62}$$

$$\phi_2^{(1b)}=\frac{ig}{\sigma}\sum_{n=1}^{\infty}D_{2n}^{(1)}Z_{2n}^{(1b)}(z)\sin[\lambda_n(x-b)] \tag{10-63}$$

同樣的，第（IV）區的第一階量勢函數$\phi_4^{(1a)}$及$\phi_4^{(1b)}$為：

$$\phi_4^{(1a)}=\frac{ig}{\sigma}\sum_{n=0}^{\infty}Z_{4n}^{(1a)}(z)\left[A_{4n}^{(1)}\left(\delta_{n0}(x-1)+e^{-\mu_n(x+b)}\right)+B_{4n}^{(1)}e^{\mu_n(x-b)}\right] \tag{10-64}$$

$$\phi_4^{(1b)}=\frac{ig}{\sigma}\sum_{n=1}^{\infty}D_{4n}^{(1)}Z_{4n}^{(1b)}(z)\sin[\lambda_n(x-b)] \tag{10-65}$$

其中對應的水深函數為：

$$Z_{2n}^{(1a)}(z)=\frac{\cos\left[k_{2n}^{(1)}(z+h_2)\right]}{\cos\left(k_{2n}^{(1)}h_2\right)} \tag{10-66a}$$

$$Z_{2n}^{(1b)}(z)=\left[\frac{\varpi}{\lambda_n}\sinh(\lambda_n z)+\cosh(\lambda_n z)\right] \tag{10-66b}$$

$$Z_{4n}^{(1a)}(z)=\frac{\cos[\mu_n(z+h)]}{\cos(\mu_n d)} \tag{10-66c}$$

$$Z_{4n}^{(1b)}(z)=\frac{\cosh[\lambda_n(z+h)]}{\cosh(\lambda_n d)} \tag{10-66d}$$

式中$A_{2n}^{(1)}$、$B_{2n}^{(1)}$、$D_{2n}^{(1)}$、$A_{4n}^{(1)}$、$B_{4n}^{(1)}$、$D_{4n}^{(1)}$為待定係數，$h_2=h-d$為透水潛堤上方靜水深，d 為透水潛堤高度，δ_{n0}為Kronecker delta函數。參數$\varpi=\sigma^2/g$，$k_{2n}^{(1)}$、μ_n及λ_n分別為各齊性邊界條件之特徵值，其中特徵值μ_n及λ_n分別等於：

$$\mu_n = \frac{n\pi}{d}, \quad n = 0,1,2,\cdots \tag{10-67a}$$

$$\lambda_n = \frac{n\pi}{2b}, \quad n = 1,2,3,\cdots \tag{10-67b}$$

特徵值 $k_{2n}^{(1)}$ 為滿足下列分散關係式：

$$\frac{\sigma^2}{g} = -k_{2n}^{(1)} \tan\left(k_{2n}^{(1)} h_2\right), \quad n = 0,1,2,\cdots \tag{10-68}$$

其中 $k_{20}^{(1)} = -iK_2^{(1)}$，（10-68）式相當於波浪通過不透水潛堤時潛堤上方之波浪分散關係式，$K_2^{(1)}$ 為波浪在不透水潛堤堤上之週波數。

得到四個分區的通解之後，接下來先利用（II）區和（IV）區交界的速度和壓力連續條件，配合特徵函數 $\sin[\lambda_n(x-b)]$ 在 $[-b,\ b]$ 區間內之正交特性，可以得到：

$$D_{2n}^{(1)} = n_e\, c_{1n} D_{4n}^{(1)} \tag{10-69}$$

$$D_{4m}^{(1)} = \sum_{n=0}^{\infty} \frac{Z_{2n}^{(1a)}(-h_2)}{bc_{2m}(s+if)}\left[TA_{2mn}^{(1)} A_{2n}^{(1)} + TB_{2mn}^{(1)} B_{2n}^{(1)}\right]$$

$$-\sum_{n=0}^{\infty} \frac{Z_{4n}^{(1a)}(-h_2)}{bc_{2m}}\left[TA_{4mn}^{(1)} A_{4n}^{(1)} + TB_{4mn}^{(1)} B_{4n}^{(1)}\right] \tag{10-70}$$

其中

$$Z_{2n}^{(1b)}(z) = \left[\frac{\varpi}{\lambda_n}\cosh(\lambda_n z) + \sinh(\lambda_n z)\right] \tag{10-71a}$$

$$Z_{4n}^{(1b)}(z) = \frac{\sinh[\lambda_n(z+h)]}{\cosh(\lambda_n d)} \tag{10-71b}$$

$$c_{1n} = \frac{\lambda_n \tanh[\lambda_n d]}{[\varpi \cosh(\lambda_n h_2) - \lambda_n \sinh(\lambda_n h_2)]} \tag{10-71c}$$

$$c_{2m}=\left[1+\frac{n_e\tanh[\lambda_m d][\varpi\sinh(\lambda_m h_2)-\lambda_m\cosh(\lambda_m h_2)]}{(s+if)[\varpi\cosh(\lambda_m h_2)-\lambda_m\sinh(\lambda_m h_2)]}\right] \tag{10-71d}$$

$$TA_{2mn}^{(1)}=\int_{-b}^{b}\sin[\lambda_m(x-b)]e^{-k_{2n}^{(1)}(x+b)}dx \tag{10-71e}$$

$$TB_{2mn}^{(1)}=\int_{-b}^{b}\sin[\lambda_m(x-b)]e^{k_{2n}^{(1)}(x-b)}dx \tag{10-71f}$$

$$TA_{4mn}^{(1)}=\int_{-b}^{b}\sin[\lambda_m(x-b)]\left(\delta_{n0}(x-1)+e^{-\mu_n(x+b)}\right)dx \tag{10-71g}$$

$$TB_{4mn}^{(1)}=\int_{-b}^{b}\sin[\lambda_m(x-b)]e^{\mu_n(x-b)}dx \tag{10-71h}$$

接著利用垂直交界面$(x=\pm b)$上速度和壓力連續條件，配合利用各區水深的正交函數積分，可得未定係數之間的關係式藉以聯立求解（留意到壓力連續利用特徵函數$Z_{2n}^{(1a)}(z)$及$Z_{4n}^{(1a)}(z)$之正交特性；速度連續利用特徵函數$Z_{1n}^{(1)}(z)$之正交特性）。由壓力連續條件可得係數$A_{2m}^{(1)}$、$B_{2m}^{(1)}$、$A_{4m}^{(1)}$、$B_{4m}^{(1)}$與$A_{3m}^{(1)}$、$B_{1m}^{(1)}$之關係：

$$A_{2m}^{(1)}=r_{1m}\left[\sum_{n=0}^{\infty}P_{2mn}^{(1)}e^{2k_{2m}^{(1)}b}\left(\delta_{n0}A_{10}^{(1)}+B_{1n}^{(1)}\right)-\sum_{n=0}^{\infty}P_{2mn}^{(1)}A_{3n}^{(1)}\right] \tag{10-72}$$

$$B_{2m}^{(1)}=-r_{1m}\left\{\sum_{n=0}^{\infty}P_{2mn}^{(1)}\left(\delta_{n0}A_{10}^{(1)}+B_{1n}^{(1)}\right)-\sum_{n=0}^{\infty}P_{2mn}^{(1)}e^{2k_{2m}^{(1)}b}A_{3n}^{(1)}\right\} \tag{10-73}$$

$$A_{40}^{(1)}=\frac{r_{20}}{b}\left[\sum_{n=0}^{\infty}P_{40n}^{(1)}\left(\delta_{n0}A_{10}^{(1)}+B_{1n}^{(1)}\right)-\sum_{n=0}^{\infty}P_{40n}^{(1)}A_{3n}^{(1)}\right] \tag{10-74a}$$

$$A_{4m}^{(1)}=r_{2m}\left[\sum_{n=0}^{\infty}P_{4mn}^{(1)}e^{2\mu_m b}\left(\delta_{n0}A_{10}^{(1)}+B_{1n}^{(1)}\right)-\sum_{n=0}^{\infty}P_{4mn}^{(1)}A_{3n}^{(1)}\right] \tag{10-74b}$$

$$B_{40}^{(1)}=-r_{20}\left[\sum_{n=0}^{\infty}P_{40n}^{(1)}\left(\delta_{n0}A_{10}^{(1)}+B_{1n}^{(1)}\right)+\sum_{n=0}^{\infty}P_{40n}^{(1)}A_{3n}^{(1)}\right] \tag{10-75a}$$

$$B_{4m}^{(1)}=-r_{2m}\left[\sum_{n=0}^{\infty}P_{4mn}^{(1)}\left(\delta_{n0}A_{10}^{(1)}+B_{1n}^{(1)}\right)-\sum_{n=0}^{\infty}P_{4mn}^{(1)}e^{2\mu_m b}A_{3n}^{(1)}\right] \qquad (10\text{-}75b)$$

其中

$$r_{1m}=\frac{1}{2I_{2m}^{(1)}\sinh\left(2k_{2m}^{(1)}b\right)} \qquad (10\text{-}76)$$

$$r_{20}=\frac{-1}{2I_{40}^{(1)}\left(s+if\right)} \qquad (10\text{-}77a)$$

$$r_{2m}=\frac{1}{2\left(s+if\right)I_{4m}^{(1)}\sinh\left(2\mu_m b\right)} \qquad (10\text{-}77b)$$

$$I_{2m}^{(1)}=\int_{-h_2}^{0}Z_{2m}^{(1a)}(z)Z_{2m}^{(1a)}(z)dz \qquad (10\text{-}78a)$$

$$I_{4m}^{(1)}=\int_{-h}^{-h_2}Z_{4m}^{(1a)}(z)Z_{4m}^{(1a)}(z)dz \qquad (10\text{-}78b)$$

$$P_{2mn}^{(1)}=\int_{-h_2}^{0}Z_{2m}^{(1a)}(z)Z_{1n}^{(1)}(z)dz \qquad (10\text{-}78c)$$

$$P_{4mn}^{(1)}=\int_{-h}^{-h_2}Z_{4m}^{(1a)}(z)Z_{1n}^{(1)}(z)dz \qquad (10\text{-}78d)$$

由速度連續條件可得：

$$\left[\delta_{m0}A_{10}^{(1)}-B_{1m}^{(1)}\right]=\sum_{n=0}^{\infty}\frac{k_{2n}^{(1)}P_{2nm}^{(1)}}{k_{1m}^{(1)}I_{1m}^{(1)}}\left[A_{2n}^{(1)}-B_{2n}^{(1)}e^{-2k_{2n}^{(1)}b}\right]$$

$$-\sum_{n=0}^{\infty}\frac{n_e P_{4nm}^{(1)}}{k_{1m}^{(1)}I_{1m}^{(1)}}\left[A_{4n}^{(1)}\left(\delta_{n0}-\mu_n\right)+\mu_n B_{4n}^{(1)}e^{-2\mu_n b}\right]$$

$$-\sum_{n=1}^{\infty}\frac{n_e\lambda_n\left(c_{1n}Q_{2mn}^{(1)}+Q_{4mn}^{(1)}\right)}{k_{1m}^{(1)}I_{1m}^{(1)}}\cos\left(2\lambda_n b\right)D_{4n}^{(1)} \qquad (10\text{-}79)$$

$$A_{3m}^{(1)} = \sum_{n=0}^{\infty} \frac{k_{2n}^{(1)} P_{2nm}^{(1)}}{k_{1m}^{(1)} I_{1m}^{(1)}} \left[A_{2n}^{(1)} e^{-2k_{2n}^{(1)} b} - B_{2n}^{(1)} \right]$$

$$- \sum_{n=0}^{\infty} \frac{n_e P_{4nm}^{(1)}}{k_{1m}^{(1)} I_{1m}^{(1)}} \left[A_{4n}^{(1)} \left(\delta_{n0} - \mu_n e^{-2\mu_n b} \right) + \mu_n B_{4n}^{(1)} \right]$$

$$- \sum_{n=1}^{\infty} \frac{n_e \lambda_n \left(c_{1n} Q_{2mn}^{(1)} + Q_{4mn}^{(1)} \right)}{k_{1m}^{(1)} I_{1m}^{(1)}} D_{4n}^{(1)} \tag{10-80}$$

其中

$$I_{1m}^{(1)} = \int_{-h}^{0} Z_{1m}^{(1)}(z) Z_{1m}^{(1)}(z) dz \tag{10-81a}$$

$$Q_{2mn}^{(1)} = \int_{-h_2}^{0} Z_{1m}^{(1)}(z) Z_{2n}^{(1b)}(z) dz \tag{10-81b}$$

$$Q_{4mn}^{(1)} = \int_{-h}^{-h_2} Z_{1m}^{(1)}(z) Z_{4n}^{(1b)}(z) dz \tag{10-81c}$$

聯立求解待定係數前，可做進一步化簡。將未知係數 $D_{4n}^{(1)}$ 表示式（10-62）式及 $A_{2n}^{(1)}$、$B_{2n}^{(1)}$、$A_{4n}^{(1)}$、$B_{4n}^{(1)}$ 表示式（10-64）-（10-67）式導入（10-71）式及（10-72）式，整理得到：

$$\sum_{n=0}^{\infty} \left(\delta_{mn} + \frac{\Psi_{mn}^{11}}{k_{1m}^{(1)} I_{1m}^{(1)}} \right) B_{1n}^{(1)} - \sum_{n=0}^{\infty} \frac{\Psi_{mn}^{12}}{k_{1m}^{(1)} I_{1m}^{(1)}} A_{3n}^{(1)} = \delta_{m0} A_{10}^{(1)} - \frac{\Psi_{m0}^{11}}{k_{1m}^{(1)} I_{1m}^{(1)}} A_{10}^{(1)} \tag{10-82}$$

$$\sum_{n=0}^{\infty} \frac{\Psi_{mn}^{12}}{k_{1m}^{(1)} I_{1m}^{(1)}} B_{1n}^{(1)} - \sum_{n=0}^{\infty} \left(\delta_{mn} + \frac{\Psi_{mn}^{22}}{k_{1m}^{(1)} I_{1m}^{(1)}} \right) A_{3n}^{(1)} = - \frac{\Psi_{m0}^{12}}{k_{1m}^{(1)} I_{1m}^{(1)}} A_{10}^{(1)} \tag{10-83}$$

其中

$$\Psi_{mn}^{11} = \sum_{p=0}^{\infty} 2\cosh\left(2k_{2p}^{(1)} b\right) r_{1p} k_{2p}^{(1)} P_{2pm}^{(1)} P_{2pn}^{(1)}$$

$$- \frac{n_e}{(s+if)} \sum_{p=0}^{\infty} r_{1p} \left(X_{2mp}^{a} e^{2k_{2p}^{(1)} b} - X_{2mp}^{b} \right) P_{2pn}^{(1)}$$

$$-\frac{n_e}{b}\left[r_{20}P_{40m}^{(1)}P_{40n}^{(1)}-\sum_{p=1}^{\infty}\left[2b\cosh\left(2\mu_p b\right)r_{2p}\mu_p P_{4pm}^{(1)}P_{4pn}^{(1)}\right]\right]$$

$$+\frac{n_e}{b}\left[r_{20}\left(X_{4m0}^a-bX_{4m0}^b\right)P_{40n}^{(1)}+\sum_{p=1}^{\infty}br_{2p}\left(X_{4mp}^a e^{2\mu_p b}-X_{4mp}^b\right)P_{4pn}^{(1)}\right] \quad (10\text{-}84a)$$

$$\Psi_{mn}^{12}=\sum_{p=0}^{\infty}2r_{1p}k_{2p}^{(1)}P_{2pm}^{(1)}P_{2pn}^{(1)}-\frac{n_e}{(s+if)}\sum_{p=0}^{\infty}r_{1p}\left(X_{2mp}^a-X_{2mp}^b e^{2k_{2p}^{(1)}b}\right)P_{2pn}^{(1)}$$

$$-\frac{n_e}{b}\left[r_{20}P_{40m}^{(1)}P_{40n}^{(1)}-\sum_{p=1}^{\infty}\left(2br_{2p}\mu_p P_{4pm}^{(1)}P_{4pn}^{(1)}\right)\right]$$

$$+\frac{n_e}{b}\left[r_{20}\left(X_{4m0}^a+bX_{4m0}^b\right)P_{40n}^{(1)}+\sum_{p=1}^{\infty}br_{2p}\left(X_{4mp}^a-X_{4mp}^b e^{2\mu_p b}\right)P_{4pn}^{(1)}\right] \quad (10\text{-}84b)$$

$$\Psi_{mn}^{21}=\sum_{p=0}^{\infty}2r_{1p}k_{2p}^{(1)}P_{2pm}^{(1)}P_{2pn}^{(1)}-\frac{\varepsilon}{(s+if)}\sum_{p=0}^{\infty}r_{1p}\left(\tilde{X}_{2mp}^a e^{2k_{2p}^{(1)}b}-\tilde{X}_{2mp}^b\right)P_{2pn}^{(1)}$$

$$-\frac{n_e}{b}\left[r_{20}P_{40m}^{(1)}P_{40n}^{(1)}-\sum_{p=1}^{\infty}\left(2br_{2p}\mu_p P_{4pm}^{(1)}P_{4pn}^{(1)}\right)\right]$$

$$+\frac{n_e}{b}\left[r_{20}\left(\tilde{X}_{4m0}^a-b\tilde{X}_{4m0}^b\right)P_{40n}^{(1)}+\sum_{p=1}^{\infty}br_{2p}\left(\tilde{X}_{4mp}^a e^{2\mu_p b}-\tilde{X}_{4mp}^b\right)P_{4pn}^{(1)}\right] \quad (10\text{-}84c)$$

$$\Psi_{mn}^{22}=\sum_{p=0}^{\infty}2\cosh\left(2k_{2p}^{(1)}b\right)r_{1p}k_{2p}^{(1)}P_{2pm}^{(1)}P_{2pn}^{(1)}$$

$$-\frac{n_e}{(s+if)}\sum_{p=0}^{\infty}r_{1p}\left(\tilde{X}_{2mp}^a-\tilde{X}_{2mp}^b e^{2k_{2p}^{(1)}b}\right)P_{2pn}^{(1)}$$

$$-\frac{n_e}{b}\left[r_{20}P_{40m}^{(1)}P_{40n}^{(1)}-\sum_{p=1}^{\infty}\left[2b\cosh\left(2\mu_p b\right)r_{2p}\mu_p P_{4pm}^{(1)}P_{4pn}^{(1)}\right]\right]$$

$$+\frac{n_e}{b}\left[r_{20}\left(\tilde{X}_{4m0}^a+b\tilde{X}_{4m0}^b\right)P_{40n}^{(1)}+\sum_{p=1}^{\infty}br_{2p}\left(\tilde{X}_{4mp}^a-\tilde{X}_{4mp}^b e^{2\mu_p b}\right)P_{4pn}^{(1)}\right] \quad (10\text{-}84d)$$

$$X_{2mn}^{a}=\sum_{p=1}^{\infty}\frac{\lambda_p\cos(2\lambda_p b)\left(c_{1p}Q_{2mp}^{(1)}+Q_{4mp}^{(1)}\right)TA_{2pn}^{(1)}}{bc_{2p}}\tag{10-85a}$$

$$X_{2mn}^{b}=\sum_{p=1}^{\infty}\frac{\lambda_p\cos(2\lambda_p b)\left(c_{1p}Q_{2mp}^{(1)}+Q_{4mp}^{(1)}\right)TB_{2pn}^{(1)}}{bc_{2p}}\tag{10-85b}$$

$$X_{4mn}^{a}=\sum_{p=1}^{\infty}\frac{\lambda_p\cos(2\lambda_p b)\left(c_{1p}Q_{2mp}^{(1)}+Q_{4mp}^{(1)}\right)TA_{4pn}^{(1)}}{bc_{2p}}\tag{10-85c}$$

$$X_{4mn}^{b}=\sum_{p=1}^{\infty}\frac{\lambda_p\cos(2\lambda_p b)\left(c_{1p}Q_{2mp}^{(1)}+Q_{4mp}^{(1)}\right)TB_{4pn}^{(1)}}{bc_{2p}}\tag{10-85d}$$

$$\tilde{X}_{2mn}^{a}=\sum_{p=1}^{\infty}\frac{\lambda_p\left(c_{1p}Q_{2mp}^{(1)}+Q_{4mp}^{(1)}\right)TA_{2pn}^{(1)}}{bc_{2p}}\tag{10-85e}$$

$$\tilde{X}_{2mn}^{b}=\sum_{p=1}^{\infty}\frac{\lambda_p\left(c_{1p}Q_{2mp}^{(1)}+Q_{4mp}^{(1)}\right)TB_{2pn}^{(1)}}{bc_{2p}}\tag{10-85f}$$

$$\tilde{X}_{4mn}^{a}=\sum_{p=1}^{\infty}\frac{\lambda_p\left(c_{1p}Q_{2mp}^{(1)}+Q_{4mp}^{(1)}\right)TA_{4pn}^{(1)}}{bc_{2p}}\tag{10-85g}$$

$$\tilde{X}_{4mn}^{b}=\sum_{p=1}^{\infty}\frac{\lambda_p\left(c_{1p}Q_{2mp}^{(1)}+Q_{4mp}^{(1)}\right)TB_{4pn}^{(1)}}{bc_{2p}}\tag{10-85h}$$

整理過後，（10-74）式及（10-75）式中未知係數僅有$B_{1n}^{(1)}$及$A_{3n}^{(1)}$，因此可構成一組聯立方程組求解$B_{1n}^{(1)}$及$A_{3n}^{(1)}$。求得$B_{1n}^{(1)}$及$A_{3n}^{(1)}$後，再代入（10-64）式-（10-67）式計算係數$A_{2n}^{(1)}$、$B_{2n}^{(1)}$、$A_{4n}^{(1)}$及$B_{4n}^{(1)}$值，而由（10-61）式及（10-62）式計算係數$D_{2n}^{(1)}$及$D_{4n}^{(1)}$值。至此，理論解析解告一個段落。

（I）（II）（III）區自由表面水位變化第一階量$\eta_j^{(1)}(x,t)$則可以計算：

$$\eta_1^{(1)}(x,t)=\left[A_{10}^{(1)}e^{-k_{10}^{(1)}(x+b)}+\sum_{n=0}^{\infty}B_{1n}^{(1)}e^{k_{1n}^{(1)}(x+b)}\right]e^{-i\sigma t},\quad x\le -b \qquad (10\text{-}86a)$$

$$\eta_2^{(1)}(x,t)=\sum_{n=0}^{\infty}\left[A_{2n}^{(1)}e^{-k_{2n}^{(1)}(x+b)}+B_{2n}^{(1)}e^{k_{2n}^{(1)}(x-b)}\right]e^{-i\sigma t}$$

$$+\sum_{n=1}^{\infty}D_{2n}^{(1)}\left(\frac{\varpi}{\lambda_n}\right)\sin[\lambda_n(x-b)]e^{-i\sigma t},\quad -b\le x\le b \qquad (10\text{-}86b)$$

$$\eta_3^{(1)}(x,t)=\sum_{n=0}^{\infty}A_{3n}^{(1)}e^{-k_{1n}^{(1)}(x-b)}e^{-i\sigma t},\quad x\ge b \qquad (10\text{-}86c)$$

波浪通過透水潛堤之反射係數 $C_R^{(1)}$ 及透過係數 $C_T^{(1)}$ 分別為第一階量進行波之振幅與入射波第一階量振幅之比值，即：

$$C_R^{(1)}=\frac{\left|B_{10}^{(1)}\right|}{\left|A_{10}^{(1)}\right|} \qquad (10\text{-}87a)$$

$$C_T^{(1)}=\frac{\left|A_{30}^{(1)}\right|}{\left|A_{10}^{(1)}\right|} \qquad (10\text{-}87b)$$

至此，理論解析的描述告一個段落。

利用本節理論解，考慮矩形透水潛堤堤高(d)為靜水深h之0.4倍（d/h=0.4）、h=0.4m、堤寬為8倍靜水深（b/h=4）、孔隙率（n_e）為0.5、線性摩擦係數（f）為2.0，虛質量係數（s）為1.0，計算透水潛堤之反射係數（$C_R^{(1)}$）、透過係數（$C_T^{(1)}$）與無因次參數 h/L 之關係，如圖10-6所示。圖中同時標出Losada et al. (1996) 之理論解及許(1998）之理論解。由圖可看出比較結果相當一致。

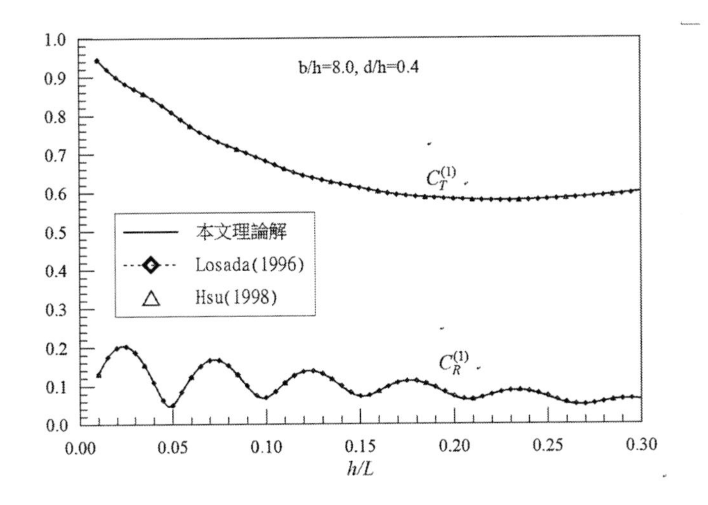

圖 10-6　波浪通過透水潛堤之反射係數
與透過係數與無因次水深關係

【參考文獻】

1. 劉正琪，波浪通過潛堤之二階理論解析，博士論文，國立成功大學水利及海洋工程學系，2002。
2. 許文鴻，多層透水潛堤消波效率之研究，國立成功大學水利及海洋工程系碩士，1998。
3. Lee, J.F., On the heave radiation of a rectangular structure, Ocean Engineering, 22 (1), 110-34, 1995.
4. Losada, I.J., R. Silva and M.A. Losada, 3-D non-breaking regular wave interaction with submerged breakwaters, Coastal Engineering, Vol.28, pp.2410-267, 1996.
5. Rojanakamthorn, S., Isobe, M. and Watanabe, A., 1989. A Mathematical Model of Wave Transformation over a Submerged Breakwater, *Coastal Engineering in Japan*. Vol.32, No.2, 201-234.

10.4　多層多區透水結構

海岸水下結構物由於施工不容易，亂拋塊石是常用的作法。透水結構物的組成很有可能也是任意多層多區。單一均質的理論描述應是無法使用。Lee (1987) 提出多層多區的透水結構波浪理論，本節的內容則摘要自Lee and Cheng (2007) 利用Rojanakamthorn et al. (1989) 的作法延伸到多層多區的問題。考慮水下透水結構物，其組成有可能為任意的不同介質，如圖10-7所示，求解問題所採用的直角座標原點訂在靜水面，x軸向右為正，z軸向上為正，水深為d。

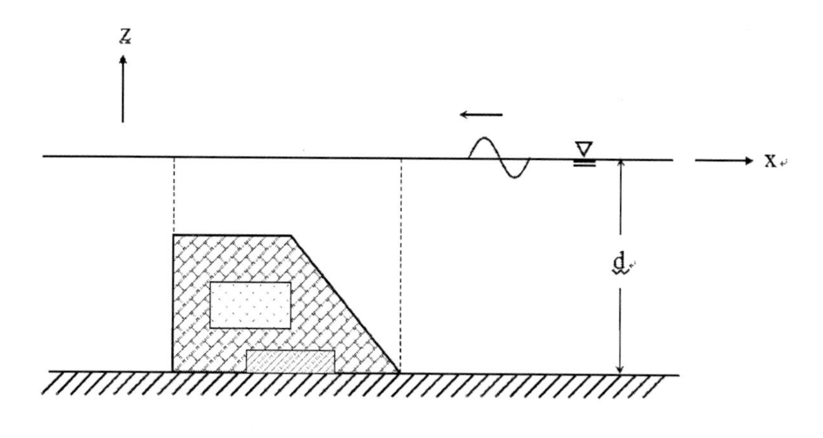

圖10-7　水下透水結構含有任意組成介質

由於採用理論解析和分離變數法求解，所求解領域需要劃分成矩形組成領域，如圖10-8所示。每一個組成領域都需要是相同介質的均質，具有傾斜面也需要以直角階梯作近似，純流體區域和不同組成介質區域都需要搭配作矩形分割。值得留意的，在這裡的作法將是任意的矩形分割，沒有數目的限制，因此，結構的斜面也可以作非常小的階梯以達到近似的要求。圖10-8僅為示意圖。

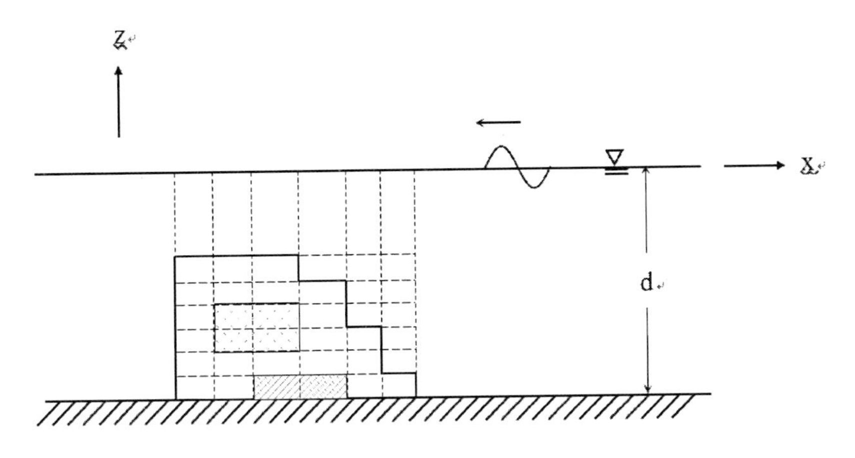

圖10-8　求解領域進行矩形組成領域分割示意圖

為理論求解方便，由水底到水面分割成M_1層，垂直方向則為M_2列。入射波沒有分層為第 0 列，結構物後方為M_1+1列，如圖由右往-x 方向為 1 到M_1。而由水底到水面則由第 1 層到M_2層。結構物最右方位置為$x=b_0$，結構物後方則為$x=b_{M_1}$；在垂直方向上，水面位置為$z=h_0=0$，水底則為$z=-h_{M_2}=-d$。就任意（m, n）區域屬於第 m 列第 n 層則如圖 10-9 所示。

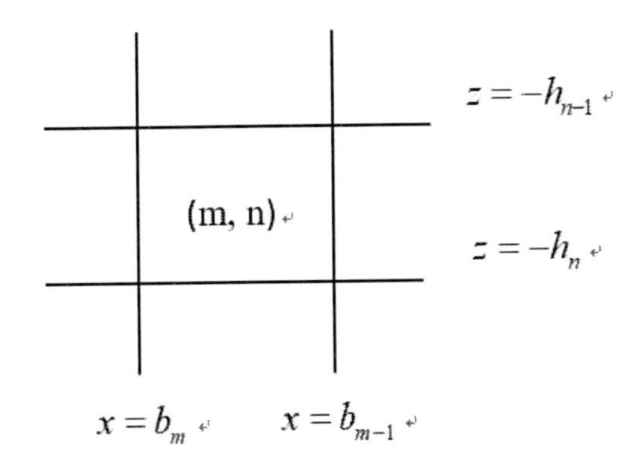

圖10-9　任意（m, n）區域的幾何位置圖

考慮穩定週期性波浪，波浪勢函數為：

$$\Phi=\phi\cdot e^{-\mathrm{i}\omega t} \tag{10-88}$$

式中，波浪角頻率$\omega=2\pi/T$，T為週期。入射波水位和勢函數給定為：

$$\eta_I=\frac{H}{2}e^{-\mathrm{i}K_0x}e^{-\mathrm{i}\omega t} \tag{10-89}$$

$$\phi_I=\frac{\mathrm{i}gH}{2\omega\cosh K_0d}\cosh K_0(z+d)e^{-\mathrm{i}K_0x} \tag{10-90}$$

H為波高、g為重力常數、K_0為週波數。第（m, n）區的控制方程式為：

$$\nabla^2\phi_{m,n}=0 \tag{10-91}$$

式中，∇^2為 Laplace 運算子，$m=1,2,3,\ldots,M_1$，$n=1,2,3,\ldots,M_2$。相鄰兩層的條件為：

$$\varepsilon_{m,n}a_{m,n}^2\frac{\partial\phi_{m,n}}{\partial z}=\varepsilon_{m,n+1}a_{m,n+1}^2\frac{\partial\phi_{m,n+1}}{\partial z},\quad z=-h_n,\quad n=1,2,\ldots,M_2-1 \tag{10-92}$$

$$\phi_{m,n}=\phi_{m,n+1},\quad z=-h_n,\quad n=1,2,\ldots,M_2-1 \tag{10-93}$$

相鄰兩列的條件為：

$$\varepsilon_{m,n}a_{m,n}^2\frac{\partial\phi_{m,n}}{\partial x}=\varepsilon_{m+1,n}a_{m+1,n}^2\frac{\partial\phi_{m+1,n}}{\partial x},\quad x=b_m,\quad m=1,2,\ldots,M_1-1 \tag{10-94}$$

$$\phi_{m,n}=\phi_{m+1,n},\quad x=b_m,\quad m=1,2,\ldots,M_1-1 \tag{10-95}$$

其中，$a_{m,n}^2=\dfrac{\mathrm{i}}{f_{m,n}-\mathrm{i}S_{m,n}}$，$\varepsilon_{m,n}$，$f_{m,n}$和$S_{m,n}$分別為孔隙率、摩擦係數、虛擬質量係數。透水區右側的交接條件為：

$$-\frac{\partial\phi_0}{\partial x}=\varepsilon_{1,n}a_{1,n}^2\frac{\partial\phi_{1,n}}{\partial x},\quad x=b_0 \tag{10-96}$$

$$\phi_0 = \phi_{1,n}, \quad x = b_0 \tag{10-97}$$

透水區左側的條件則為：

$$-\frac{\partial \phi_{M_1+1}}{\partial x} = \varepsilon_{M_1,n} a_{M_1,n}^2 \frac{\partial \phi_{M_1,n}}{\partial x}, \quad x = b_{M_1} \tag{10-98}$$

$$\phi_{M_1+1} = \phi_{M_1,n}, \quad x = b_{M_1} \tag{10-99}$$

透水區水面和底床的邊界條件則為：

$$\frac{\partial \phi_{m,M_2}}{\partial z} = 0, \quad z = -d \tag{10-100}$$

$$-\varepsilon_{m,1} a_{m,1}^2 \frac{\partial \phi_{m,1}}{\partial z} = \frac{\omega^2}{g} \phi_{m,1}, \quad z = 0 \tag{10-101}$$

在第 0 列的反射波勢函數和第 M_1+1 列的透過波浪可以分別寫為：

$$\phi_R = \sum_{q=0}^{\infty} B_{0,q} e^{-k_{0,q}(x-b_0)} \cos k_{0,q}(z+d) \tag{10-102}$$

$$\phi_T = \sum_{q=0}^{\infty} A_{M_1+1,q} e^{k_{0,q}(x+b_{M_1})} \cos k_{0,q}(z+d) \tag{10-103}$$

留意到，第 0 列的波浪實際上包括入射波和反射波，即 $\phi_0 = \phi_I + \phi_R$；第 M_1+1 列的波浪則為透過波，即 $\phi_{M_1+1} = \phi_T$。另方面，求解進行波週波數的分散方程式為：

$$\omega^2 = gK_0 \tanh K_0 d \tag{10-104}$$

求解振盪波（evanescent waves）則為：

$$\omega^2 = -gk_{0,q} \tan k_{0,q} d \tag{10-105}$$

其中，$k_{0,0} = -\mathrm{i}K_0$。

求解多層區域的波浪問題，在作法上這裡引用 Rojanakamthorn et al. (1989) 的解法，假設同一列的各層波浪的週波數保持相同，則（m,n）區域的波浪勢函數可以表示為：

$$\Phi_{m,n}=\sum_{q=0}^{\infty}X_{m,q}(x)Z_{m,n,q}(z)e^{-\mathrm{i}\omega t} \tag{10-106}$$

式中，

$$X_{m,q}(x)=A_{m,q}e^{k_{m,q}(x-b_{m-1})}+B_{m,q}e^{-k_{m,q}(x-b_m)} \tag{10-107}$$

$$Z_{m,n,q}(z)=C_{m,n,q}\cos k_{m,q}(z+h_n)+D_{m,n,q}\sin k_{m,q}(z+h_n) \tag{10-108}$$

未定係數 $A_{M_1+1,q}$ 、 $B_{0,q}$ 、 $A_{m,q}$ 、 $B_{m,q}$ 、 $C_{m,n,q}$ 以及 $D_{m,n,q}$ 則需要利用邊界條件求解。利用不透水底床條件可得：

$$C_{m,M_2,q}=1,\ \ D_{m,M_2,q}=0 \tag{10-109}$$

兩層間的運動和動力條件可得：

$$D_{m,n,q}=\frac{\varepsilon_{m,n+1}a_{m,n+1}^2}{\varepsilon_{m,n}a_{m,n}^2}\left[-C_{m,n+1,q}\sin k_{m,q}(h_{n+1}-h_n)+D_{m,n+1,q}\cos k_{m,q}(h_{n+1}-h_n)\right] \tag{10-110}$$

$$C_{m,n,q}=C_{m,n+1,q}\cos k_{m,q}(h_{n+1}-h_n)+D_{m,n+1,q}\sin k_{m,q}(h_{n+1}-h_n) \tag{10-111}$$

由此兩式可得同一列裡面各層由底床到水面 $C_{m,n,q}$ 和 $D_{m,n,q}$ 之關聯性。而各層之間的關聯性最後會引進水面邊界條件，然後得到多層波浪的分散方程式：

$$\omega^2=gk_{m,q}\varepsilon_{m,1}a_{m,1}^2\frac{C_{m,1,q}\sin(k_{m,q}h_1)-D_{m,1,q}\cos(k_{m,q}h_1)}{C_{m,1,q}\cos(k_{m,q}h_1)+D_{m,1,q}\sin(k_{m,q}h_1)} \tag{10-112}$$

此式可以利用 secant method 來求解，與純水波浪相同，具有無限多個解， $q=0,1,2,\ldots,\infty$ 。

上述求得的波浪勢函數其水深函數可以證明得到具有正交性，而此正交性也用來求解未定係數。以第 m 列來說，對下式進行各層各層由底床往水面的積分，

$$\sum_{n=1}^{M_2}\varepsilon_{m,n}a_{m,n}^2\int_{-h_n}^{-h_{n-1}}\left(Z_{m,n,p}\ddot{Z}_{m,n,q}-Z_{m,n,q}\ddot{Z}_{m,n,p}\right)dz$$

$$=\sum_{n=1}^{M_2}\varepsilon_{m,n}a_{m,n}^2\left(Z_{m,n,p}\dot{Z}_{m,n,q}-Z_{m,n,q}\dot{Z}_{m,n,p}\right)\Big|_{-h_n}^{-h_{n-1}} \quad (10\text{-}113)$$

式中，符號上方的點代表對 z 座標的微分。利用水底、各層間、以及水面的條件可得到：

$$\left(k_{m,p}^2-k_{m,q}^2\right)\sum_{n=1}^{M_2}\varepsilon_{m,n}a_{m,n}^2\int_{-h_n}^{-h_{n-1}}Z_{m,n,p}Z_{m,n,q}dz=0 \quad (10\text{-}114)$$

表示當 $p\neq q$，

$$\sum_{n=1}^{M_2}\varepsilon_{m,n}a_{m,n}^2\int_{-h_n}^{-h_{n-1}}Z_{m,n,p}Z_{m,n,q}dz=0 \quad (10\text{-}107)$$

但是當 $p=q$，則：

$$\sum_{n=1}^{M_2}\varepsilon_{m,n}a_{m,n}^2\int_{-h_n}^{-h_{n-1}}Z_{m,n,p}Z_{m,n,q}dz\neq 0 \quad (10\text{-}115)$$

此一正交特性可以利用來求解未定係數。另外在實際計算上，級數解的項數都使用有限項 N。

在 $x=b_0$，流通量連續條件乘上 $\cos k_{0,q}(z+d)$，$q=0,1,2,3,\ldots,N$，然後對水深積分 $-d\leq z\leq 0$ 可得：

$$-k_{0,p}Q_pB_{0,p}+\sum_{q=0}^{N}k_{1,q}P1_{p,q}\left(A_{1,q}-e^{-k_{1,q}(b_0-b_1)}B_{1,q}\right)=-\delta_{p,0}\frac{igHk_{0,0}e^{k_{0,0}b_0}}{2\omega\cos k_{0,0}d}Q_0 \quad (10\text{-}116)$$

式中，Delta 函數$\delta_{p,q}$定義為：

$$\delta_{p,q}=\begin{cases}1 & p=q\\ 0 & p\neq q\end{cases} \quad (10\text{-}117)$$

同樣的，在$x=b_0$，壓力連續條件乘上$\cos k_{0,q}(z+d)$，$q=0,1,2,3,...,N$，然後對水深積分$-d\le z\le 0$可得：

$$-Q_pB_{0,p}+\sum_{q=0}^{N}P2_{p,q}\left(A_{1,q}+e^{-k_{1,q}(b_0-b_1)}B_{1,q}\right)=\delta_{p,0}\frac{\mathrm{i}gHe^{k_{0,0}b_0}}{2\omega\cos k_{0,0}d}Q_0 \quad (10\text{-}118)$$

在$x=b_{M_1}$，流通量連續條件乘上$\cos k_{0,p}(z+d)$，$p=0,1,2,3,...,N$，然後對水深積分$-d\le z\le 0$可得：

$$\sum_{q=0}^{N}k_{M_1,q}P3_{p,q}\left(e^{k_{M_1,q}(b_{M_1}-b_{M_1})}A_{M_1,q}-B_{M_1,q}\right)+k_{0,p}Q_pB_{M_1+1,p}=0 \quad (10\text{-}119)$$

同樣的，在$x=b_{M_1}$，壓力連續條件乘上$\cos k_{0,p}(z+d)$，$p=0,1,2,3,...,N$，然後對水深積分$-d\le z\le 0$可得：

$$\sum_{q=0}^{N}P4_{p,q}\left(e^{k_{M_1,q}(b_{M_1}-b_{M_1-1})}A_{M_1,q}+B_{M_1,q}\right)-Q_pA_{M_1+1,p}=0 \quad (10\text{-}120)$$

上面四式中，

$$P1_{p,q}=\sum_{n=1}^{M_2}\varepsilon_{1,n}a_{1,n}^2\int_{-h_n}^{-h_{n-1}}Z_{1,n,q}\cos k_{0,p}(z+d)dz \quad (10\text{-}121a)$$

$$P2_{p,q}=\sum_{n=1}^{M_2}\int_{-h_n}^{-h_{n-1}}Z_{1,n,q}\cos k_{0,p}(z+d)dz \quad (10\text{-}121b)$$

$$P3_{p,q}=\sum_{n=1}^{M_2}\varepsilon_{M_1,n}a_{M_1,n}^2\int_{-h_n}^{-h_{n-1}}Z_{M_1,n,q}\cos k_{0,p}(z+d)dz \quad (10\text{-}121c)$$

$$P4_{p,q}=\sum_{n=1}^{M_2}\int_{-h_n}^{-h_{n-1}}Z_{M_1,n,q}\cos k_{0,p}(z+d)dz \quad (10\text{-}121d)$$

$$Q_q = \int_{-d}^{0} \cos^2 k_{0,q}(z+d)dz \tag{10-121e}$$

接下來則利用正交性到各列之間的條件。在 $x = b_m$，即 m 列和 m+1 列之間，利用 m 列的正交性，流通量連續式子乘上 $Z_{m,n,p}$，$p = 0,1,2,3,...,N$，對各層積分，然後累加可得：

$$k_{m,p}S_{m,p}\left(e^{k_{m,p}(b_m - b_{m-1})}A_{m,p} - B_{m,p}\right) + \sum_{q=0}^{N} k_{m+1,q}R_{m,p,q}\left(-A_{m+1,q} + e^{k_{m+1,q}(b_{m+1}-b_m)}B_{m+1,q}\right) = 0 \tag{10-122}$$

同樣的，利用 m+1 列的正交性，壓力連續條件乘上 $\varepsilon_{m+1,n}a_{m+1,n}^2 Z_{m+1,n,p}$，$p = 0,1,2,3,...,N$，對各層積分 $-h_{n-1} \le z \le -h_n$，然後 $n = 1 \sim M_2$ 累加得到：

$$\sum_{q=0}^{N} R_{m,q,p}\left(e^{k_{m,q}(b_m - b_{m-1})}A_{m,q} + B_{m,q}\right) - S_{m+1,p}\left(A_{m+1,p} + e^{k_{m+1,p}(b_{m-1}-b_m)}B_{m+1,p}\right) = 0 \tag{10-123}$$

式中，

$$R_{m,p,q} = \sum_{n=1}^{M_2} \varepsilon_{m+1,n}a_{m+1,n}^2 \int_{-h_n}^{-h_{n-1}} Z_{m,n,p}Z_{m+1,n,q}dz \tag{10-124a}$$

$$S_{m,q} = \sum_{n=1}^{M_2} \varepsilon_{m,n}a_{m,n}^2 \int_{-h_n}^{-h_{n-1}} Z_{m,n,q}^2 dz \tag{10-124b}$$

綜合上述，求解 $2\times(M_1+1)(N+1)$ 個聯立方程式，得到 $A_{M_1+1,q}$、$B_{0,q}$、$A_{m,q}$、$B_{m,q}$，$m = 1,2,3,\ldots,M_1$，$q = 0,1,2,3,...,N$。

反射係數和透過係數則可以表出為：

$$K_R = \frac{2\omega}{gH}\left|B_{0,0}\cos k_{0,0}d\right| \tag{10-125}$$

$$K_T = \frac{2\omega}{gH}\left|A_{M_1+1,0}\cos k_{0,0}d\right| \tag{10-126}$$

若所考慮的透水結構物後方為不透水牆，即$x = b_{M_1}$，表示在這狀況沒有$M_1 + 1$列。此時需要使用不透水條件：

$$\frac{\partial \phi_{M_1,n}}{\partial x} = 0 \text{，} \quad x = b_{M_1} \qquad (10\text{-}127)$$

而上式則乘上$\varepsilon_{M_1,n} a_{M_1,n}^2 Z_{M_1,n,p}$，$p = 0,1,2,3,\ldots,N$，對各層積分$-h_{n-1} \le z \le -h_n$，然後累加 n=1~$M_2$得到：

$$e^{k_{M_1,p}\left(b_{M_1} - b_{M_1-1}\right)} A_{M_1,p} - B_{M_1,p} = 0 \qquad (10\text{-}128)$$

此時則求解$(2M_1 + 1)(N + 1)$個聯立式子，解出$B_{0,q}$、$A_{m,q}$、$B_{m,q}$，$m = 1,2,3,\ldots,M_1$，$q = 0,1,2,3,\ldots,N$。

本節理論解析解如果限定僅有一列水下透水結構，或者說單一均質水下透水結構，則理論上來說即可簡化為 Rojanakamthorn et al. (1989) 的結果。不過值得一提的，相同的問題但是 Lee and Liu (1995) 利用求解非齊性問題的作法也提出另一個解，在此則作相互比較。圖 4 為反射率和透過率 versus 相對水深之比較，結構物寬度$2d$、高度$d/2$，透水結構孔隙率 0.4、摩擦係數 1.0、虛擬質量係數 1.0。理論解級數項數使用 15 項。由圖 10-10 可看出比較結果幾乎重合。

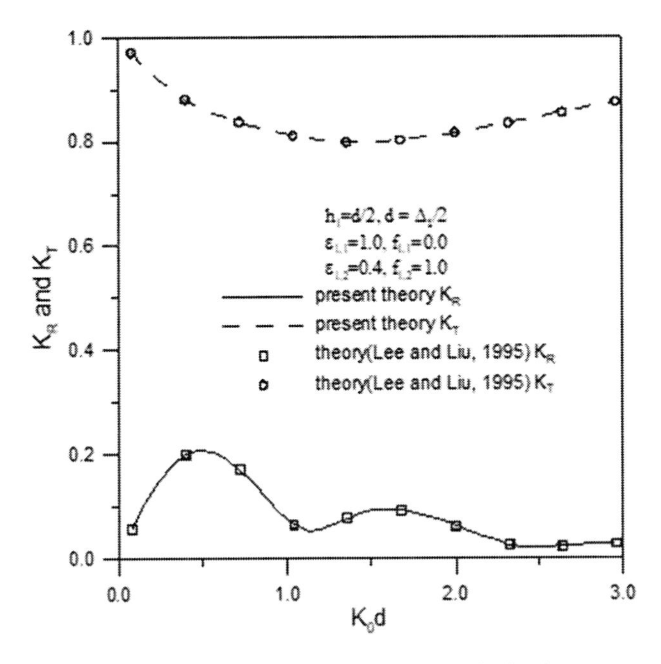

圖10-10　反射率和透過率versus相對水深

本節多層多區透水理論也用來與 Lee (1987) 的解析解和試驗結果比較。Lee (1987) 的多層多區解析解使用其獨特的解法，詳細內容可以參考其博士論文。用來比較的案例幾何配置如圖 10-11 所示。直立壁前方拋石潛堤的孔隙率 $\varepsilon = 0.441$、intrinsic permeability $K_p = 4.31\times10^{-5}\ ft^2$、無因次 turbulence coefficient $C_f = 0.3637$。Lee (1987) 解析解所使用的矩形區域分割圖則如圖 10-12 所示。

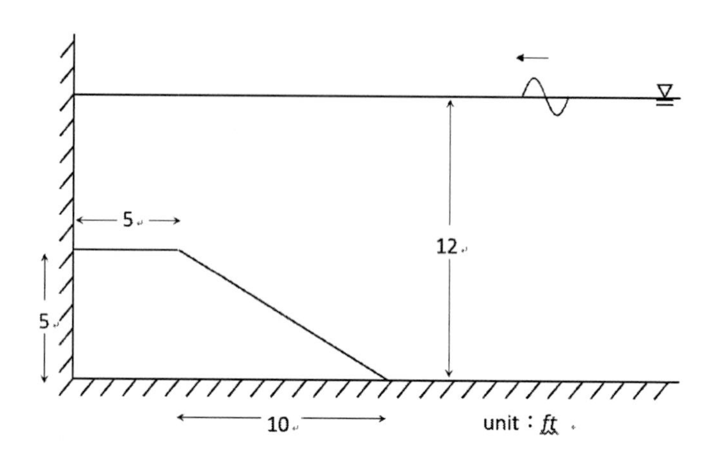

圖10-11　Lee (1987) 多層多區透水結構示意圖

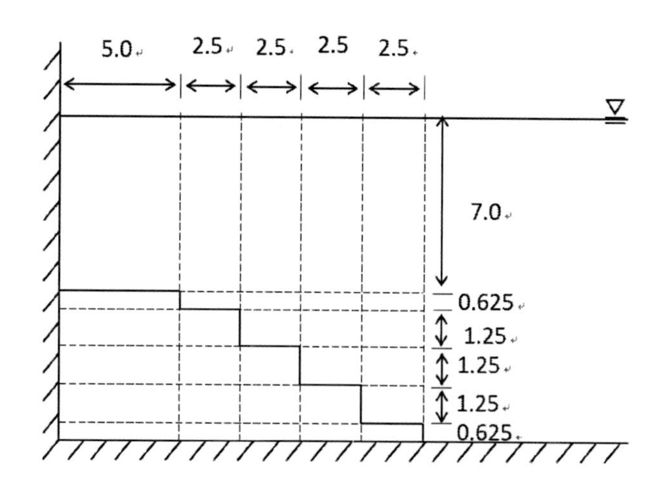

圖10-12　Lee (1987) 解析解所使用矩形區域分割圖

利用本節多層多區透水結構理論，配合圖 10-12 的區域分割圖，計算反射率隨 d/L_0 變化如圖 10-13 所示。反射率隨 H/L_0 變化如圖 10-14 所示。壓力分佈則如圖 10-15 所示。由比較顯示，兩個理論結果相當接近，但是試驗結果則顯得比較散亂。至於壓力分佈比較結果僅能夠說兩個理論趨勢一致與試驗比較則可以說在合理範圍，畢竟波浪在透水拋石結構裡面的運動能夠有一個理論進行巨觀的描述已經相當不容易。

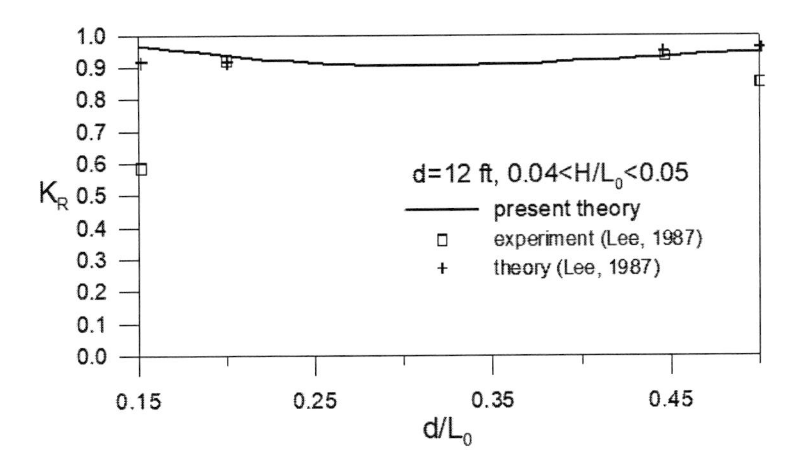

圖10-13　反射率隨 d/L_0 變化圖（d=12ft）

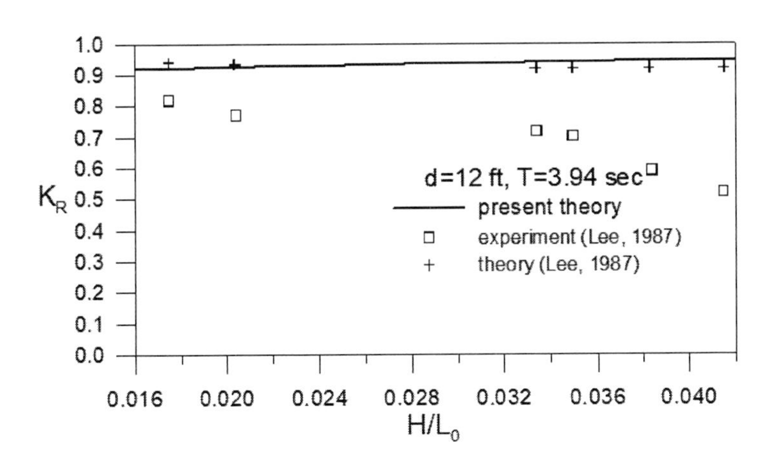

圖10-14　反射率隨 H/L_0 變化圖（d=12ft，T = 3.937 sec）

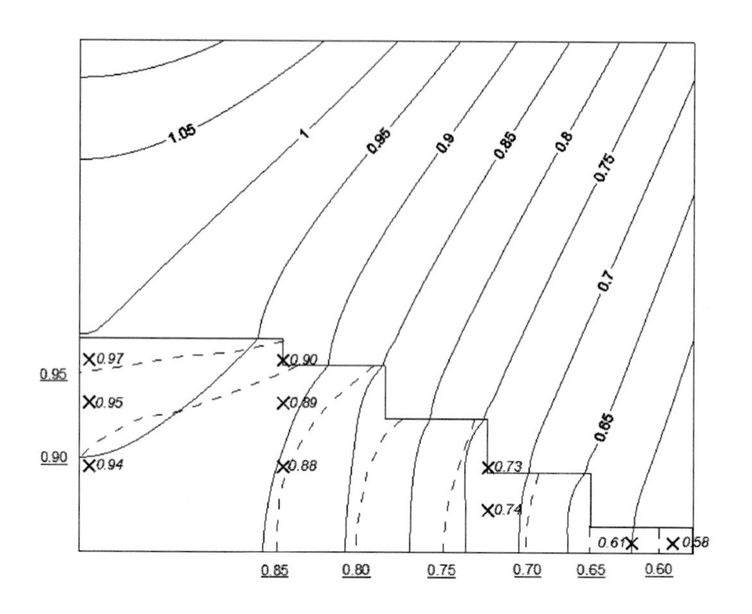

圖10-15　透水結構計算領域壓力分佈圖

（實線：本節理論、短橫線：Lee, 1987、×

試驗：T = 6.36 sec and H = 1.09 ft）

【參考文獻】

1. Lee, C.P., 1987. *Wave Interaction with Permeable Structure*. PhD Thesis, Oregon State University, Corvallis, Oregon, USA.

2. Lee, J.F. and Cheng, Y.M., A theory for waves interacting with porous structures with multiple regions, Ocean Engineering, Vol.34, Issue 11-12, pp.1690-1700, 2007.

3. Lee, J. F. and Liu, C. C., 1995. Anew solution of waves passing a submerged porous structure. *Proc., 17th Conf. On Ocean Engineering in Taiwan*, 593-606.

4. Rojanakamthorn, S., Isobe, M. and Watanabe, A., 1989. A Mathematical Model of Wave Transformation over a Submerged

Breakwater, *Coastal Engineering in Japan*. Vol.32, No.2, 2010-234.

5. Sollitt, C.K. and Cross， R.H., 1972. Wave Transmission Through Permeable Breakwaters. *Proc. 13th ICCE*, Vol. III, 1827-1846.
6. Sulisz, W., 1985. Wave reflection and transmission at permeable breakwaters of arbitrary cross section. *Coastal Engineering*, Vol.9, 371-386.

第十一章　波浪與可變形結構物互制分析

本章大綱

11.1　樑的橈曲理論

11.2　波浪與樑互相作用分析

11.3　兩列可變形樑

本章說明波浪與可變形柔性結構物互相作用的理論分析。利用樑的橈曲理論來模擬可變形結構物可見於 Tanaka and Hudspeth (1988)，他們用樑的理論來模擬儲存液體圓柱容器受到地震作用，圓柱壁面受到的流體動壓力和壁面的變形特性。特別的是他們在求解方法上利用流體和結構交界面條件將結構物方程式轉成可以直接積分的微分式因此可以進行理論解析。Lee (1988) 將 Tanaka and Hudspeth 對於樑方程式處理的方法應用到波浪作用於防坡堤的問題，討論防波堤震動對於波浪動壓力的影響。Lee and Chen (1990) 則直接研究鉸支（hinge）可變形結構物與波浪互制的問題。至於鉸支結構物與波浪互相作用的問題則可見 Sollitt et al. (1986)，他們對於兩支不變形但是會運動的鉸支結構物和波浪作用的問題提出理論解析解。如果可變形結構物考慮可透水，則結構物表面的邊界條件可以參考 Chwang (1983) 所使用的薄板透水處理方法，即可以進一步著手理論解析。本章內容 11.1 先介紹樑的理論，接著 11.2 說明入射波浪與單一可變形樑互相作用問題的理論解析。11.3 則為兩列可變形結構物的問題解析。以方法論而言可以得到無限多列的可變形結構解析，但是在數學表示式上可能過於龐大而實際不可行，但是在原始動機上則為模擬整區可變形物體對於波浪的影響。

11.1 樑的橈曲理論

對於樑的橈曲理論可以由材料力學得到詳細的說明，在本節內容則為將基本概念由最具體的曲率半徑開始，直接彙整得到樑的位移方程式。對於樑受力彎曲產生變形的概念，應該可以由曲率半徑（radius of curvature）的定義開始，如圖 11-1 所示，懸臂樑（cantilever beam）受力產生彎曲，由長度 ds 左右兩點 m_1, m_2 垂直於樑畫出直線相交於一點 O'，可定義曲率半徑 ρ。產生的曲率 κ 可定義為：

$$\kappa = 1/\rho \qquad (11\text{-}1)$$

由圖 11-1 幾何關係可知：

$$ds = \rho \cdot d\theta \qquad (11\text{-}2)$$

由（11-1）（11-2）可得曲率表示式：

$$\kappa = d\theta / ds \qquad (11\text{-}3)$$

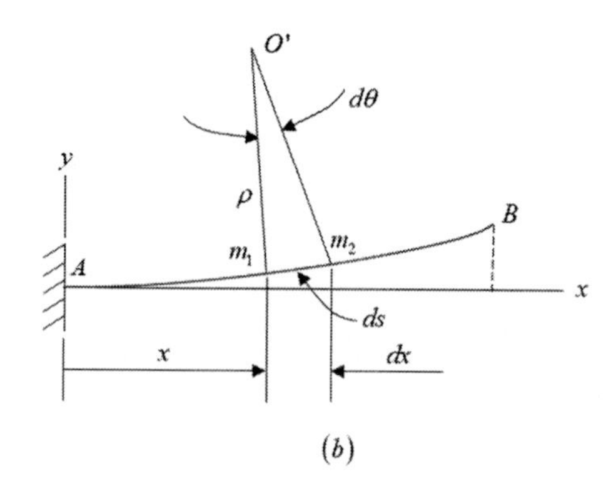

圖 11-1　懸臂樑受力彎曲示意圖

一般梁的變位比起梁的長度很小，即 $ds \cong dx$，則曲率（11-3）式可寫為：

$$\kappa = d\theta / dx \tag{11-4}$$

接著定義梁的變形和應變，考慮如圖 11-2 所示，梁長軸在 x 軸，斷面對 y 軸對撐，當梁受彎矩作用產生變形，假設斷面 mn 和 pq 保持平面。

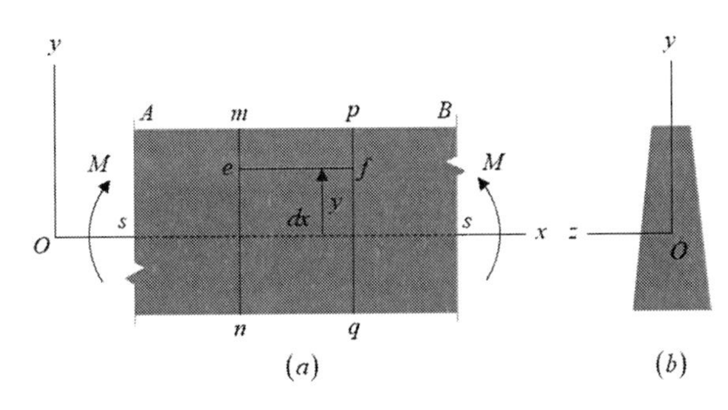

圖 11-2　梁受彎矩作用斷面位置示意圖

梁斷面上 y 位置軸線長度為，如圖 11-3 所示。

$$\begin{aligned} L_1 &= (\rho - y)d\theta \\ &= dx - y(dx/\rho) \end{aligned} \tag{11-5}$$

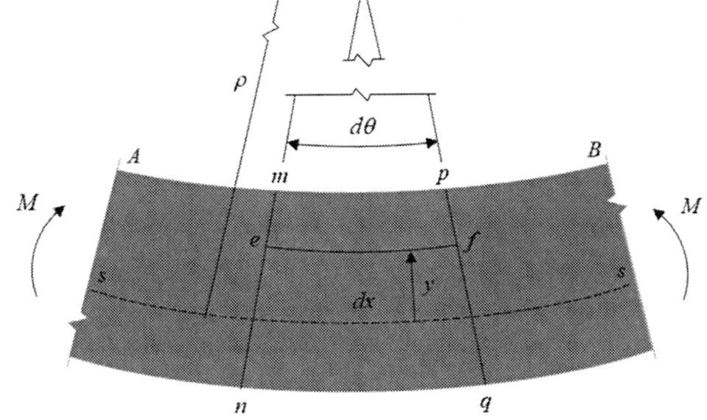

圖 11-3　梁斷面內軸線長度定意圖

ef 長度變化為：

$$\begin{aligned}\delta &= L_1 - dx \\ &= -y(dx/\rho)\end{aligned} \tag{11-6}$$

應變則表示為：

$$\begin{aligned}\varepsilon_x &= \delta / dx \\ &= -y/\rho \\ &= -\kappa y\end{aligned} \tag{11-7}$$

由（11-7）式可知，在彎矩作用下，中心軸 x 軸以上軸長縮短應變為負，中心軸以下軸長伸長應變為正。同時，應變分佈為線性。若考慮樑材料為線性彈性，則應力（stress）可表示為：

$$\begin{aligned}\sigma_x &= E \cdot \varepsilon_x \\ &= -E\kappa y\end{aligned} \tag{11-8}$$

由（11-8）式也可知，樑斷面上的應力分佈如圖 11-4(a)所示，中心軸以上為壓應力，中心軸以下則為張應力。

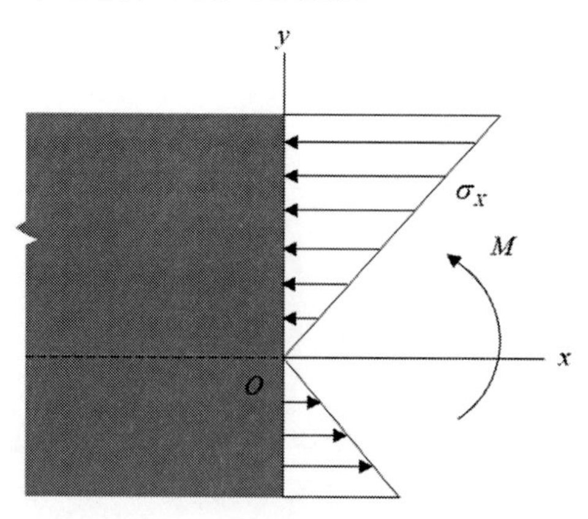

圖 11-4(a)　樑斷面上應力分佈圖

利用（11-8）式，配合圖 11-4(b)，可由應力分佈積分得到與外力彎矩之關係式。

$$M = -\int_A \sigma_x y dA = \int_A \mathrm{E}\kappa y^2 dA \qquad (11\text{-}9)$$

上式可另寫為：

$$M = E\kappa I \qquad (11\text{-}10)$$

式中，I 為斷面對 z 軸的二次力矩，或慣性力矩（moment of inertia），

$$I = \int_A y^2 dA \qquad (11\text{-}11)$$

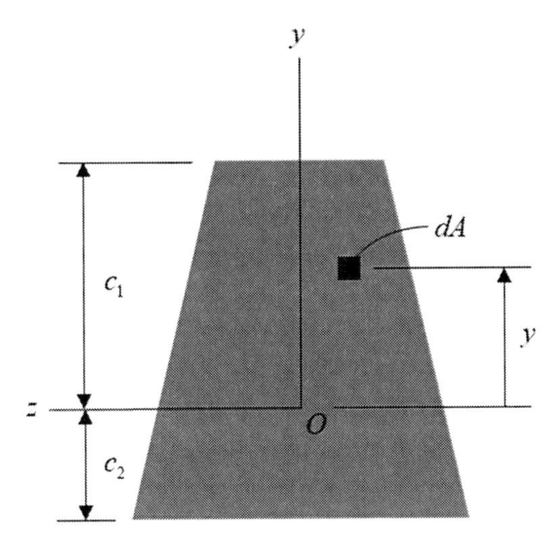

圖 11-4(b)　樑斷面上應力對中心軸之力矩

（11-10）式為外力的力矩和樑變形曲率之關係式，需要進一步轉變為更直接的外力與結構位移之關係式，藉以有利於後續使用。

作用在樑 dx 上均勻分佈力 q 和斷面上剪力 V 與彎矩 M 如圖 11-5 所示。由 y 方向力的平衡可得：

$$\frac{dV}{dx} = -q \qquad (11\text{-}12)$$

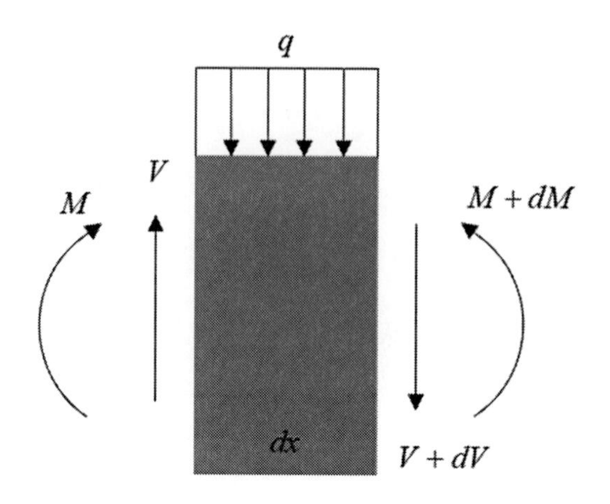

圖 11-5　作用樑上分佈力 q 和斷面上剪力與彎矩示意圖

由圖 11-5，對 x 位置計算力矩平衡並忽略二次項，可得：

$$\frac{dM}{dx}=V \tag{11-13}$$

（11-12）（11-13）兩式表示，剪力的微分得到均勻分佈外力，而彎矩的微分則得到剪力。需要留意的，圖 11-5 中外力作用的方向。（11-13）代入（11-12）式可得彎矩與外力的關係：

$$\frac{d^2M}{dx^2}=-q \tag{11-14}$$

另外，（11-10）式彎矩表示式中，曲率可以利用樑位移表出：

$$\kappa=\frac{d\theta}{dx}=\frac{d}{dx}\left(\frac{d\xi}{dx}\right) \tag{11-15}$$

則由（11-10）配合（11-15）（11-14）可以得到樑的位移方程式：

$$EI\frac{d^4\xi}{dx^4}=-q \tag{11-16}$$

在動力問題分析中需要考慮慣性力項，則（11-16）式成為：

$$m\ddot{\xi}+EI\frac{d^4\xi}{dx^4}=-q \tag{11-17}$$

若進一步考慮週期性運動，則上式改寫為：

$$-\omega^2 m\xi+EI\frac{d^4\xi}{dx^4}=-q \tag{11-18}$$

留意到，上式樑的位移方程式含有位移的四次微分項。

上述樑橈曲理論為一般材料力學所描述內容，若應用到海洋工程模擬直立可變形結構物，則結構物中心軸指向在 z 軸，樑位移在 x 軸方向，如圖 11-6 所示，則樑位移方程式，(11-16)(11-17)(11-18)式改寫為：

$$EI\frac{d^4\xi}{dz^4}=-q \tag{11-19}$$

$$m\ddot{\xi}+EI\frac{\partial^4\xi}{\partial z^4}=-q \tag{11-20}$$

$$-\omega^2 m\xi+EI\frac{\partial^4\xi}{\partial z^4}=-q \tag{11-21}$$

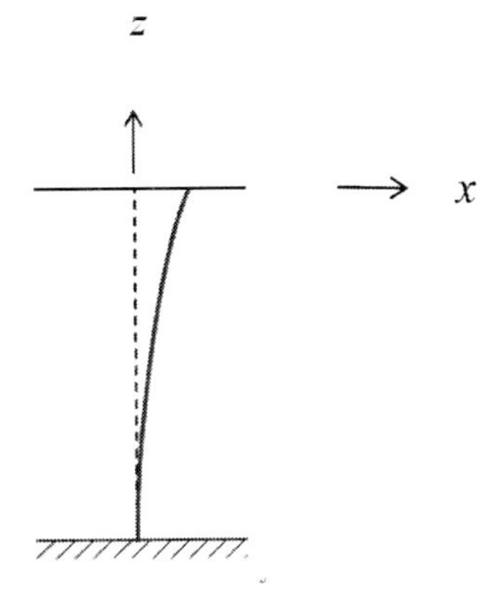

圖 11-6　直立可變形結構物示意圖

11.2　波浪與樑互相作用分析

應用樑的理論探討和流體互相作用的問題可見於 Tanaka and Hudspeth (1988)，在其研究中，考慮直立中空圓柱容器內含流體而受到地震作用。在理論解析上，中空圓柱由於震動變形，因此用可變形樑來模擬，圓柱內的流體也考慮可以有自由液面。在結構物運動方程式的處理上，其作法為有效運用結構物和流體間的交界條件，讓方程式改變成為可以直接積分的形式藉以求解。本章可變形樑和波浪互相作用問題的得以進行理論解析，思緒來源為 Tanaka and Hudspeth (1988) 對於結構物處理方法。

所考慮的問題如圖 11-7 所示，等水深 h ，樑在 $x=0$ 位置，座標原點在靜水面，入射波由右方進入問題領域。入射波的勢能函數 Φ^I 為：

$$\Phi^I = -\frac{Hg}{2\omega}\frac{\cosh K(z+h)}{\cosh Kh}e^{-i(Kx+\omega t)} \tag{11-22}$$

式中，H 為入射波波高，g 為重力加速度，$\omega=2\pi/T$ 為波浪角頻率，T 為週期，K 為週波數。

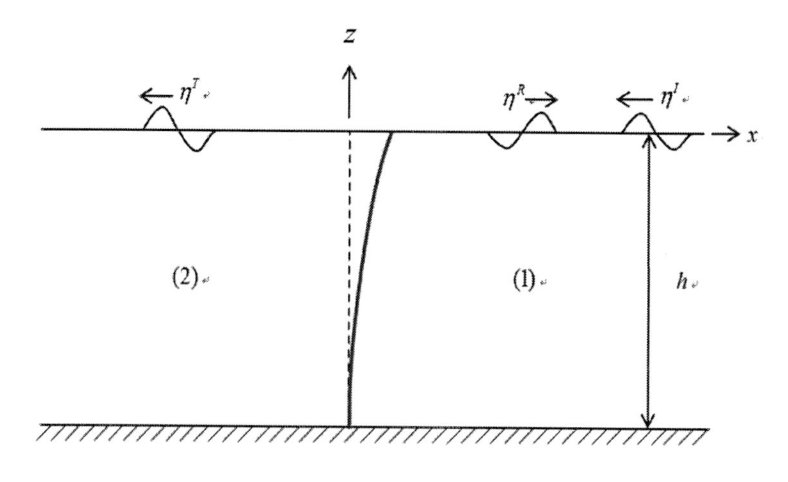

圖 11-7　波浪通過單根不透水柔性結構物示意圖

在理論解析上，將問題領域分成兩區，結構物右方為第（1）區，結構物左方為第（2）區，第（1）區在結構物前方產生反射波，在第（2）區結構物後方則產生透過波。利用造波理論通解，反射波和透過波勢函數可寫出為：

$$\Phi^R=\sum_{n=0}^{\infty}C_{1n}\cos k_n(z+h)e^{-k_n x}e^{-i\omega t} \qquad (11\text{-}23)$$

$$\Phi^T=\sum_{n=0}^{\infty}C_{2n}\cos k_n(z+h)e^{k_n x}e^{-i\omega t} \qquad (11\text{-}24)$$

式中，定義 $k_0=-iK$ ，C_{1n} 及 C_{2n} 為待定係數，而 k_n 滿足分散方程式：

$$\omega^2=-gk_n\tan k_n h \qquad (11\text{-}25)$$

可變形不透水結構物則使用橈曲性樑理論來描述，其動力運動方程式可以表示為：

$$m\frac{\partial^2 U}{\partial t^2}+EI\frac{\partial^4 U}{\partial z^4}=P(z,t) \qquad (11\text{-}26)$$

式中，EI 為結構物的橈曲剛度，U 為結構物的位移，m 為每單位長度的質量。等號左邊第一項為慣性力，等號右邊為單位長度作用力，可由結構物前後波浪壓力計算：

$$P(z,t)=\rho\left[-\frac{\partial}{\partial t}(\Phi_1)+\frac{\partial}{\partial t}(\Phi_2)\right]_{x=0} \qquad (11\text{-}27)$$

結構物運動方程式所需要的邊界條件為，樑底部固定不動位移為零，以及固定端樑斜率為零。

$$U(z,t)=0,\quad z=-h \qquad (11\text{-}211\text{-}1)$$

$$\frac{\partial U(z,t)}{\partial z}=0,\quad z=-h \qquad (11\text{-}211\text{-}2)$$

而在結構物頂端為自由端，其剪力與彎矩為零，

$$\frac{\partial^3 U(z,t)}{\partial z^3}=0,\quad z=0 \tag{11-29-1}$$

$$\frac{\partial^4 U(z,t)}{\partial z^4}=0,\quad z=0 \tag{11-29-2}$$

另方面，不透水可變形結構物表面的速度相等條件：

$$\frac{\partial U}{\partial t}=-\frac{\partial(\Phi^I+\Phi^R)}{\partial x},\quad x=0^+ \tag{11-30-1}$$

$$\frac{\partial U}{\partial t}=-\frac{\partial \Phi^T}{\partial x},\quad x=0^- \tag{11-30-2}$$

若考慮穩定週期性問題，可將問題之時間項提出來：

$$U(z,t)=u(z)e^{-i\omega t} \tag{11-31}$$

$$\Phi^R(x,z,t)=\phi^R(x,z)e^{-i\omega t} \tag{11-32}$$

$$\Phi^T(x,z,t)=\phi^T(x,z)e^{-i\omega t} \tag{11-33}$$

則上述結構物方程式（11-26）（11-27）式，以及表面條件（11-30）式，可以改寫為：

$$-\omega^2 mu+EI\frac{d^4u}{dz^4}=-i\omega\rho(-\phi^I-\phi^R+\phi^T),\quad x=0 \tag{11-34}$$

$$i\omega u=\frac{\partial(\phi^I+\phi^R)}{\partial x},\quad x=0^+ \tag{11-35a}$$

$$i\omega u=\frac{\partial\phi^T}{\partial x},\quad x=0^- \tag{11-35b}$$

（11-34）式之形式由於有四次微分項，因此直接求解並不容易。依據 Tanaka and Hudspeth (1988) 之作法為為將（11-34）式第一項利用表面條件代換掉，讓式子成為單純的四次微分式。如此，將（11-34）式等號左邊第一項利用（11-35b）式代換移到等號右邊成為：

$$EI\frac{d^4u}{dz^4}=-i\omega\rho(-\phi^I-\phi^R+\phi^T)-i\omega m(\frac{\partial\phi^T}{\partial x}),\quad x=0 \tag{11-36}$$

（11-36）式為對 z 的四次常微分方程式，等號右邊表示式代入波浪勢函數後，經過四次積分可得：

$$EIu=-\frac{i\rho Ag}{K^4}\frac{\cosh K(z+h)}{\cosh Kh}+$$
$$i\omega\left[\rho\sum_{n=0}^{\infty}\frac{C_{1n}}{k_n^4}\cos k_n(z+h)-m\sum_{n=0}^{\infty}\frac{C_{2n}}{k_n^3}\cos k_n(z+h)-\rho\sum_{n=0}^{\infty}\frac{C_{2n}}{k_n^4}\cos k_n(z+h)\right]$$
$$+\frac{a_4}{6}z^3+\frac{a_3}{2}z^2+a_2z+a_1 \tag{11-37}$$

式中，a_1、a_2、a_3、a_4 為待求解積分常數。

接下來為將結構物位移表示式，（11-37）式，代入結構物表面的速度相等條件，（11-35）（11-36）兩式，並利用水深函數的正交特性，分別乘上水深函數然後對水深積分，可得求解波浪場待定係數 C_{1n},C_{2n} 的聯立方程式，表示為：

$$A_{1n}C_{1n}+A_{2n}C_{2n}=A_{3n} \tag{11-38}$$

$$B_{1n}C_{1n}+B_{2n}C_{2n}=B_{3n} \tag{11-39}$$

其中

$$A_{1n}=\frac{\omega^2\rho N_n}{EIk_n^4} \tag{11-40}$$

$$A_{2n} = -\frac{\omega^2 \rho N_n}{EIk_n^4} - \frac{\omega^2 m N_n}{EIk_n^2} + k_n N_n \quad (11\text{-}41)$$

$$A_{3n} = \overline{A_{3n}} + \frac{i\omega}{EI}\left[\frac{a_4}{6}Z_{4n} + \frac{a_3}{2}Z_{3n} + a_2 Z_{2n} + a_1 Z_{1n}\right] \quad (11\text{-}42)$$

$$B_{1n} = A_{1n} - k_n N_n \quad (11\text{-}43)$$

$$B_{2n} = A_{2n} - k_n N_n \quad (11\text{-}44)$$

$$B_{3n} = A_{3n} - \overline{B_{3n}} \quad (11\text{-}45)$$

$$\overline{A_{3n}} = \frac{\omega \rho A g N_1}{EIK^4 \cosh(Kh)}, \overline{A_{3n}} \cdot \delta(n-1) \quad (11\text{-}46)$$

$$\overline{B_{3n}} = \frac{iKAgN_1}{\omega \cosh(Kh)}, \overline{B_{3n}} \cdot \delta(n-1) \quad (11\text{-}47)$$

$$N_n = \int_{-h}^{0} \cos^2 k_n(z+h) dz \quad (11\text{-}48)$$

$$Z_{mn} = \int_{-h}^{0} z^{m-1} \cos k_n(z+h) dz \quad (11\text{-}49)$$

解析求解（11-38）（11-39）式，可得：

$$C_{1n} = -f_{4n}a_4 - f_{3n}a_3 - f_{2n}a_2 - f_{1n}a_1 - \frac{k_n N_n \overline{A_{3n}}}{D_n} + \frac{A_{2n}\overline{B_{3n}}}{D_n} \quad (11\text{-}50)$$

$$C_{2n} = f_{4n}a_4 + f_{3n}a_3 + f_{2n}a_2 + f_{1n}a_1 + \frac{k_n N_n \overline{A_{3n}}}{D_n} - \frac{A_{1n}\overline{B_{3n}}}{D_n} \quad (11\text{-}51)$$

其中

$$f_{4n} = i\omega \frac{k_n N_n Z_{4n}}{6EID_n} \quad (11\text{-}52)$$

$$f_{3n} = i\omega \frac{k_n N_n Z_{3n}}{2EID_n} \tag{11-53}$$

$$f_{2n} = i\omega \frac{k_n N_n Z_{2n}}{EID_n} \tag{11-54}$$

$$f_{1n} = i\omega \frac{k_n N_n Z_{1n}}{EID_n} \tag{11-55}$$

$$D_n = A_{1n}B_{2n} - A_{2n}B_{1n} \tag{11-56}$$

留意到（11-50）（11-51）式為以結構物積分常數a_1、a_2、a_3、a_4表出。最後將（11-50）和（11-51）式C_{1n}, C_{2n}表示式代入結構物位移表示式（11-37）式，再利用樑兩端點的四個條件，可以得到四個方程式求解四個未知數。經過整理後可得：

$$r_{11}a_4 + r_{12}a_3 + r_{13}a_2 + r_{14}a_1 = r_{15} \tag{11-57}$$

$$r_{21}a_4 + r_{22}a_3 + r_{23}a_2 + r_{24}a_1 = r_{25} \tag{11-58}$$

$$r_{31}a_4 + r_{32}a_3 + r_{33}a_2 + r_{34}a_1 = r_{35} \tag{11-59}$$

$$r_{41}a_4 + r_{42}a_3 + r_{43}a_2 + r_{44}a_1 = r_{45} \tag{11-60}$$

其中

$$r_{11} = -i\omega\left[m\sum\frac{f_{4n}}{k_n^3} + 2\rho\sum\frac{f_{4n}}{k_n^4}\right] - \frac{h^3}{6} \tag{11-61}$$

$$r_{12} = -i\omega\left[m\sum\frac{f_{3n}}{k_n^3} + 2\rho\sum\frac{f_{3n}}{k_n^4}\right] + \frac{h^2}{2} \tag{11-62}$$

$$r_{13} = -i\omega\left[m\sum\frac{f_{2n}}{k_n^3} + 2\rho\sum\frac{f_{2n}}{k_n^4}\right] - h \tag{11-63}$$

$$r_{14}=-i\omega\left[m\sum\frac{f_{1n}}{k_n^3}+2\rho\sum\frac{f_{1n}}{k_n^4}\right]+1 \quad (11\text{-}64)$$

$$r_{15}=\frac{i\rho gA}{K^4\cosh(Kh)}+i\omega\left[\begin{aligned}&-m\sum\frac{A_{1n}\overline{B_{3n}}}{k_n^3D_n^1}-\rho\sum\frac{A_{2n}\overline{B_{3n}}}{k_n^4D_n^1}-\rho\sum\frac{A_{1n}\overline{B_{3n}}}{k_n^4D_n^1}\\&+m\sum\frac{N_n\overline{A_{3n}}}{k_n^2D_n^1}+2\rho\sum\frac{N_n\overline{A_{3n}}}{k_n^3D_n^1}\end{aligned}\right] \quad (11\text{-}65)$$

$$r_{21}=\frac{h^2}{2} \quad (11\text{-}66)$$

$$r_{22}=-h \quad (11\text{-}67)$$

$$r_{23}=1 \quad (11\text{-}68)$$

$$r_{24}=0 \quad (11\text{-}69)$$

$$r_{25}=0 \quad (11\text{-}70)$$

$$r_{31}=i\omega\left[m\sum\frac{\cos(k_nh)f_{4n}}{k_n}+2\rho\sum\frac{\cos(k_nh)f_{4n}}{k_n^2}\right] \quad (11\text{-}71)$$

$$r_{32}=i\omega\left[m\sum\frac{\cos(k_nh)f_{3n}}{k_n}+2\rho\sum\frac{\cos(k_nh)f_{3n}}{k_n^2}\right]+1 \quad (11\text{-}72)$$

$$r_{33}=i\omega\left[m\sum\frac{\cos(k_nh)f_{2n}}{k_n}+2\rho\sum\frac{\cos(k_nh)f_{2n}}{k_n^2}\right] \quad (11\text{-}73)$$

$$r_{34}=i\omega\left[m\sum\frac{\cos(k_nh)f_{1n}}{k_n}+2\rho\sum\frac{\cos(k_nh)f_{1n}}{k_n^2}\right] \quad (11\text{-}74)$$

$$r_{35}=\frac{i\rho gA}{K^2}+i\omega\left[\begin{array}{l} m\sum\frac{\cos(k_nh)A_{1n}\overline{B_{3n}}}{k_nD_n}+\rho\sum\frac{\cos(k_nh)A_{2n}\overline{B_{3n}}}{k_n^2D_n} \\ +\rho\sum\frac{\cos(k_nh)A_{1n}\overline{B_{3n}}}{k_n^2D_n}-m\sum\frac{\cos(k_nh)N_n\overline{A_{3n}}}{D_n} \\ -2\rho\sum\frac{\cos(k_nh)N_n\overline{A_{3n}}}{k_nD_n} \end{array}\right] \tag{11-75}$$

$$r_{41}=-i\omega\left[m\sum\sin(k_nh)f_{4n}+2\rho\sum\frac{\sin(k_nh)f_{4n}}{k_n}\right]+1 \tag{11-76}$$

$$r_{42}=-i\omega\left[m\sum\sin(k_nh)f_{3n}+2\rho\sum\frac{\sin(k_nh)f_{3n}}{k_n}\right] \tag{11-77}$$

$$r_{43}=-i\omega\left[m\sum\sin(k_nh)f_{2n}+2\rho\sum\frac{\sin(k_nh)f_{2n}}{k_n}\right] \tag{11-78}$$

$$r_{44}=-i\omega\left[m\sum\sin(k_nh)f_{1n}+2\rho\sum\frac{\sin(k_nh)f_{1n}}{k_n}\right] \tag{11-79}$$

$$r_{45}=\frac{i\rho gA\sinh(Kh)}{K\cosh(Kh)}+i\omega\left[\begin{array}{l} -m\sum\frac{\sin(k_nh)A_{1n}\overline{B_{3n}}}{D_n}-\rho\sum\frac{\sin(k_nh)A_{2n}\overline{B_{3n}}}{k_nD_n} \\ -\rho\sum\frac{\sin(k_nh)A_{1n}\overline{B_{3n}}}{k_nD_n}+m\sum\frac{\sin(k_nh)k_nN_n\overline{A_{3n}}}{D_n} \\ +2\rho\sum\frac{\sin(k_nh)N_n\overline{A_{3n}}}{D_n} \end{array}\right] \tag{11-80}$$

上述四個聯立方程式（11-57）~（11-60）的解可以使用理論式表示出來：

$$a_4=\begin{vmatrix} s_{14} & s_{12} & s_{13} \\ s_{24} & s_{22} & s_{23} \\ s_{34} & s_{32} & s_{33} \end{vmatrix}/DET \tag{11-81}$$

$$a_3 = \begin{vmatrix} s_{11} & s_{14} & s_{13} \\ s_{21} & s_{24} & s_{23} \\ s_{31} & s_{34} & s_{33} \end{vmatrix} / DET \tag{11-82}$$

$$a_2 = ha_3 - \frac{h^2}{2} a_4 \tag{11-83}$$

$$a_1 = \begin{vmatrix} s_{11} & s_{12} & s_{14} \\ s_{21} & s_{22} & s_{24} \\ s_{31} & s_{32} & s_{34} \end{vmatrix} / DET \tag{11-84}$$

其中

$$DET = \begin{vmatrix} s_{11} & s_{12} & s_{13} \\ s_{21} & s_{22} & s_{23} \\ s_{31} & s_{32} & s_{33} \end{vmatrix} \tag{11-85}$$

$$s_{11} = r_{11} - r_{13} \frac{h^2}{2} \tag{11-86}$$

$$s_{12} = r_{12} + hr_{13} \tag{11-87}$$

$$s_{13} = r_{13} \tag{11-88}$$

$$s_{14} = r_{15} \tag{11-89}$$

$$s_{21} = r_{31} - r_{33} \frac{h^2}{2} \tag{11-90}$$

$$s_{22} = r_{32} + hr_{33} \tag{11-91}$$

$$s_{23} = r_{34} \tag{11-92}$$

$$s_{24} = r_{35} \tag{11-93}$$

$$s_{31} = r_{41} - r_{43} \frac{h^2}{2} \tag{11-94}$$

$$s_{32} = r_{42} + hr_{43} \tag{11-95}$$

$$s_{33} = r_{44} \tag{11-96}$$

$$s_{34} = r_{45} \tag{11-97}$$

得到（11-81）~（11-84）式a_1、a_2、a_3、a_4之表示式，則可以計算波浪勢函數（11-23）和（11-24）式中之常數（11-50）（11-51）式，進而結構物位移函數（11-37）式可完全決定。至此則波浪和單一可變形結構物互相作用問題完全求解。當然，波浪反射率和透過率也可以計算。

利用前述單一可變形構受波浪作用產生的反射率和透過率計算結果如圖 11-8 所示，圖中結構物無因次勁度 $EI^* = EI/(m\omega^2 h)$，由圖可看出當勁度越來越大接近剛性結構物，反射率趨近於 1.0。另外，反射率和透過率平方和代表能量守恆也等於 1.0 顯示所推導理論正確。

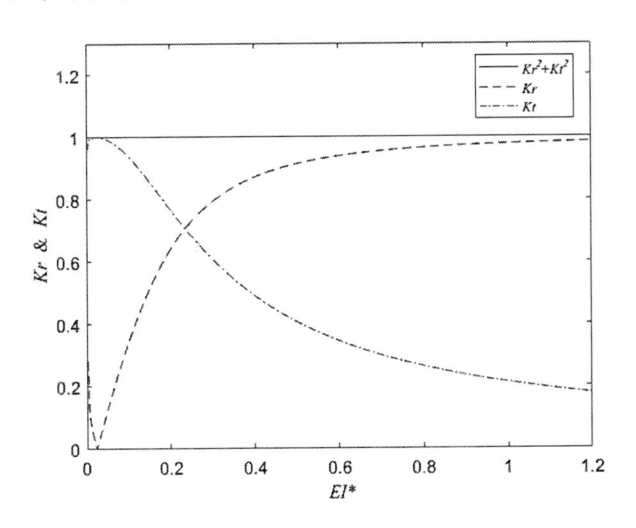

圖 11-8　單一可變形結構受波浪作用反射率和透過率

11.3　波浪與兩列可變形結構互相作用分析

利用前述波浪與可變形結構作用的解析方法，可以應用到兩列可變形結構物的問題。一開始的研究想法為波浪通過一系列的可變形結構物，希望模擬整區排列的柔性結構物對於波浪傳遞的影響。初步的作法為僅考慮兩列可變形結構物。考慮兩列可變形結構物，如圖 11-9 所示。等水深 h，樑在 $x = \pm\frac{b}{2}$ 位置。座標原點在靜水面，入射波由右方進入問題領域。入射波的勢函數 Φ^I 與 11.2 節表示式相同。

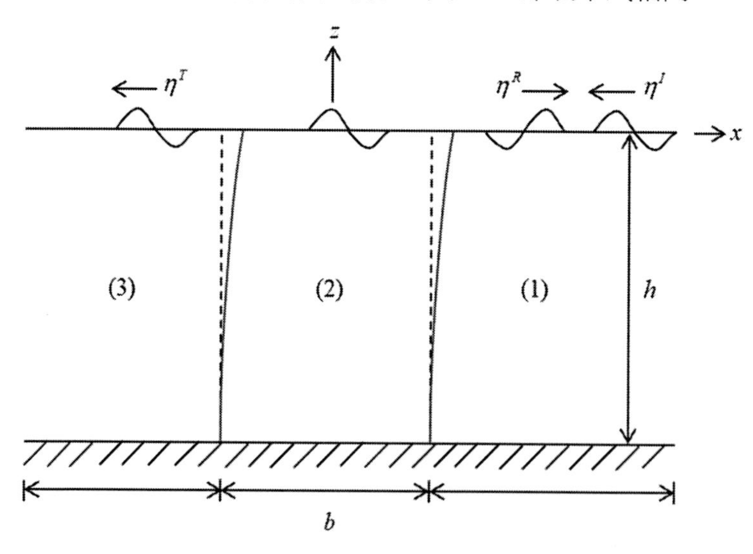

圖 11-9　波浪通過兩列可變形結構物示意圖

理論解析這個問題，問題領域分成三區，如圖 11-9 所示。第（1）區在第一列結構物前方，包括入射波和反射波，兩列結構物之間為第（2）區，第（3）區在第二列結構物後方，包含透過波。利用造波理論通解，各區之波浪勢函數可寫出為：

$$\Phi_1 = \Phi^I + \sum_{n=0}^{\infty} C_{1n} \cos k_n (z+h) e^{-k_n x} e^{-i\omega t} \qquad (11\text{-}98)$$

$$\Phi_2=\sum_{n=0}^{\infty}A_n\cos k_n(z+h)e^{-k_n(x-\frac{b}{2})}e^{-i\omega t}+\sum_{n=0}^{\infty}B_n\cos k_n(z+h)e^{k_n(x+\frac{b}{2})}e^{-i\omega t}$$
（11-99）

$$\Phi_3=\sum_{n=0}^{\infty}C_{3n}\cos k_n(z+h)e^{k_n x}e^{-i\omega t}$$（11-100）

式中，定義$k_0=-iK$，A_n, B_n, C_{1n}及C_{3n}為待定係數，而k_n滿足分散方程式：

$$\omega^2=-gk_n\tan k_n h$$（11-101）

兩列可變形結構物也使用橈曲性樑理論，其控制方程式可以表示為：

第一列結構物：

$$m_1\frac{\partial^2 U_1}{\partial t^2}+EI_1\frac{\partial^4 U_1}{\partial z^4}=P_1(\frac{b}{2},z,t)$$（11-102-1）

$$P_1(\frac{b}{2},z,t)=\rho\left[-\frac{\partial}{\partial t}(\Phi_1)+\frac{\partial}{\partial t}(\Phi_2)\right]_{x=b/2}$$（11-102-2）

第二列結構物：

$$m_2\frac{\partial^2 U_2}{\partial t^2}+EI_2\frac{\partial^4 U_2}{\partial z^4}=P_2(-\frac{b}{2},z,t)$$（11-103-1）

$$P_2(-\frac{b}{2},z,t)=\rho\left[-\frac{\partial}{\partial t}(\Phi_2)+\frac{\partial}{\partial t}(\Phi_3)\right]_{x=-b/2}$$（11-103-2）

結構物底部端點之條件為位移為零以及斜率為零。

第一列結構物：

$$U_1(z,t)=0,\quad z=-h$$（11-104-1）

$$\frac{\partial U_1(z,t)}{\partial z}=0,\quad z=-h \tag{11-104-2}$$

第二列結構物：

$$U_2(z,t)=0, z=-h \tag{11-105-1}$$

$$\frac{\partial U_2(z,t)}{\partial z}=0,\quad z=-h \tag{11-105-2}$$

結構物頂端為自由端，其剪力與彎矩為零。

第一列結構物：

$$\frac{\partial^3 U_1(z,t)}{\partial z^3}=0,\quad z=0 \tag{11-106-1}$$

$$\frac{\partial^4 U_1(z,t)}{\partial z^4}=0,\quad z=0 \tag{11-106-2}$$

第二列結構物：

$$\frac{\partial^3 U_2(z,t)}{\partial z^3}=0,\quad z=0 \tag{11-107-1}$$

$$\frac{\partial^4 U_2(z,t)}{\partial z^4}=0,\quad z=0 \tag{11-107-2}$$

可變形結構物表面的速度相等條件為：

$$\frac{\partial U_1}{\partial t}=-\frac{\partial \Phi_1}{\partial x},\quad x=\frac{b^+}{2} \tag{11-108}$$

$$\frac{\partial U_1}{\partial t}=-\frac{\partial \Phi_2}{\partial x},\quad x=\frac{b^-}{2} \tag{11-109}$$

$$\frac{\partial U_2}{\partial t}=-\frac{\partial \Phi_2}{\partial x},\quad x=-\frac{b^+}{2} \tag{11-110}$$

$$\frac{\partial U_2}{\partial t}=-\frac{\partial \Phi_3}{\partial x},\quad x=-\frac{b^-}{2} \tag{11-111}$$

同樣地，若考慮穩定週期性問題，可將問題之時間項提出：

$$U_1(z,t)=u_1(z)e^{-i\omega t} \tag{11-112}$$

$$U_2(z,t)=u_2(z)e^{-i\omega t} \tag{11-113}$$

$$\Phi_1(x,z,t)=\phi_1(x,z)e^{-i\omega t} \tag{11-114}$$

$$\Phi_2(x,z,t)=\phi_2(x,z)e^{-i\omega t} \tag{11-115}$$

$$\Phi_3(x,z,t)=\phi_3(x,z)e^{-i\omega t} \tag{11-116}$$

則上述問題描述可以改寫為：

$$-\omega^2 m_1 u_1+EI_1\frac{\partial^4 u_1}{\partial z^4}=-i\omega\rho(-\phi_1+\phi_2),\quad x=\frac{b}{2} \tag{11-117}$$

$$-\omega^2 m_2 u_2+EI_2\frac{\partial^4 u_2}{\partial z^4}=-i\omega\rho(-\phi_2+\phi_3),\quad x=-\frac{b}{2} \tag{11-118}$$

$$i\omega u_1=\frac{\partial \phi_1}{\partial x},\quad x=\frac{b^+}{2} \tag{11-119}$$

$$i\omega u_1=\frac{\partial \phi_2}{\partial x},\quad x=\frac{b^-}{2} \tag{11-120}$$

$$i\omega u_2=\frac{\partial \phi_2}{\partial x},\quad x=-\frac{b^+}{2} \tag{11-121}$$

$$i\omega u_2=\frac{\partial \phi_3}{\partial x},\quad x=-\frac{b^-}{2} \tag{11-122}$$

仿照單一可變形結構物問題的求解程序。先將（11-117）及（11-118）式等號左邊第一項利用（11-119）及（11-122）式代換並移到等號右邊成為：

$$EI_1\frac{\partial^4 u_1}{\partial z^4}=-i\omega\rho(-\phi_1+\phi_2)-i\omega m_1\frac{\partial\phi_1}{\partial x},\quad x=\frac{b}{2} \tag{11-123}$$

$$EI_2\frac{\partial^4 u_2}{\partial z^4}=-i\omega\rho(-\phi_2+\phi_3)-i\omega m_2\frac{\partial\phi_3}{\partial x},\quad x=-\frac{b}{2} \tag{11-124}$$

（11-123）（11-124）兩式為對 z 的四次常微分方程式，式子中代入對應的波浪勢函數後，經過四次積分可得：

$$\begin{aligned}EI_1u_1&=\frac{\left(-iAg\rho+m_1KAg\right)}{K^4}\frac{\cosh K\left(z+h\right)}{\cosh\left(Kh\right)}e^{-iK\frac{b}{2}}\\&-i\omega\rho\left[-\sum_{n=0}^{\infty}\frac{C_{1n}}{k_n^4}\cos k_n(z+h)e^{-k_n\frac{b}{2}}+\sum_{n=0}^{\infty}\frac{A_n}{k_n^4}\cos k_n(z+h)+\sum_{n=0}^{\infty}\frac{B_n}{k_n^4}\cos k_n(z+h)e^{k_nb}\right]\\&+i\omega m_1\sum_{n=0}^{\infty}\frac{C_{1n}}{k_n^3}\cos k_n(z+h)e^{-k_n\frac{b}{2}}+\frac{a_{14}}{6}z^3+\frac{a_{13}}{2}z^2+a_{12}z+a_{11}\end{aligned} \tag{11-125}$$

$$\begin{aligned}EI_2u_2&=-i\omega\rho\left[\begin{aligned}&-\sum_{n=0}^{\infty}\frac{A_n}{k_n^4}\cos k_n(z+h)e^{k_nb}-\sum_{n=0}^{\infty}\frac{B_n}{k_n^4}\cos k_n(z+h)\\&+\sum_{n=0}^{\infty}\frac{C_{3n}}{k_n^4}\cos k_n(z+h)e^{k_n\left(-\frac{b}{2}\right)}\end{aligned}\right]\\&-i\omega m_2\sum_{n=0}^{\infty}\frac{C_{3n}}{k_n^3}\cos k_n(z+h)e^{k_n\left(-\frac{b}{2}\right)}+\frac{a_{24}}{6}z^3+\frac{a_{23}}{2}z^2+a_{22}z+a_{21}\end{aligned} \tag{11-126}$$

式中，a_{11}、a_{12}、a_{13}、a_{14}、a_{21}、a_{22}、a_{23}、a_{24}分別為待求解積分常數，第一個右下標代表第一列或第二列結構物。

將結構物位移表示式，（11-125）及（11-126）式，代入結構物表面的速度相等條件，（11-119）（11-120）及（11-121）（11-122）式，並利用水深函數的正交特性，然後對水深積分，可得求解波浪場待定係數 A_n, B_n, C_{1n}, C_{3n} 的聯立方程式

$$D_{1n}A_n+D_{2n}B_n+D_{3n}C_{3n}=D_{4n} \tag{11-127}$$

$$E_{1n}A_n + E_{2n}B_n + E_{3n}C_{3n} = E_{4n} \tag{11-128}$$

$$F_{1n}A_n + F_{2n}B_n + F_{3n}C_{1n} = F_{4n} \tag{11-129}$$

$$G_{1n}A_n + G_{2n}B_n + G_{3n}C_{1n} = G_{4n} \tag{11-130}$$

（11-127）~（11-130）式中之係數列於附錄 11A。處理此四個聯立方程式，在作法上為先消掉C_{1n}和C_{3n}，然後整理以理論求解剩下的兩個聯立方程式。先由（11-127）式乘上$\left(1-\dfrac{EI_2k_n^5}{\omega^2\left(\rho+m_2k_n\right)}\right)$再與（11-128）式相減以消除$C_{3n}$，同樣，（11-130）式乘上$\left(1-\dfrac{EI_1k_n^5}{\omega^2\left(\rho+m_1k_n\right)}\right)$再與（11-129）式相減以消除$C_{1n}$，經上述係數整理後可得$A_n$和$B_n$之兩個聯立方程式：

$$H_{1n}A_n + H_{2n}B_n = H_{3n} \tag{11-131}$$

$$I_{1n}A_n + I_{2n}B_n = \overline{I_{3n}} + I_{3n} \tag{11-132}$$

求解（11-131）（11-132）式，可得：

$$A_n = R_{1n} + f_{18}a_{24} + f_{17}a_{23} + f_{16}a_{22} + f_{15}a_{21} + f_{14}a_{14} + f_{13}a_{13} + f_{12}a_{12} + f_{11}a_{11} \tag{11-133}$$

$$B_n = R_{2n} + f_{28}a_{24} + f_{27}a_{23} + f_{26}a_{22} + f_{25}a_{21} + f_{24}a_{14} + f_{23}a_{13} + f_{22}a_{12} + f_{21}a_{11} \tag{11-134}$$

將（11-133）及（11-134）代入（11-130）和（11-127）後分別得到C_{1n}及C_{3n}表示式：

$$C_{1n} = R_{3n} + f_{38}a_{24} + f_{37}a_{23} + f_{36}a_{22} + f_{35}a_{21} + f_{34}a_{14} + f_{33}a_{13} + f_{32}a_{12} + f_{31}a_{11} \tag{11-135}$$

$$C_{3n} = R_{4n} + f_{48}a_{24} + f_{47}a_{23} + f_{46}a_{22} + f_{45}a_{21} + f_{44}a_{14} + f_{43}a_{13} + f_{42}a_{12} + f_{41}a_{11} \tag{11-136}$$

其中，各係數整理於附錄 11B。將（11-133）-（11-136）式 A_n, B_n, C_{1n}, C_{3n} 表示式代入（11-125）及（11-126）式，再分別利用樑兩端點的四個條件，可以得到八個方程式求解八個未知數。經過整理後可表示為：

$$r_{11}a_{11}+r_{12}a_{12}+r_{13}a_{13}+r_{14}a_{14}+r_{15}a_{21}+r_{16}a_{22}+r_{17}a_{23}+r_{18}a_{24}=r_{19} \tag{11-137}$$

$$r_{21}a_{11}+r_{22}a_{12}+r_{23}a_{13}+r_{24}a_{14}+r_{25}a_{21}+r_{26}a_{22}+r_{27}a_{23}+r_{28}a_{24}=r_{29} \tag{11-138}$$

$$r_{31}a_{11}+r_{32}a_{12}+r_{33}a_{13}+r_{34}a_{14}+r_{35}a_{21}+r_{36}a_{22}+r_{37}a_{23}+r_{38}a_{24}=r_{39} \tag{11-139}$$

$$r_{41}a_{11}+r_{42}a_{12}+r_{43}a_{13}+r_{44}a_{14}+r_{45}a_{21}+r_{46}a_{22}+r_{47}a_{23}+r_{48}a_{24}=r_{49} \tag{11-140}$$

$$r_{51}a_{11}+r_{52}a_{12}+r_{53}a_{13}+r_{54}a_{14}+r_{55}a_{21}+r_{56}a_{22}+r_{57}a_{23}+r_{58}a_{24}=r_{59} \tag{11-141}$$

$$r_{61}a_{11}+r_{62}a_{12}+r_{63}a_{13}+r_{64}a_{14}+r_{65}a_{21}+r_{66}a_{22}+r_{67}a_{23}+r_{68}a_{24}=r_{69} \tag{11-142}$$

$$r_{71}a_{11}+r_{72}a_{12}+r_{73}a_{13}+r_{74}a_{14}+r_{75}a_{21}+r_{76}a_{22}+r_{77}a_{23}+r_{78}a_{24}=r_{79} \tag{11-143}$$

$$r_{81}a_{11}+r_{82}a_{12}+r_{83}a_{13}+r_{84}a_{14}+r_{85}a_{21}+r_{86}a_{22}+r_{87}a_{23}+r_{88}a_{24}=r_{89} \tag{11-144}$$

上式各係數整理於附錄 11C。求解上述聯立方程式後，即可求得積分常數 a_{11}、a_{12}、a_{13}、a_{14} 以及 a_{21}、a_{22}、a_{23}、a_{24}。同時配合（11-133）~（11-136）式可得到波浪場之未定係數 A_n, B_n, C_{1n}, C_{3n}，完成本問題的求解。至於反射係數 K_r 及透過係數 K_t 則可以如下計算。

$$K_r=\left|-\frac{i\omega}{gA}C_{11}\cos\left(k_1h\right)\right| \tag{11-145}$$

$$K_t=\left|-\frac{i\omega}{gA}C_{31}\cos\left(k_1h\right)\right| \tag{11-146}$$

由於可變形結構物沒有考慮能量損失，因此整個系統需要滿足能量守恆，能量守恆的表示式為：

$$K_r^2+K_t^2=1 \tag{11-147}$$

（11-147）式也可以作為初步驗證理論模式的正確性。

附錄 11A

$$N_n = \int_{-h}^{0} \cos^2 k_n \left(z+h\right) dz \tag{11A-1}$$

$$Z_{mn} = \int_{-h}^{0} z^{(m-1)} \cos k_n \left(z+h\right) dz \tag{11A-2}$$

$$D_{1n} = -k_n e^{k_n b} N_n + \frac{\omega^2 \rho e^{k_n b} N_n}{EI_2 k_n^4} \tag{11A-3}$$

$$D_{2n} = k_n N_n + \frac{\omega^2 \rho N_n}{EI_2 k_n^4} \tag{11A-4}$$

$$D_{3n} = -\frac{\omega^2 (\rho + m_2 k_n) e^{\frac{-k_n b}{2}} N_n}{EI_2 k_n^4} \tag{11A-5}$$

$$D_{4n} = \frac{i\omega}{EI_2}\left(\frac{a_{24}}{6} Z_{4n} + \frac{a_{23}}{2} Z_{3n} + a_{22} Z_{2n} + a_{21} Z_{1n}\right) \tag{11A-6}$$

$$E_{1n} = \frac{\omega^2 \rho e^{k_n b} N_n}{EI_2 k_n^4} \tag{11A-7}$$

$$E_{2n} = \frac{\omega^2 \rho N_n}{EI_2 k_n^4} \tag{11A-8}$$

$$E_{3n} = k_n e^{\frac{-k_n b}{2}} N_n - \frac{\omega^2 (\rho + m_2 k_n) e^{\frac{-k_n b}{2}} N_n}{EI_2 k_n^4} \tag{11A-9}$$

$$E_{4n} = \frac{i\omega}{EI_2}\left(\frac{a_{24}}{6} Z_{4n} + \frac{a_{23}}{2} Z_{3n} + a_{22} Z_{2n} + a_{21} Z_{1n}\right) \tag{11A-10}$$

$$F_{1n}=\frac{-\omega^2\rho N_n}{EI_1k_n^4} \tag{11A-11}$$

$$F_{2n}=\frac{-\omega^2\rho e^{k_nb}N_n}{EI_1k_n^4} \tag{11A-12}$$

$$F_{3n}=-k_ne^{\frac{-k_nb}{2}}N_n+\frac{\omega^2e^{\frac{-k_nb}{2}}N_n(\rho+m_1k_n)}{EI_1k_n^4} \tag{11A-13}$$

$$F_{4n}=\overline{F_{4n}}+\frac{i\omega}{EI_1}\left(\frac{a_{14}}{6}Z_{4n}+\frac{a_{13}}{2}Z_{3n}+a_{12}Z_{2n}+a_{11}Z_{1n}\right) \tag{11A-14}$$

$$\overline{F_{4n}}=\begin{cases}\left(\dfrac{\omega Ag\rho+i\omega m_1KAg}{EI_1K^4}-\dfrac{iKAg}{\omega}\right)\dfrac{N_1}{\cosh(Kh)}e^{\frac{-iKb}{2}}; & n=1\\ 0 ; & n>1\end{cases} \tag{11A-15}$$

$$G_{1n}=-k_nN_n-\frac{\omega^2\rho N_n}{EI_1k_n^4} \tag{11A-16}$$

$$G_{2n}=k_ne^{k_nb}N_n-\frac{\omega^2\rho e^{k_nb}N_n}{EI_1k_n^4} \tag{11A-17}$$

$$G_{3n}=\frac{\omega^2e^{\frac{-k_nb}{2}}N_n(\rho+m_1k_n)}{EI_1k_n^4} \tag{11A-18}$$

$$G_{4n}=\overline{G_{4n}}+\frac{i\omega}{EI_1}\left(\frac{a_{14}}{6}Z_{4n}+\frac{a_{13}}{2}Z_{3n}+a_{12}Z_{2n}+a_{11}Z_{1n}\right) \tag{11A-19}$$

$$\overline{G_{4n}}=\begin{cases}\dfrac{\omega Ag\rho+i\omega m_1KAg}{EI_1K^4}\dfrac{N_1}{\cosh(Kh)}e^{\frac{-iKb}{2}}; & n=1\\ 0 ; & n>1\end{cases} \tag{11A-20}$$

$$H_{1n}=k_nN_ne^{k_nb}\left[-1+\frac{EI_2k_n^5-\omega^2\rho}{\omega^2(\rho+m_2k_n)}\right] \tag{11A-21}$$

$$H_{2n}=k_nN_n\left[1-\frac{EI_2k_n^5+\omega^2\rho}{\omega^2(\rho+m_2k_n)}\right] \quad (11A\text{-}22)$$

$$H_{3n}=\frac{-ik_n^5}{\omega(\rho+m_2k_n)}\left(\frac{a_{24}}{6}Z_{4n}+\frac{a_{23}}{2}Z_{3n}+a_{22}Z_{2n}+a_{21}Z_{1n}\right) \quad (11A\text{-}23)$$

$$I_{1n}=k_nN_n\left[-1+\frac{EI_1k_n^5+\omega^2\rho}{\omega^2(\rho+m_1k_n)}\right] \quad (11A\text{-}24)$$

$$I_{2n}=k_nN_ne^{k_nb}\left[1+\frac{-EI_1k_n^5+\omega^2\rho}{\omega^2(\rho+m_1k_n)}\right] \quad (11A\text{-}25)$$

$$I_{3n}=\overline{I_{3n}}+\frac{-ik_n^5}{\omega(\rho+m_1k_n)}\left(\frac{a_{14}}{6}Z_{4n}+\frac{a_{13}}{2}Z_{3n}+a_{12}Z_{2n}+a_{11}Z_{1n}\right) \quad (11A\text{-}26)$$

$$\overline{I_{3n}}=\begin{cases}\dfrac{2iKAg\rho}{\omega(\rho-im_1K)}\dfrac{N_1}{\cosh(Kh)}e^{\frac{-iKb}{2}}; & n=1\\ 0 ; & n>1\end{cases} \quad (11A\text{-}27)$$

附錄 11B

$$R_{1n}=\frac{-H_{2n}\overline{I_{3n}}}{H_{1n}I_{2n}-H_{2n}I_{1n}} \quad (11B\text{-}1)$$

$$R_{2n}=\frac{H_{1n}\overline{I_{3n}}}{H_{1n}I_{2n}-H_{2n}I_{1n}} \quad (11B\text{-}2)$$

$$R_{3n}=\frac{1}{G_{3n}}\left(\overline{G_{4n}}+\frac{G_{1n}H_{2n}\overline{I_{3n}}}{H_{1n}I_{2n}-H_{2n}I_{1n}}-\frac{G_{2n}H_{1n}\overline{I_{3n}}}{H_{1n}I_{2n}-H_{2n}I_{1n}}\right) \quad (11B\text{-}3)$$

$$R_{4n}=\frac{1}{D_{3n}}\left(\frac{D_{1n}H_{2n}\overline{I_{3n}}}{H_{1n}I_{2n}-H_{2n}I_{1n}}-\frac{D_{2n}H_{1n}\overline{I_{3n}}}{H_{1n}I_{2n}-H_{2n}I_{1n}}\right) \quad (11B\text{-}4)$$

$$f_{18} = \frac{-ik_n^5 Z_{4n} I_{2n}}{6\omega(\rho + m_2 k_n)(H_{1n} I_{2n} - H_{2n} I_{1n})} \qquad (11B\text{-}5)$$

$$f_{17} = \frac{-ik_n^5 Z_{3n} I_{2n}}{2\omega(\rho + m_2 k_n)(H_{1n} I_{2n} - H_{2n} I_{1n})} \qquad (11B\text{-}6)$$

$$f_{16} = \frac{-ik_n^5 Z_{2n} I_{2n}}{\omega(\rho + m_2 k_n)(H_{1n} I_{2n} - H_{2n} I_{1n})} \qquad (11B\text{-}7)$$

$$f_{15} = \frac{-ik_n^5 Z_{1n} I_{2n}}{\omega(\rho + m_2 k_n)(H_{1n} I_{2n} - H_{2n} I_{1n})} \qquad (11B\text{-}8)$$

$$f_{14} = \frac{ik_n^5 Z_{4n} H_{2n}}{6\omega(\rho + m_1 k_n)(H_{1n} I_{2n} - H_{2n} I_{1n})} \qquad (11B\text{-}9)$$

$$f_{13} = \frac{ik_n^5 Z_{3n} H_{2n}}{2\omega(\rho + m_1 k_n)(H_{1n} I_{2n} - H_{2n} I_{1n})} \qquad (11B\text{-}10)$$

$$f_{12} = \frac{ik_n^5 Z_{2n} H_{2n}}{\omega(\rho + m_1 k_n)(H_{1n} I_{2n} - H_{2n} I_{1n})} \qquad (11B\text{-}11)$$

$$f_{11} = \frac{ik_n^5 Z_{1n} H_{2n}}{\omega(\rho + m_1 k_n)(H_{1n} I_{2n} - H_{2n} I_{1n})} \qquad (11B\text{-}12)$$

$$f_{28} = \frac{ik_n^5 Z_{4n} I_{1n}}{6\omega(\rho + m_2 k_n)(H_{1n} I_{2n} - H_{2n} I_{1n})} \qquad (11B\text{-}13)$$

$$f_{27} = \frac{ik_n^5 Z_{3n} I_{1n}}{2\omega(\rho + m_2 k_n)(H_{1n} I_{2n} - H_{2n} I_{1n})} \qquad (11B\text{-}14)$$

$$f_{26} = \frac{ik_n^5 Z_{2n} I_{1n}}{\omega(\rho + m_2 k_n)(H_{1n} I_{2n} - H_{2n} I_{1n})} \qquad (11B\text{-}15)$$

$$f_{25} = \frac{ik_n^5 Z_{1n} I_{1n}}{\omega(\rho + m_2 k_n)(H_{1n} I_{2n} - H_{2n} I_{1n})} \qquad (11B\text{-}16)$$

$$f_{24}=\frac{-ik_n^5 Z_{4n}H_{1n}}{6\omega(\rho+m_1k_n)(H_{1n}I_{2n}-H_{2n}I_{1n})} \qquad (11B-17)$$

$$f_{23}=\frac{-ik_n^5 Z_{3n}H_{1n}}{2\omega(\rho+m_1k_n)(H_{1n}I_{2n}-H_{2n}I_{1n})} \qquad (11B-18)$$

$$f_{22}=\frac{-ik_n^5 Z_{2n}H_{1n}}{\omega(\rho+m_1k_n)(H_{1n}I_{2n}-H_{2n}I_{1n})} \qquad (11B-19)$$

$$f_{21}=\frac{-ik_n^5 Z_{1n}H_{1n}}{\omega(\rho+m_1k_n)(H_{1n}I_{2n}-H_{2n}I_{1n})} \qquad (11B-20)$$

$$f_{38}=\frac{-ik_n^{10}EI_1N_nZ_{4n}(I_{2n}+I_{1n}e^{k_nb})-ik_n^5\omega^2\rho N_nZ_{4n}(I_{2n}-I_{1n}e^{k_nb})}{6\omega^3(\rho+m_1k_n)(\rho+m_2k_n)(H_{1n}I_{2n}-H_{2n}I_{1n})e^{\frac{-k_nb}{2}}N_n} \qquad (11B-21)$$

$$f_{37}=\frac{-ik_n^{10}EI_1N_nZ_{3n}(I_{2n}+I_{1n}e^{k_nb})-ik_n^5\omega^2\rho N_nZ_{3n}(I_{2n}-I_{1n}e^{k_nb})}{2\omega^3(\rho+m_1k_n)(\rho+m_2k_n)(H_{1n}I_{2n}-H_{2n}I_{1n})e^{\frac{-k_nb}{2}}N_n} \qquad (11B-22)$$

$$f_{36}=\frac{-ik_n^{10}EI_1N_nZ_{2n}(I_{2n}+I_{1n}e^{k_nb})-ik_n^5\omega^2\rho N_nZ_{2n}(I_{2n}-I_{1n}e^{k_nb})}{\omega^3(\rho+m_1k_n)(\rho+m_2k_n)(H_{1n}I_{2n}-H_{2n}I_{1n})e^{\frac{-k_nb}{2}}N_n} \qquad (11B-23)$$

$$f_{35}=\frac{-ik_n^{10}EI_1N_nZ_{1n}(I_{2n}+I_{1n}e^{k_nb})-ik_n^5\omega^2\rho N_nZ_{1n}(I_{2n}-I_{1n}e^{k_nb})}{\omega^3(\rho+m_1k_n)(\rho+m_2k_n)(H_{1n}I_{2n}-H_{2n}I_{1n})e^{\frac{-k_nb}{2}}N_n} \qquad (11B-24)$$

$$f_{34}=\frac{ik_n^{10}EI_1N_nZ_{4n}(H_{2n}+H_{1n}e^{k_nb})+ik_n^5\omega^2\rho N_nZ_{4n}(H_{2n}-H_{1n}e^{k_nb})}{6\omega^3(\rho+m_1k_n)^2(H_{1n}I_{2n}-H_{2n}I_{1n})e^{\frac{-k_nb}{2}}N_n}+\frac{ik_n^4\omega Z_{4n}}{6\omega^2(\rho+m_1k_n)e^{\frac{-k_nb}{2}}N_n} \qquad (11B-25)$$

$$f_{32}=\frac{ik_n^{10}EI_1N_nZ_{2n}(H_{2n}+H_{1n}e^{k_nb})+ik_n^5\omega^2\rho N_nZ_{2n}(H_{2n}-H_{1n}e^{k_nb})}{\omega^3(\rho+m_1k_n)^2(H_{1n}I_{2n}-H_{2n}I_{1n})e^{\frac{-k_nb}{2}}N_n}+\frac{ik_n^4\omega Z_{2n}}{\omega^2(\rho+m_1k_n)e^{\frac{-k_nb}{2}}N_n} \qquad (11B-26)$$

$$f_{31}=\frac{ik_n^{10}EI_1N_nZ_{1n}(H_{2n}+H_{1n}e^{k_nb})+ik_n^5\omega^2\rho N_nZ_{1n}(H_{2n}-H_{1n}e^{k_nb})}{\omega^3(\rho+m_1k_n)^2(H_{1n}I_{2n}-H_{2n}I_{1n})e^{\frac{-k_nb}{2}}N_n}+\frac{ik_n^4\omega Z_{1n}}{\omega^2(\rho+m_1k_n)e^{\frac{-k_nb}{2}}N_n} \quad (11B-27)$$

$$f_{48}=\frac{ik_n^{10}EI_2N_nZ_{4n}(I_{1n}+I_{2n}e^{k_nb})+ik_n^5\omega^2\rho N_nZ_{4n}(I_{1n}-I_{2n}e^{k_nb})}{6\omega^3(\rho+m_2k_n)^2(H_{1n}I_{2n}-H_{2n}I_{1n})e^{\frac{-k_nb}{2}}N_n}-\frac{ik_n^4\omega Z_{4n}}{6\omega^2(\rho+m_2k_n)e^{\frac{-k_nb}{2}}N_n} \quad (11B-28)$$

$$f_{47}=\frac{ik_n^{10}EI_2N_nZ_{3n}(I_{1n}+I_{2n}e^{k_nb})+ik_n^5\omega^2\rho N_nZ_{3n}(I_{1n}-I_{2n}e^{k_nb})}{2\omega^3(\rho+m_2k_n)^2(H_{1n}I_{2n}-H_{2n}I_{1n})e^{\frac{-k_nb}{2}}N_n}-\frac{ik_n^4\omega Z_{3n}}{2\omega^2(\rho+m_2k_n)e^{\frac{-k_nb}{2}}N_n} \quad (11B-29)$$

$$f_{46}=\frac{ik_n^{10}EI_2N_nZ_{2n}(I_{1n}+I_{2n}e^{k_nb})+ik_n^5\omega^2\rho N_nZ_{2n}(I_{1n}-I_{2n}e^{k_nb})}{\omega^3(\rho+m_2k_n)^2(H_{1n}I_{2n}-H_{2n}I_{1n})e^{\frac{-k_nb}{2}}N_n}-\frac{ik_n^4\omega Z_{2n}}{\omega^2(\rho+m_2k_n)e^{\frac{-k_nb}{2}}N_n} \quad (11B-30)$$

$$f_{45}=\frac{ik_n^{10}EI_2N_nZ_{1n}(I_{1n}+I_{2n}e^{k_nb})+ik_n^5\omega^2\rho N_nZ_{1n}(I_{1n}-I_{2n}e^{k_nb})}{\omega^3(\rho+m_2k_n)^2(H_{1n}I_{2n}-H_{2n}I_{1n})e^{\frac{-k_nb}{2}}N_n}-\frac{ik_n^4\omega Z_{1n}}{\omega^2(\rho+m_2k_n)e^{\frac{-k_nb}{2}}N_n} \quad (11B-31)$$

$$f_{44}=\frac{-ik_n^{10}EI_2N_nZ_{4n}(H_{1n}+H_{2n}e^{k_nb})-ik_n^5\omega^2\rho N_nZ_{4n}(H_{1n}-H_{2n}e^{k_nb})}{6\omega^3(\rho+m_1k_n)(\rho+m_2k_n)(H_{1n}I_{2n}-H_{2n}I_{1n})e^{\frac{-k_nb}{2}}N_n} \quad (11B-32)$$

$$f_{43}=\frac{-ik_n^{10}EI_2N_nZ_{3n}(H_{1n}+H_{2n}e^{k_nb})-ik_n^5\omega^2\rho N_nZ_{3n}(H_{1n}-H_{2n}e^{k_nb})}{2\omega^3(\rho+m_1k_n)(\rho+m_2k_n)(H_{1n}I_{2n}-H_{2n}I_{1n})e^{\frac{-k_nb}{2}}N_n} \quad (11B-33)$$

$$f_{42}=\frac{-ik_n^{10}EI_2N_nZ_{2n}(H_{1n}+H_{2n}e^{k_nb})-ik_n^5\omega^2\rho N_nZ_{2n}(H_{1n}-H_{2n}e^{k_nb})}{\omega^3(\rho+m_1k_n)(\rho+m_2k_n)(H_{1n}I_{2n}-H_{2n}I_{1n})e^{\frac{-k_nb}{2}}N_n} \quad (11B-34)$$

$$f_{41}=\frac{-ik_n^{10}EI_2N_nZ_{1n}(H_{1n}+H_{2n}e^{k_nb})-ik_n^5\omega^2\rho N_nZ_{1n}(H_{1n}-H_{2n}e^{k_nb})}{\omega^3(\rho+m_1k_n)(\rho+m_2k_n)(H_{1n}I_{2n}-H_{2n}I_{1n})e^{\frac{-k_nb}{2}}N_n} \quad (11B-35)$$

附錄 11C

$$r_{11} = -i\omega\rho\left[-\sum_{n=0}^{N}\frac{f_{11}e^{k_n b}}{k_n^4} - \sum_{n=0}^{N}\frac{f_{21}}{k_n^4} + \sum_{n=0}^{N}\frac{f_{41}e^{\frac{-k_n b}{2}}}{k_n^4}\right] - i\omega m_2\sum_{n=0}^{N}\frac{f_{41}e^{\frac{-k_n b}{2}}}{k_n^3}$$

（11C-1）

$$r_{12} = -i\omega\rho\left[-\sum_{n=0}^{N}\frac{f_{12}e^{k_n b}}{k_n^4} - \sum_{n=0}^{N}\frac{f_{21}}{k_n^4} + \sum_{n=0}^{N}\frac{f_{41}e^{\frac{-k_n b}{2}}}{k_n^4}\right] - i\omega m_2\sum_{n=0}^{N}\frac{f_{41}e^{\frac{-k_n b}{2}}}{k_n^3}$$

（11C-2）

$$r_{13} = -i\omega\rho\left[-\sum_{n=0}^{N}\frac{f_{13}e^{k_n b}}{k_n^4} - \sum_{n=0}^{N}\frac{f_{23}}{k_n^4} + \sum_{n=0}^{N}\frac{f_{43}e^{\frac{-k_n b}{2}}}{k_n^4}\right] - i\omega m_2\sum_{n=0}^{N}\frac{f_{43}e^{\frac{-k_n b}{2}}}{k_n^3}$$

（11C-3）

$$r_{14} = -i\omega\rho\left[-\sum_{n=0}^{N}\frac{f_{14}e^{k_n b}}{k_n^4} - \sum_{n=0}^{N}\frac{f_{24}}{k_n^4} + \sum_{n=0}^{N}\frac{f_{44}e^{\frac{-k_n b}{2}}}{k_n^4}\right] - i\omega m_2\sum_{n=0}^{N}\frac{f_{44}e^{\frac{-k_n b}{2}}}{k_n^3}$$

（11C-4）

$$r_{15} = -i\omega\rho\left[-\sum_{n=0}^{N}\frac{f_{15}e^{k_n b}}{k_n^4} - \sum_{n=0}^{N}\frac{f_{25}}{k_n^4} + \sum_{n=0}^{N}\frac{f_{45}e^{\frac{-k_n b}{2}}}{k_n^4}\right] - i\omega m_2\sum_{n=0}^{N}\frac{f_{45}e^{\frac{-k_n b}{2}}}{k_n^3} + 1$$

（11C-5）

$$r_{16} = -i\omega\rho\left[-\sum_{n=0}^{N}\frac{f_{16}e^{k_n b}}{k_n^4} - \sum_{n=0}^{N}\frac{f_{26}}{k_n^4} + \sum_{n=0}^{N}\frac{f_{46}e^{\frac{-k_n b}{2}}}{k_n^4}\right] - i\omega m_2\sum_{n=0}^{N}\frac{f_{46}e^{\frac{-k_n b}{2}}}{k_n^3} - h$$

（11C-6）

$$r_{17} = -i\omega\rho\left[-\sum_{n=0}^{N}\frac{f_{17}e^{k_n b}}{k_n^4} - \sum_{n=0}^{N}\frac{f_{27}}{k_n^4} + \sum_{n=0}^{N}\frac{f_{47}e^{\frac{-k_n b}{2}}}{k_n^4}\right] - i\omega m_2\sum_{n=0}^{N}\frac{f_{47}e^{\frac{-k_n b}{2}}}{k_n^3} + \frac{h^2}{2}$$

（11C-7）

$$r_{18}=-i\omega\rho\left[-\sum_{n=0}^{N}\frac{f_{18}e^{k_nb}}{k_n^4}-\sum_{n=0}^{N}\frac{f_{28}}{k_n^4}+\sum_{n=0}^{N}\frac{f_{48}e^{\frac{-k_nb}{2}}}{k_n^4}\right]-i\omega m_2\sum_{n=0}^{N}\frac{f_{48}e^{\frac{-k_nb}{2}}}{k_n^3}-\frac{h^3}{6}$$

（11C-8）

$$r_{19}=i\omega\rho\left[-\sum_{n=0}^{N}\frac{R_{1n}e^{k_nb}}{k_n^4}-\sum_{n=0}^{N}\frac{R_{2n}}{k_n^4}+\sum_{n=0}^{N}\frac{R_{4n}e^{\frac{-k_nb}{2}}}{k_n^4}\right]+i\omega m_2\sum_{n=0}^{N}\frac{R_{4n}e^{\frac{-k_nb}{2}}}{k_n^3}$$

（11C-9）

$$r_{21}=0 \quad \text{（11C-10）}$$

$$r_{22}=0 \quad \text{（11C-11）}$$

$$r_{23}=0 \quad \text{（11C-12）}$$

$$r_{24}=0 \quad \text{（11C-13）}$$

$$r_{25}=0 \quad \text{（11C-14）}$$

$$r_{26}=1 \quad \text{（11C-15）}$$

$$r_{27}=-h \quad \text{（11C-16）}$$

$$r_{28}=\frac{h^2}{2} \quad \text{（11C-17）}$$

$$r_{29}=0 \quad \text{（11C-18）}$$

$$r_{31}=-i\omega\rho\left[\sum_{n=0}^{N}\frac{f_{11}\cos(k_nh)e^{k_nb}}{k_n^2}+\sum_{n=0}^{N}\frac{f_{21}\cos(k_nh)}{k_n^2}-\sum_{n=0}^{N}\frac{f_{41}\cos(k_nh)e^{\frac{-k_nb}{2}}}{k_n^2}\right]$$

$$+i\omega m_2\sum_{n=0}^{N}\frac{f_{41}\cos(k_nh)e^{\frac{-k_nb}{2}}}{k_n}$$

（11C-19）

$$r_{32}=-i\omega\rho\left[\sum_{n=0}^{N}\frac{f_{12}\cos(k_nh)e^{k_nb}}{k_n^2}+\sum_{n=0}^{N}\frac{f_{22}\cos(k_nh)}{k_n^2}-\sum_{n=0}^{N}\frac{f_{42}\cos(k_nh)e^{\frac{-k_nb}{2}}}{k_n^2}\right]$$

$$+i\omega m_2\sum_{n=0}^{N}\frac{f_{42}\cos(k_nh)e^{\frac{-k_nb}{2}}}{k_n}$$

（11C-20）

$$r_{33}=-i\omega\rho\left[\sum_{n=0}^{N}\frac{f_{13}\cos(k_nh)e^{k_nb}}{k_n^2}+\sum_{n=0}^{N}\frac{f_{23}\cos(k_nh)}{k_n^2}-\sum_{n=0}^{N}\frac{f_{43}\cos(k_nh)e^{\frac{-k_nb}{2}}}{k_n^2}\right]$$

$$+i\omega m_2\sum_{n=0}^{N}\frac{f_{43}\cos(k_nh)e^{\frac{-k_nb}{2}}}{k_n}$$

（11C-21）

$$r_{34}=-i\omega\rho\left[\sum_{n=0}^{N}\frac{f_{14}\cos(k_nh)e^{k_nb}}{k_n^2}+\sum_{n=0}^{N}\frac{f_{24}\cos(k_nh)}{k_n^2}-\sum_{n=0}^{N}\frac{f_{44}\cos(k_nh)e^{\frac{-k_nb}{2}}}{k_n^2}\right]$$

$$+i\omega m_2\sum_{n=0}^{N}\frac{f_{44}\cos(k_nh)e^{\frac{-k_nb}{2}}}{k_n}$$

（11C-22）

$$r_{35}=-i\omega\rho\left[\sum_{n=0}^{N}\frac{f_{15}\cos(k_nh)e^{k_nb}}{k_n^2}+\sum_{n=0}^{N}\frac{f_{25}\cos(k_nh)}{k_n^2}-\sum_{n=0}^{N}\frac{f_{45}\cos(k_nh)e^{\frac{-k_nb}{2}}}{k_n^2}\right]$$

$$+i\omega m_2\sum_{n=0}^{N}\frac{f_{45}\cos(k_nh)e^{\frac{-k_nb}{2}}}{k_n}$$

（11C-23）

$$r_{36}=-i\omega\rho\left[\sum_{n=0}^{N}\frac{f_{16}\cos(k_nh)e^{k_nb}}{k_n^2}+\sum_{n=0}^{N}\frac{f_{26}\cos(k_nh)}{k_n^2}-\sum_{n=0}^{N}\frac{f_{46}\cos(k_nh)e^{\frac{-k_nb}{2}}}{k_n^2}\right]$$

$$+i\omega m_2\sum_{n=0}^{N}\frac{f_{46}\cos(k_nh)e^{\frac{-k_nb}{2}}}{k_n}$$

（11C-24）

$$r_{37}=-i\omega\rho\left[\sum_{n=0}^{N}\frac{f_{17}\cos(k_nh)e^{k_nb}}{k_n^2}+\sum_{n=0}^{N}\frac{f_{27}\cos(k_nh)}{k_n^2}-\sum_{n=0}^{N}\frac{f_{47}\cos(k_nh)e^{\frac{-k_nb}{2}}}{k_n^2}\right]$$

$$+i\omega m_2\sum_{n=0}^{N}\frac{f_{47}\cos(k_nh)e^{\frac{-k_nb}{2}}}{k_n}+1$$

（11C-25）

$$r_{38}=-i\omega\rho\left[\sum_{n=0}^{N}\frac{f_{18}\cos(k_nh)e^{k_nb}}{k_n^2}+\sum_{n=0}^{N}\frac{f_{28}\cos(k_nh)}{k_n^2}-\sum_{n=0}^{N}\frac{f_{48}\cos(k_nh)e^{\frac{-k_nb}{2}}}{k_n^2}\right]$$

$$+i\omega m_2\sum_{n=0}^{N}\frac{f_{48}\cos(k_nh)e^{\frac{-k_nb}{2}}}{k_n}$$

（11C-26）

$$r_{39}=i\omega\rho\left[\sum_{n=0}^{N}\frac{R_{1n}\cos(k_nh)e^{k_nb}}{k_n^2}+\sum_{n=0}^{N}\frac{R_{2n}\cos(k_nh)}{k_n^2}-\sum_{n=0}^{N}\frac{R_{4n}\cos(k_nh)e^{\frac{-k_nb}{2}}}{k_n^2}\right]$$

$$-i\omega m_2\sum_{n=0}^{N}\frac{R_{4n}\cos(k_nh)e^{\frac{-k_nb}{2}}}{k_n}$$

（11C-27）

$$r_{41}=i\omega\rho\left[\sum_{n=0}^{N}\frac{f_{11}\sin(k_nh)e^{k_nb}}{k_n}+\sum_{n=0}^{N}\frac{f_{21}\sin(k_nh)}{k_n}-\sum_{n=0}^{N}\frac{f_{41}\sin(k_nh)e^{\frac{-k_nb}{2}}}{k_n}\right]$$

$$-i\omega m_2\sum_{n=0}^{N}f_{41}\sin(k_nh)e^{\frac{-k_nb}{2}}$$

（11C-28）

$$r_{42}=i\omega\rho\left[\sum_{n=0}^{N}\frac{f_{12}\sin(k_nh)e^{k_nb}}{k_n}+\sum_{n=0}^{N}\frac{f_{22}\sin(k_nh)}{k_n}-\sum_{n=0}^{N}\frac{f_{42}\sin(k_nh)e^{\frac{-k_nb}{2}}}{k_n}\right]$$

$$-i\omega m_2\sum_{n=0}^{N}f_{42}\sin(k_nh)e^{\frac{-k_nb}{2}}$$

（11C-29）

$$r_{43}=i\omega\rho\left[\sum_{n=0}^{N}\frac{f_{13}\sin\left(k_n h\right)e^{k_n b}}{k_n}+\sum_{n=0}^{N}\frac{f_{23}\sin\left(k_n h\right)}{k_n}-\sum_{n=0}^{N}\frac{f_{43}\sin\left(k_n h\right)e^{\frac{-k_n b}{2}}}{k_n}\right]$$

$$-i\omega m_2\sum_{n=0}^{N}f_{43}\sin\left(k_n h\right)e^{\frac{-k_n b}{2}}$$

（11C-30）

$$r_{44}=i\omega\rho\left[\sum_{n=0}^{N}\frac{f_{14}\sin\left(k_n h\right)e^{k_n b}}{k_n}+\sum_{n=0}^{N}\frac{f_{24}\sin\left(k_n h\right)}{k_n}-\sum_{n=0}^{N}\frac{f_{44}\sin\left(k_n h\right)e^{\frac{-k_n b}{2}}}{k_n}\right]$$

$$-i\omega m_2\sum_{n=0}^{N}f_{44}\sin\left(k_n h\right)e^{\frac{-k_n b}{2}}$$

（11C-31）

$$r_{45}=i\omega\rho\left[\sum_{n=0}^{N}\frac{f_{15}\sin\left(k_n h\right)e^{k_n b}}{k_n}+\sum_{n=0}^{N}\frac{f_{25}\sin\left(k_n h\right)}{k_n}-\sum_{n=0}^{N}\frac{f_{45}\sin\left(k_n h\right)e^{\frac{-k_n b}{2}}}{k_n}\right]$$

$$-i\omega m_2\sum_{n=0}^{N}f_{45}\sin\left(k_n h\right)e^{\frac{-k_n b}{2}}$$

（11C-32）

$$r_{46}=i\omega\rho\left[\sum_{n=0}^{N}\frac{f_{16}\sin\left(k_n h\right)e^{k_n b}}{k_n}+\sum_{n=0}^{N}\frac{f_{26}\sin\left(k_n h\right)}{k_n}-\sum_{n=0}^{N}\frac{f_{46}\sin\left(k_n h\right)e^{\frac{-k_n b}{2}}}{k_n}\right]$$

$$-i\omega m_2\sum_{n=0}^{N}f_{46}\sin\left(k_n h\right)e^{\frac{-k_n b}{2}}$$

（11C-33）

$$r_{47}=i\omega\rho\left[\sum_{n=0}^{N}\frac{f_{17}\sin\left(k_n h\right)e^{k_n b}}{k_n}+\sum_{n=0}^{N}\frac{f_{27}\sin\left(k_n h\right)}{k_n}-\sum_{n=0}^{N}\frac{f_{47}\sin\left(k_n h\right)e^{\frac{-k_n b}{2}}}{k_n}\right]$$

$$-i\omega m_2\sum_{n=0}^{N}f_{47}\sin\left(k_n h\right)e^{\frac{-k_n b}{2}}$$

（11C-34）

$$r_{48} = i\omega\rho\left[\sum_{n=0}^{N}\frac{f_{18}\sin(k_n h)e^{k_n b}}{k_n} + \sum_{n=0}^{N}\frac{f_{28}\sin(k_n h)}{k_n} - \sum_{n=0}^{N}\frac{f_{48}\sin(k_n h)e^{\frac{-k_n b}{2}}}{k_n}\right]$$

$$-i\omega m_2\sum_{n=0}^{N} f_{48}\sin(k_n h)e^{\frac{-k_n b}{2}} + 1$$

（11C-35）

$$r_{49} = -i\omega\rho\left[\sum_{n=0}^{N}\frac{R_{1n}\sin(k_n h)e^{k_n b}}{k_n} + \sum_{n=0}^{N}\frac{R_{2n}\sin(k_n h)}{k_n} - \sum_{n=0}^{N}\frac{R_{4n}\sin(k_n h)e^{\frac{-k_n b}{2}}}{k_n}\right]$$

$$+i\omega m_2\sum_{n=0}^{N} R_{4n}\sin(k_n h)e^{\frac{-k_n b}{2}}$$

（11C-36）

$$r_{51} = -i\omega\rho\left[-\sum_{n=0}^{N}\frac{f_{31}e^{\frac{-k_n b}{2}}}{k_n^4} + \sum_{n=0}^{N}\frac{f_{11}}{k_n^4} + \sum_{n=0}^{N}\frac{f_{21}e^{k_n b}}{k_n^4}\right] + i\omega m_1\sum_{n=0}^{N}\frac{f_{31}e^{\frac{-k_n b}{2}}}{k_n^3} + 1$$

（11C-37）

$$r_{52} = -i\omega\rho\left[-\sum_{n=0}^{N}\frac{f_{32}e^{\frac{-k_n b}{2}}}{k_n^4} + \sum_{n=0}^{N}\frac{f_{12}}{k_n^4} + \sum_{n=0}^{N}\frac{f_{22}e^{k_n b}}{k_n^4}\right] + i\omega m_1\sum_{n=0}^{N}\frac{f_{32}e^{\frac{-k_n b}{2}}}{k_n^3} - h$$

（11C-38）

$$r_{53} = -i\omega\rho\left[-\sum_{n=0}^{N}\frac{f_{33}e^{\frac{-k_n b}{2}}}{k_n^4} + \sum_{n=0}^{N}\frac{f_{13}}{k_n^4} + \sum_{n=0}^{N}\frac{f_{23}e^{k_n b}}{k_n^4}\right] + i\omega m_1\sum_{n=0}^{N}\frac{f_{33}e^{\frac{-k_n b}{2}}}{k_n^3} + \frac{h^2}{2}$$

（11C-39）

$$r_{54} = -i\omega\rho\left[-\sum_{n=0}^{N}\frac{f_{34}e^{\frac{-k_n b}{2}}}{k_n^4} + \sum_{n=0}^{N}\frac{f_{14}}{k_n^4} + \sum_{n=0}^{N}\frac{f_{24}e^{k_n b}}{k_n^4}\right] + i\omega m_1\sum_{n=0}^{N}\frac{f_{34}e^{\frac{-k_n b}{2}}}{k_n^3} - \frac{h^3}{6}$$

（11C-40）

$$r_{55} = -i\omega\rho\left[-\sum_{n=0}^{N}\frac{f_{35}e^{\frac{-k_n b}{2}}}{k_n^4} + \sum_{n=0}^{N}\frac{f_{15}}{k_n^4} + \sum_{n=0}^{N}\frac{f_{25}e^{k_n b}}{k_n^4}\right] + i\omega m_1\sum_{n=0}^{N}\frac{f_{35}e^{\frac{-k_n b}{2}}}{k_n^3}$$

（11C-41）

$$r_{56}=-i\omega\rho\left[-\sum_{n=0}^{N}\frac{f_{36}e^{\frac{-k_nb}{2}}}{k_n^4}+\sum_{n=0}^{N}\frac{f_{16}}{k_n^4}+\sum_{n=0}^{N}\frac{f_{26}e^{k_nb}}{k_n^4}\right]+i\omega m_1\sum_{n=0}^{N}\frac{f_{36}e^{\frac{-k_nb}{2}}}{k_n^3}$$

（11C-42）

$$r_{57}=-i\omega\rho\left[-\sum_{n=0}^{N}\frac{f_{37}e^{\frac{-k_nb}{2}}}{k_n^4}+\sum_{n=0}^{N}\frac{f_{17}}{k_n^4}+\sum_{n=0}^{N}\frac{f_{27}e^{k_nb}}{k_n^4}\right]+i\omega m_1\sum_{n=0}^{N}\frac{f_{37}e^{\frac{-k_nb}{2}}}{k_n^3}$$

（11C-43）

$$r_{58}=-i\omega\rho\left[-\sum_{n=0}^{N}\frac{f_{38}e^{\frac{-k_nb}{2}}}{k_n^4}+\sum_{n=0}^{N}\frac{f_{18}}{k_n^4}+\sum_{n=0}^{N}\frac{f_{28}e^{k_nb}}{k_n^4}\right]+i\omega m_1\sum_{n=0}^{N}\frac{f_{38}e^{\frac{-k_nb}{2}}}{k_n^3}$$

（11C-44）

$$r_{59}=i\omega\rho\left[-\sum_{n=0}^{N}\frac{R_{3n}e^{\frac{-k_nb}{2}}}{k_n^4}+\sum_{n=0}^{N}\frac{R_{1n}}{k_n^4}+\sum_{n=0}^{N}\frac{R_{2n}e^{k_nb}}{k_n^4}\right]-i\omega m_1\sum_{n=0}^{N}\frac{R_{3n}e^{\frac{-k_nb}{2}}}{k_n^3}-\frac{\left(-iAg\rho+m_1KAg\right)e^{\frac{-iKb}{2}}}{K^4\cosh\left(Kh\right)}$$

（11C-45）

$r_{61}=0$ （11C-46）

$r_{62}=1$ （11C-47）

$r_{63}=-h$ （11C-48）

$r_{64}=\frac{h^2}{2}$ （11C-49）

$r_{65}=0$ （11C-50）

$r_{66}=0$ （11C-51）

$r_{67}=0$ （11C-52）

$r_{68}=0$ （11C-53）

$r_{69}=0$ （11C-54）

$$r_{71}=-i\omega\rho\left[\sum_{n=0}^{N}\frac{f_{31}\cos(k_nh)e^{\frac{-k_nb}{2}}}{k_n^2}-\sum_{n=0}^{N}\frac{f_{11}\cos(k_nh)}{k_n^2}-\sum_{n=0}^{N}\frac{f_{21}\cos(k_nh)e^{k_nb}}{k_n^2}\right]$$
$$-i\omega m_1\sum_{n=0}^{N}\frac{f_{31}\cos(k_nh)e^{\frac{-k_nb}{2}}}{k_n}$$

（11C-55）

$$r_{72}=-i\omega\rho\left[\sum_{n=0}^{N}\frac{f_{32}\cos(k_nh)e^{\frac{-k_nb}{2}}}{k_n^2}-\sum_{n=0}^{N}\frac{f_{12}\cos(k_nh)}{k_n^2}-\sum_{n=0}^{N}\frac{f_{22}\cos(k_nh)e^{k_nb}}{k_n^2}\right]$$
$$-i\omega m_1\sum_{n=0}^{N}\frac{f_{32}\cos(k_nh)e^{\frac{-k_nb}{2}}}{k_n}$$

（11C-56）

$$r_{73}=-i\omega\rho\left[\sum_{n=0}^{N}\frac{f_{33}\cos(k_nh)e^{\frac{-k_nb}{2}}}{k_n^2}-\sum_{n=0}^{N}\frac{f_{13}\cos(k_nh)}{k_n^2}-\sum_{n=0}^{N}\frac{f_{23}\cos(k_nh)e^{k_nb}}{k_n^2}\right]$$
$$-i\omega m_1\sum_{n=0}^{N}\frac{f_{33}\cos(k_nh)e^{\frac{-k_nb}{2}}}{k_n}+1$$

（11C-57）

$$r_{74}=-i\omega\rho\left[\sum_{n=0}^{N}\frac{f_{34}\cos(k_nh)e^{\frac{-k_nb}{2}}}{k_n^2}-\sum_{n=0}^{N}\frac{f_{14}\cos(k_nh)}{k_n^2}-\sum_{n=0}^{N}\frac{f_{24}\cos(k_nh)e^{k_nb}}{k_n^2}\right]$$
$$-i\omega m_1\sum_{n=0}^{N}\frac{f_{34}\cos(k_nh)e^{\frac{-k_nb}{2}}}{k_n}$$

（11C-58）

$$r_{75} = -i\omega\rho\left[\sum_{n=0}^{N}\frac{f_{35}\cos(k_n h)e^{\frac{-k_n b}{2}}}{k_n^2} - \sum_{n=0}^{N}\frac{f_{15}\cos(k_n h)}{k_n^2} - \sum_{n=0}^{N}\frac{f_{25}\cos(k_n h)e^{k_n b}}{k_n^2}\right]$$

$$-i\omega m_1\sum_{n=0}^{N}\frac{f_{35}\cos(k_n h)e^{\frac{-k_n b}{2}}}{k_n}$$

（11C-59）

$$r_{76} = -i\omega\rho\left[\sum_{n=0}^{N}\frac{f_{36}\cos(k_n h)e^{\frac{-k_n b}{2}}}{k_n^2} - \sum_{n=0}^{N}\frac{f_{16}\cos(k_n h)}{k_n^2} - \sum_{n=0}^{N}\frac{f_{26}\cos(k_n h)e^{k_n b}}{k_n^2}\right]$$

$$-i\omega m_1\sum_{n=0}^{N}\frac{f_{36}\cos(k_n h)e^{\frac{-k_n b}{2}}}{k_n}$$

（11C-60）

$$r_{77} = -i\omega\rho\left[\sum_{n=0}^{N}\frac{f_{37}\cos(k_n h)e^{\frac{-k_n b}{2}}}{k_n^2} - \sum_{n=0}^{N}\frac{f_{17}\cos(k_n h)}{k_n^2} - \sum_{n=0}^{N}\frac{f_{27}\cos(k_n h)e^{k_n b}}{k_n^2}\right]$$

$$-i\omega m_1\sum_{n=0}^{N}\frac{f_{37}\cos(k_n h)e^{\frac{-k_n b}{2}}}{k_n}$$

（11C-61）

$$r_{78} = -i\omega\rho\left[\sum_{n=0}^{N}\frac{f_{38}\cos(k_n h)e^{\frac{-k_n b}{2}}}{k_n^2} - \sum_{n=0}^{N}\frac{f_{18}\cos(k_n h)}{k_n^2} - \sum_{n=0}^{N}\frac{f_{28}\cos(k_n h)e^{k_n b}}{k_n^2}\right]$$

$$-i\omega m_1\sum_{n=0}^{N}\frac{f_{38}\cos(k_n h)e^{\frac{-k_n b}{2}}}{k_n}$$

（11C-62）

$$r_{79}=i\omega\rho\left[\sum_{n=0}^{N}\frac{R_{3n}\cos\left(k_nh\right)e^{\frac{-k_nb}{2}}}{k_n^2}-\sum_{n=0}^{N}\frac{R_{1n}\cos\left(k_nh\right)}{k_n^2}-\sum_{n=0}^{N}\frac{R_{2n}\cos\left(k_nh\right)e^{k_nb}}{k_n^2}\right]$$

$$+i\omega m_1\sum_{n=0}^{N}\frac{R_{3n}\cos\left(k_nh\right)e^{\frac{-k_nb}{2}}}{k_n}-\frac{\left(-iAg\rho+m_1KAg\right)e^{\frac{-iKb}{2}}}{K^2}$$

（11C-63）

$$r_{81}=-i\omega\rho\left[-\sum_{n=0}^{N}\frac{f_{31}\sin\left(k_nh\right)e^{\frac{-k_nb}{2}}}{k_n}+\sum_{n=0}^{N}\frac{f_{11}\sin\left(k_nh\right)}{k_n}+\sum_{n=0}^{N}\frac{f_{21}\sin\left(k_nh\right)e^{k_nb}}{k_n}\right]$$

$$+i\omega m_1\sum_{n=0}^{N}f_{31}\sin\left(k_nh\right)e^{\frac{-k_nb}{2}}$$

（11C-64）

$$r_{82}=-i\omega\rho\left[-\sum_{n=0}^{N}\frac{f_{32}\sin\left(k_nh\right)e^{\frac{-k_nb}{2}}}{k_n}+\sum_{n=0}^{N}\frac{f_{12}\sin\left(k_nh\right)}{k_n}+\sum_{n=0}^{N}\frac{f_{22}\sin\left(k_nh\right)e^{k_nb}}{k_n}\right]$$

$$+i\omega m_1\sum_{n=0}^{N}f_{32}\sin\left(k_nh\right)e^{\frac{-k_nb}{2}}$$

（11C-65）

$$r_{83}=-i\omega\rho\left[-\sum_{n=0}^{N}\frac{f_{33}\sin\left(k_nh\right)e^{\frac{-k_nb}{2}}}{k_n}+\sum_{n=0}^{N}\frac{f_{13}\sin\left(k_nh\right)}{k_n}+\sum_{n=0}^{N}\frac{f_{23}\sin\left(k_nh\right)e^{k_nb}}{k_n}\right]$$

$$+i\omega m_1\sum_{n=0}^{N}f_{33}\sin\left(k_nh\right)e^{\frac{-k_nb}{2}}$$

（11C-66）

$$r_{84}=-i\omega\rho\left[-\sum_{n=0}^{N}\frac{f_{34}\sin\left(k_nh\right)e^{\frac{-k_nb}{2}}}{k_n}+\sum_{n=0}^{N}\frac{f_{14}\sin\left(k_nh\right)}{k_n}+\sum_{n=0}^{N}\frac{f_{24}\sin\left(k_nh\right)e^{k_nb}}{k_n}\right]$$

$$+i\omega m_1\sum_{n=0}^{N}f_{34}\sin\left(k_nh\right)e^{\frac{-k_nb}{2}}+1$$

（11C-67）

$$r_{85}=-i\omega\rho\left[-\sum_{n=0}^{N}\frac{f_{35}\sin\left(k_n h\right)e^{\frac{-k_n b}{2}}}{k_n}+\sum_{n=0}^{N}\frac{f_{15}\sin\left(k_n h\right)}{k_n}+\sum_{n=0}^{N}\frac{f_{25}\sin\left(k_n h\right)e^{k_n b}}{k_n}\right]$$

$$+i\omega m_1\sum_{n=0}^{N}f_{35}\sin\left(k_n h\right)e^{\frac{-k_n b}{2}}$$

（11C-68）

$$r_{86}=-i\omega\rho\left[-\sum_{n=0}^{N}\frac{f_{36}\sin\left(k_n h\right)e^{\frac{-k_n b}{2}}}{k_n}+\sum_{n=0}^{N}\frac{f_{16}\sin\left(k_n h\right)}{k_n}+\sum_{n=0}^{N}\frac{f_{26}\sin\left(k_n h\right)e^{k_n b}}{k_n}\right]$$

$$+i\omega m_1\sum_{n=0}^{N}f_{36}\sin\left(k_n h\right)e^{\frac{-k_n b}{2}}$$

（11C-69）

$$r_{87}=-i\omega\rho\left[-\sum_{n=0}^{N}\frac{f_{37}\sin\left(k_n h\right)e^{\frac{-k_n b}{2}}}{k_n}+\sum_{n=0}^{N}\frac{f_{17}\sin\left(k_n h\right)}{k_n}+\sum_{n=0}^{N}\frac{f_{27}\sin\left(k_n h\right)e^{k_n b}}{k_n}\right]$$

$$+i\omega m_1\sum_{n=0}^{N}f_{37}\sin\left(k_n h\right)e^{\frac{-k_n b}{2}}$$

（11C-70）

$$r_{88}=-i\omega\rho\left[-\sum_{n=0}^{N}\frac{f_{38}\sin\left(k_n h\right)e^{\frac{-k_n b}{2}}}{k_n}+\sum_{n=0}^{N}\frac{f_{18}\sin\left(k_n h\right)}{k_n}+\sum_{n=0}^{N}\frac{f_{28}\sin\left(k_n h\right)e^{k_n b}}{k_n}\right]$$

$$+i\omega m_1\sum_{n=0}^{N}f_{38}\sin\left(k_n h\right)e^{\frac{-k_n b}{2}}$$

（11C-71）

$$r_{89}=i\omega\rho\left[-\sum_{n=0}^{N}\frac{R_{3n}\sin\left(k_n h\right)e^{\frac{-k_n b}{2}}}{k_n}+\sum_{n=0}^{N}\frac{R_{1n}\sin\left(k_n h\right)}{k_n}+\sum_{n=0}^{N}\frac{R_{2n}\sin\left(k_n h\right)e^{k_n b}}{k_n}\right]$$

$$-i\omega m_1\sum_{n=0}^{N}R_{3n}\sin\left(k_n h\right)e^{\frac{-k_n b}{2}}-\frac{\left(-iAg\rho+m_1KAg\right)\sinh\left(Kh\right)e^{\frac{-iKb}{2}}}{K\cosh\left(Kh\right)}$$

（11C-72）

【參考文獻】

1. Chwang, A.T., A porous-wavemaker theory, Journal of Fluid Mechanics, Vol.132, pp.395-406, 1983.
2. Lee, Jaw-Fang, Theoretical analysis of wave interaction with flexible breakwater, Proceedings of 10th conference on Ocean Engineering in Republic of China, 1988.
3. Lee, Jaw-Fang and C.J. Chen, Wave interaction with hinged flexible structure, Journal of Hydraulic Research, Vol.28, No.3, 1990.
4. Sollitt, C.K., C.P. Lee, W.G. McDougal, and T.J. Perry, Mechanically coupled buoyant flaps: theory and experiment, Proceedings of International Conference on Coastal Engineering, 1986.
5. Tanaka, Y. and R.T. Hudspeth, Restoring forces on vertical circular cylinders forced by earthquakes, Earthquake Engineering and Structural Dynamics, Vol.16, pp.99-119, 1988.

十二章　時間領域造波理論

本章大綱

12.1　前言

有關波浪發展在時間歷程的演變，目前已經知道領先波浪的第四個波會有一個較大的波浪，這個較大波浪對於海岸地區的影響當然較大，因此，有些學者就探討較大波浪產生的型態和規模的大小（Kajiura, 1963; Hunt, 1988）。波浪在水面時間領域的發展，主要為初始有水面變動，或者水體受外力作用水面產生變動，然後研究水面隨著時間的變化情形。水面波浪最早的時間領域理論為水面有擾動產生水面波浪的演化（evolution）。Lamb (1932) 利用 Fourier 積分求解水面有脈動（impulse）引起水面波動的問題。Stoker (1968) 研究水面擾動產生波浪的時間變化。Mei (1982) 則研究由於水底變動產生的水面波浪問題。對於水槽中時間領域造波問題的研究，Kennard (1949) 使用邊界積分方法，提出理論解。後續 Madsen (1970) 則利用 Kennard 的解計算直推式（piston type）造波，得到的結果顯示理論解與試驗結果相當一致。Lee et al. (1989) 則對於有限長度斷面水槽造波提出一個理論解，求解的作法為先使用 Laplace 轉換將時間函數轉換處理，剩下來的空間(x,z)問題，則使用 Fourier Cosine 對x座標作轉換，然後求解z座標的二階常微分方程式，最後則對所得到的解進行 Laplace 反向轉換

（inverse）得到理論解。這樣得到理論解的方式為可行，不過如果造波函數比較特別，則 Laplace 轉換的程序，包括 Transform 以及 Inverse 可能會過於複雜。Joo et al. (1990) 利用微小時間間距展開的方法（small-time expansion）求解造波板和流體接觸的問題（contact problem），得到的解也用來計算時間領域的造波結果。Chang and Lin (2009) 對於有限長度水槽造波問題也進行理論解析，其解的表示式為將波浪勢函數分解成齊性解和非齊姓特解，非齊性特解則滿足造波邊界的條件。其結果並與 Kennard (1949) 之理論以及另外的試驗結果作比較。

綜合上述的文獻的求解方法，使用特解滿足非齊性邊界條件不是那麼容易，建立可遵循的理論推導方法比較可行。Lee et al. (1989) 理論求解的作法在避免得到含有時間函數的係數，因此求解開始便採用 Laplace 轉換將時間函數轉換處理，接著再對空間問題進行求解。鑒於 Chang and Lin (2009) 所呈現的解含有時間函數的未定係數，因此 Lee et al. (1989) 的求解方法明確的可以修改，避免使用 Laplace 轉換的方式。

12.2 時間領域造波理論解析解

所考慮有限長度斷面水槽造波問題如圖 12-1 所示，水槽長度 ℓ、水深 h，水槽左側為直推式（piston）造波機，水槽右側則為全反射直立壁。需要留意的，當波浪造出往又傳遞，有限的水槽長度會有波浪反射的情形，在時間領域的問題，如果水槽長度足夠將可以延緩波浪的反射影響水槽中波浪變化。

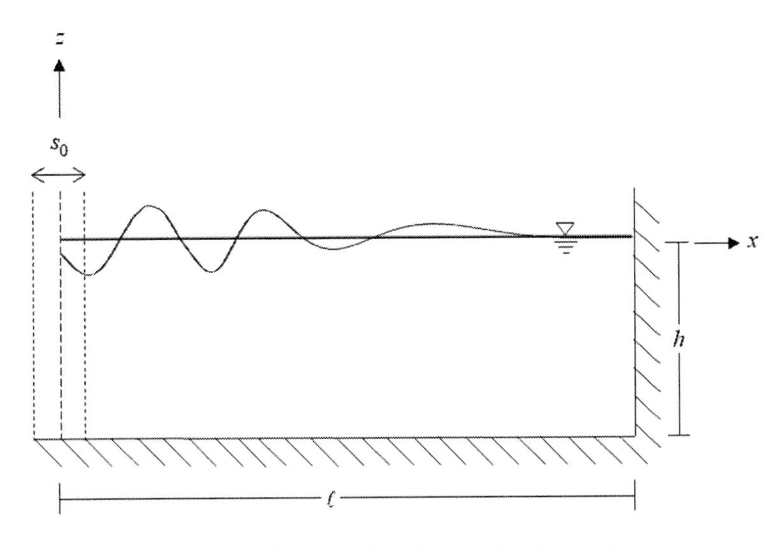

圖 12-1　斷面水槽時間領域造波示意圖

使用線性勢函數波浪理論，速度和勢函數的關係可表示為：

$$\vec{V}(x,z,t) = -\nabla\Phi(x,z,t) \tag{12-1}$$

波浪的起始值和邊界值問題可以寫出為：

控制方程式：

$$\nabla^2\Phi(x,z,t) = 0 \tag{12-2}$$

水面汗水底邊界條件為：

$$\frac{\partial\Phi}{\partial z} + \frac{1}{g}\frac{\partial^2\Phi}{\partial t^2} = 0,\ \ z = 0 \tag{12-3}$$

$$\frac{\partial\Phi}{\partial z} = 0,\ \ z = -h \tag{12-4}$$

式中，g 微重力常數。造波邊界條件為：

$$\frac{\partial\Phi}{\partial x} = -\dot{\xi},\ \ x = 0 \tag{12-5}$$

其中，ξ 為造波板運動的位移函數，符號上方的點表示對時間微分。水槽盡頭的全反射邊界條件為：

$$\frac{\partial \Phi}{\partial x}=0,\ \ x=\ell \qquad (12\text{-}6)$$

所考慮的起始條件（initial condition）則為水位和流場均為靜止。

求解（12-2）式-（12-6）式組成起始值和邊界值問題的波浪勢函數 $\Phi(x,z,t)$，可以先處理 x 函數。由 Lee et al. (1989) 的解析過程，可以知道採用 Fourier Cosine transformation，可以將水槽造波條件和水槽盡頭邊界條件順理引進計算式子中，是很好的作法。即波浪勢函數可以寫為：

$$\Phi(x,z,t)=\frac{1}{\ell}\phi_0(z,t)+\frac{2}{\ell}\sum_{n=1}\phi_n(z,t)\cos(\omega_n x) \qquad (12\text{-}7)$$

式中，$\omega_n=n\pi/\ell$，ϕ_0 和 ϕ_n 分別定義為：

$$\phi_0(z,t)=\int_0^{\ell}\Phi(x,z,t)dx \qquad (12\text{-}8)$$

$$\phi_n(z,t)=\int_0^{\ell}\Phi(x,z,t)\cdot\cos(\omega_n x)dx \qquad (12\text{-}9)$$

有了（12-7）式的波浪勢函數，表示所求解的變數已經由 $\Phi(x,z,t)$ 轉換為求解 $\phi_0(z,t)$ 和 $\phi_n(z,t)$。以下求解過程僅表出 $\phi_n(z,t)$，至於 $\phi_0(z,t)$ 的求解則類似。

利用（12-9）式的定義，則控制方程式和邊界條件可以轉換表示為：

$$\frac{\partial^2\phi_n(z,t)}{\partial z^2}-\omega_n{}^2\phi_n(z,t)=-\dot{\xi}(t) \qquad (12\text{-}10)$$

$$\frac{\partial\phi_n}{\partial z}+\frac{1}{g}\frac{\partial^2\phi_n}{\partial t^2}=0,\ \ z=0 \qquad (12\text{-}11)$$

$$\frac{\partial \phi_n}{\partial z} = 0,\ \ z = -h \tag{12-12}$$

（12-10）式為對 z 的二階非齊性微分方程，解可以寫出為：

$$\phi_n(z,t) = \tilde{\phi}_{nh}(z,t) + \tilde{\phi}_{np}(z,t) \tag{12-13}$$

其中，$\tilde{\phi}_{nh}(z,t)$ 為通解（general solution），$\tilde{\phi}_{np}(z,t)$ 為特解（particular solution），可以分別得到表出為：

$$\tilde{\phi}_{nh}(z,t) = A_n(t)e^{\omega_n z} + B_n(t)e^{-\omega_n z} \tag{12-14}$$

$$\tilde{\phi}_{np}(z,t) = \frac{\dot{\xi}}{\omega_n^2} \tag{2-15}$$

其中，$A_n(t)$ 和 $B_n(t)$ 為待定係數。

接著將（12-13）式代入水面和底床邊界條件可得：

$$\ddot{B}_n(t) + k_n{}^2 B_n(t) = \frac{-\dddot{\xi}}{\omega_n^2\left(e^{2\omega_n h} + 1\right)} \tag{12-16}$$

$$A_n(t) = B_n(t)e^{2\omega_n h} \tag{12-17}$$

其中，$k_n = \sqrt{g\omega_n \tanh\left(\omega_n h\right)}$。（12-16）式為對時間 t 的二階非齊性微分方程，同樣的解可以得到表出為：

$$B_n(t) = D_n \cdot e^{ik_n \cdot t} + E_n \cdot e^{-ik_n \cdot t} + B_n^p(t) \tag{12-18}$$

式中，D_n 和 E_n 為待定係數。

$$B_n^p(t) = \frac{i\left[\left(\int \dddot{\xi} e^{-ik_n \cdot t} dt\right) e^{ik_n \cdot t} - \left(\int \dddot{\xi} e^{ik_n \cdot t} dt\right) e^{-ik_n \cdot t}\right]}{2k_n \omega_n^2 \left(e^{2\omega_n h} + 1\right)} \tag{12-19}$$

（12-18）式中的待定係數 D_n 和 E_n 則可利用起始條件來決定。對起始水位和流場為靜止的條件可以表示為：

$$\Phi(x,z,t)=0,\quad t=0 \tag{12-20}$$

$$\left.\frac{\partial\Phi(x,z,t)}{\partial t}\right|_{z=0}=0,\quad t=0 \tag{12-21}$$

（12-20）式和（12-21）式可以藉由 Fourier Cosine transform，然後再藉以求解待定係數D_n和E_n ，則得到：

$$D_n=\frac{1}{2i\omega_n^2k_n\left(e^{2\omega_n h}+1\right)}\left[\int \dddot{\xi}\cdot e^{-ik_n t}dt\Big|_{t=0}-ik_n\dot{\xi}(0)-\ddot{\xi}(0)\right] \tag{12-22}$$

$$E_n=\frac{1}{2i\omega_n^2k_n\left(e^{2\omega_n h}+1\right)}\left[-\int \dddot{\xi}\cdot e^{ik_n t}dt\Big|_{t=0}-ik_n\dot{\xi}(0)+\ddot{\xi}(0)\right] \tag{12-23}$$

至此則$\phi_n(z,t)$已經求得。至於$\phi_0(z,t)$則可以相同的過程求得，寫出為：

$$\phi_0(z,t)=-\dot{\xi}\left(\frac{z^2}{2}+hz\right)+gh\left(\int \xi(t)dt+\int \xi(t)dt\Big|_{t=0}-\xi(0)\cdot t\right) \tag{12-24}$$

整個問題的完整波浪勢函數可表出為：

$$\begin{aligned}\Phi(x,z,t)=&\frac{1}{\ell}\left[-\dot{\xi}\left(\frac{z^2}{2}+hz\right)+gh\left(\int \xi(t)dt+\int \xi(t)dt\Big|_{t=0}-\xi(0)\cdot t\right)\right]\\&+\frac{2}{\ell}\sum_1^{\infty}\left\{\begin{aligned}&\frac{ik_n\left(e^{2\omega_n h}e^{\omega_n z}+e^{-\omega_n z}\right)}{2\omega_n^2\left(e^{2\omega_n h}+1\right)}\cdot\left[-\left(\int \dot{\xi}\cdot e^{-ik_n t}dt-\int \dot{\xi}\cdot e^{-ik_n t}dt\Big|_{t=0}\right)\cdot e^{ik_n t}\right.\\&\left.+\left(\int \dot{\xi}\cdot e^{ik_n t}dt-\int \dot{\xi}\cdot e^{ik_n t}dt\Big|_{t=0}\right)\cdot e^{-ik_n t}+\frac{2i\dot{\xi}}{k_n}\right]+\frac{\dot{\xi}}{\omega_n^2}\end{aligned}\right\}\cos(\omega_n x)\end{aligned} \tag{12-25}$$

若考慮直推式（piston）造波，造波板位移函數為：

$$\xi(t)=-\frac{S_0}{2}e^{-i\omega t} \tag{12-26}$$

式中，s_0 為振幅，$\omega = 2\pi / T$，T 為造波板運動週期。則直推式造波的波浪勢函數為

$$\Phi(x,z,t) = \frac{-s_0}{2\omega\ell}\left[i\omega^2 z\left(\frac{z}{2}+h\right)e^{-i\omega t} + gh\left[i\left(e^{-i\omega t}-1\right)-\omega t\right]\right]$$
$$+\frac{i\omega s_0}{\ell}\sum_1^\infty \left\{ \begin{aligned} &\frac{k_n\left(e^{2\omega_n h}e^{\omega_n z}+e^{-\omega_n z}\right)}{\omega_n^2\left(e^{2\omega_n h}+1\right)}\cdot\left[\frac{-e^{ik_n t}}{2(\omega+k_n)}+\frac{e^{-ik_n t}}{2(\omega-k_n)}-\frac{k_n e^{-i\omega t}}{(\omega^2-k_n^2)}\right] \\ &+\frac{e^{-i\omega t}}{\omega_n^2}\left[1-\frac{\left(e^{2\omega_n h}e^{\omega_n z}+e^{-\omega_n z}\right)}{\left(e^{2\omega_n h}+1\right)}\right] \end{aligned} \right\}\cos(\omega_n x)$$

（12-27）

相對應的水位表示式透過使用 Bernoulli 方程式可寫出為：

$$\eta(x,t) = \frac{s_0 h}{2\ell}\left(1-e^{-i\omega t}\right)$$
$$+\frac{\omega s_0}{g\ell}\sum_{n=1}^\infty \left\{\frac{k_n^2}{\omega_n^2}\left[\frac{e^{ik_n t}}{2(\omega+k_n)}+\frac{e^{-ik_n t}}{2(\omega-k_n)}-\frac{\omega}{(\omega^2-k_n^2)}e^{-i\omega t}\right]\right\}\cos(\omega_n x)$$

（12-28）

需要留意的，前述理論推導為使用複變數，計算水位需要使用代表物理量的實數部份。

$$\mathrm{Re}\left[\eta(x,t)\right] = \frac{s_0 h}{2\ell}\left[1-\cos\omega t\right]$$
$$+\frac{\omega^2 s_0}{g\ell}\sum_{n=1}^\infty \frac{k_n^2}{\omega_n^2(\omega^2-\mathrm{k}_n^2)}\left[\cos\left(k_n t\right)-\cos\left(\omega t\right)\right]\cos(\omega_n x)$$

（12-29）

（12-29）式經過比較可以證明和李（1991）使用 Laplace 轉換的作法得到的結果相同。這也是應該的，畢竟一個物理問題應該只有一個解。

時間領域的解和穩定週期性波浪的解比較起來，如圖 12-2 所示。在水槽中的水位分佈，若將相位調為一致，可以看出穩定波形的波長相當；發展中波浪的波形則明顯特性不同。所造出的第一個波的波長

大約有四個多成熟波長，第二個波則有兩個成熟波長。在波形發展中的最大波高則約多出 10%成熟波高。至於造波板前方第一個波的比較則如圖 12-3 所示，時間領域的解、穩定週期性造波理論、進行波三者比較起來，進行波明顯沒有振盪波的成份，而時間領域發展出來的波形和穩定週期性理論的波形則相當重和。若考慮更長水槽 350m，則在時間 23.5 個週期水槽中的水位分佈如圖 12-4 所示。完全發展波浪的前方仍然有相當多的發展中波浪傳遞。

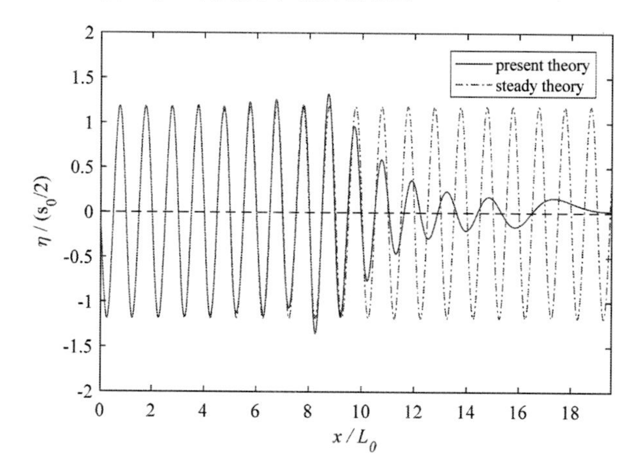

圖 12-2　時間領域和穩定週期性波浪沿著水槽的水位分佈

（ $t = 15T$ ）

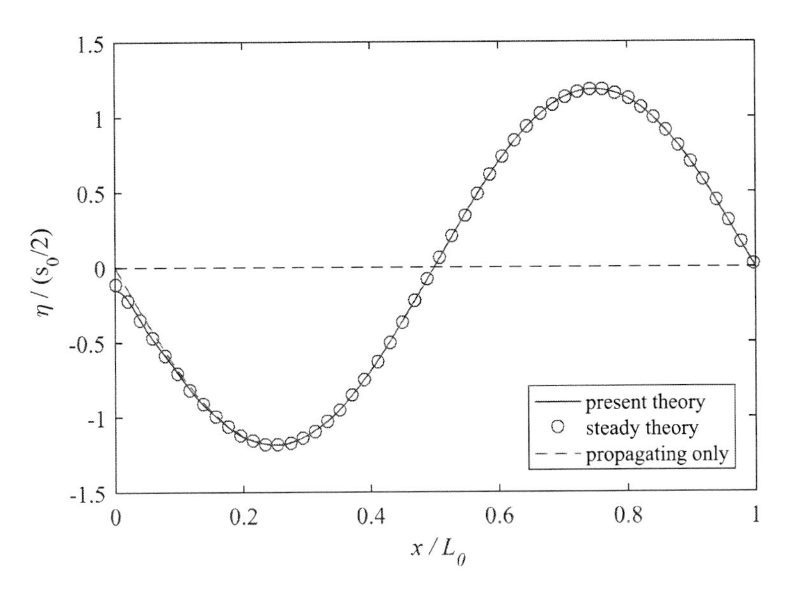

圖 12-3　造波板前方一個波長型態
（時間領域、穩定週期性、進行波比較）

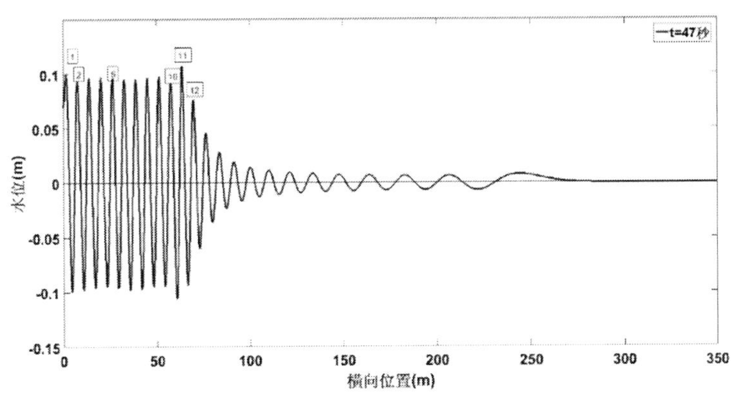

圖 12-4　斷面水槽造波水槽中水位分佈圖

若考慮直擺式（flap）造波機造波問題，造波位移函數表示為：

$$\xi(z,t) = -\frac{s_0}{2}\left(1+\frac{z}{h}\right)e^{-i\omega t} \tag{12-30}$$

則按照時間領域造波解析解，波浪勢函數以及水位可以分別推導得到為：

$$\Phi(x,z,t)=\frac{-s_0}{4\omega\ell}\left\{i\omega^2 z\left(h+z+\frac{z^2}{3h}\right)e^{-i\omega t}+gh\left[i\left(e^{-i\omega t}-1\right)-\omega t\right]\right\}$$

$$+\frac{i\omega s_0}{\ell}\sum_{n=1}^{\infty}\left\{\frac{\left(e^{2\omega_n h}e^{\omega_n z}+1\right)}{k_n\left(e^{2\omega_n h}+1\right)\omega_n{}^3 h}\cdot\right.$$

$$\cdot\left[\begin{array}{l}\left(g\omega_n-g\omega_n e^{\omega_n h}+k_n^2 e^{\omega_n h}-\omega_n h k_n^2\right)\left[\dfrac{e^{ik_n\cdot t}}{2\left(\omega+k_n\right)}-\dfrac{e^{-ik_n\cdot t}}{2\left(\omega-k_n\right)}\right]\\ +\dfrac{k_n\left[g\omega_n-\omega^2\omega_n h-\left(g\omega_n-\omega^2\right)e^{\omega_n h}\right]}{\left(\omega^2-k_n^2\right)}e^{-i\omega t}\end{array}\right]$$

$$\left.+\frac{e^{-i\omega t}}{\omega_n{}^2}\left(1-\frac{e^{\omega_n h}e^{\omega_n z}}{\omega_n\,h}+\frac{z}{h}\right)\right\}\cos(\omega_n x)$$

（12-31）

$$\eta(x,t)=\frac{s_0 h}{4\ell}\left(1-e^{-i\omega t}\right)+\frac{\omega s_0}{\ell h}\sum_{n=1}\frac{1}{\omega_n{}^2}\left(\frac{1}{\cosh(\omega_n h)}-1+\omega_n h\tanh(\omega_n h)\right)\left[\frac{e^{ik_n\cdot t}}{2(\omega+k_n)}\right.$$

$$\left.+\frac{e^{-ik_n\cdot t}}{2(\omega-k_n)}-\frac{\omega}{(\omega^2-k_n^2)}e^{-i\omega t}\right]\cos(\omega_n x)$$

（12-32）

（12-32）式的水位結果經過整理比較也可證明和 Lee et al. (1989) 所呈現的相同。

前述提及 Lee et at. (1989) 的作法為先利用 Laplace 轉換，在此大略說明做為比對參考。波浪勢函數描述波浪場 $\Phi(x,z,t)$ 含有空間 x,z 座標以及時間 t，對時間函數進行 Laplace 轉換，整個問題的邊界值問題成為：

控制方程式：

$$\nabla^2\phi(x,z,s)=0, \qquad 0\le x\le L; \qquad -h\le y\le 0 \tag{12-33}$$

水面、水底、水槽左側的造波邊界和盡頭的條件：

$$\frac{\partial\phi}{\partial z}+\frac{s^2}{g}\phi=0, \qquad z=0 \tag{12-34a}$$

$$\frac{\partial\phi}{\partial z}=0, \qquad z=-h \tag{12-34b}$$

$$\frac{\partial\phi}{\partial x}=-v(z,s), \qquad x=0 \tag{12-34c}$$

$$\frac{\partial\phi}{\partial x}=0, \qquad x=\ell \tag{12-34d}$$

Laplace 轉換定義為：

$$\phi(x,z,s)=\int_0^\infty \Phi(x,y,t)\cdot \mathrm{e}^{-st}\,dt \tag{12-35a}$$

$$v(z,s)=\int_0^\infty V(z,t)\cdot \mathrm{e}^{-st}\,dt \tag{12-35b}$$

求解得到波浪勢函數計算水位變化，其表示式為：

$$\begin{aligned}\eta(x,t)&=\mathrm{Re}\left\{\frac{1}{g}\frac{\partial\Phi}{\partial t}\Big|_{z=0}\right\}\\&=\frac{ah}{2L}(1-\cos\sigma t)+\sum\frac{2a\sigma}{\omega_n L}\left(\frac{\sigma}{\sigma^2-k_n^2}\right)(\cos\sigma t-\cos k_n t).\\&\quad\cdot\left[\frac{1}{h}\left(1-\frac{1}{ch\omega_n h}\right)-\omega_n th\omega_n h\right].\cos\omega_n x\end{aligned} \tag{12-36}$$

（12-36）式中波浪勢函數需要經過 inverse Laplace 轉換才能得到，若造波函數較為複雜則過程有可能比較困難。

另外，Chang and Lin (2009) 所提出的造波理論解，關鍵在於將理論解表示為進行波和振盪波的合成：

$$\Phi(x,z,t)=\phi(x,z,t)+\varphi(x,z,t) \tag{12-37}$$

其中振盪波為：

$$\varphi=-\frac{2u}{h}\sum_{i=0}^{\infty}\frac{\cosh K_i(l-x)}{K_i^2\sinh K_i l}\sin K_i z \tag{12-38}$$

（12-38）式滿足水槽造波和盡頭的邊界條件，進行波的解則為：

$$\phi=A_0(t)\cosh k_n(z+h)\cos k_n x \tag{1-39}$$

其中未定係數為利用水面和水底邊界條件求解。值得留意的是未定係數為時間 t 的函數。

【參考文獻】

1. Hu, Z.Z., D.M. Causon, C.G. Mingham, L. Qian, Numerical simulation of water impact on a wave energy converter in free fall motion, Open Journal of Fluid Dynamics, 3, 109-115, 2013.
2. Hunt, B., Water waves generated by distant landslides, Journal of Hydraulic Research, Vol.26, No.3, pp.307-322, 1988.
3. Joo, S.W., W.W. Schultz and A.F. Messiter, An analysis of the initial-value wavemaker problem, Journal of Fluid Mechanics, Vol.214, pp.161-183, 1990.
4. Kajiura, K., The leading wave of a tsunami, Bulletin of Earthquake Research Institute, University of Tokyo, Vol.41, pp.525-571, 1963.
5. Kennard, E.H., Generation of surface waves by a moving partition, Quarterly of Applied Mathematics, Vol.7, No.3, pp.303-312, 1949.

6. Lamb, H., *Hydrodynamics*, Dover, New York, 1932.
7. Lee, Jaw-Fang, J-R. Kuo, and C-P. Lee, Transient wavemaker theory, Journal of Hydraulic Research, Vol.27, No.5, pp.651-663, 1989.
8. Lee, J-F. and J.W. Leonard, A Time-dependent radiation condition for transient wave-structure interactions, Ocean Engineering, Vol.14, No.6, pp.469-488, 1987.
9. Madsen, O.S., Wave generated by a piston-type wavemaker, Proceedings of the 12th Coastal Engineering Conference, 1970.
10. Mei, C.C., The Applied Dynamics of Ocean Surface Waves, John Wiley & Sons, Inc., New York, 1982.
11. Stoker, J.J., Water Waves, Wiley Interscience Publishers, New York, 1968.
12. Zhang, H.D., C.G. Soares, M. Onorato, Modelling of the spatial evolution of extreme laboratory wave heights with the nonlinear Schrodinger and Dysthe equations, Ocean Engineering, Vol.89, pp.1-9, 2014.
13. 李兆芳，直推式造波其瞬變波浪特性之理論分析，港灣技術，第六期，23-40 頁，1991。
14. 張憲國、林西川，二維有限水槽推移式造波之線性瞬變解析，海洋工程學刊，第 9 卷，第 1 期，第 25-41 頁，2009。

12.3 其他型態時間領域造波

上一章節說明時間領域造波問題的理論解析，以解析解求得的過程來看，除了已經得到給定造波邊界條件的結果外，底床邊界、自由水面、以及盡頭的反射邊界都可以改變邊界條件，然後解析解重新推導。底床邊界條件給定位移函數，則問題即為底床變動造出水面波浪，是所謂的海嘯問題。而水面具有初始的位移之後形成水面變化，則為水面蕩漾（seiche）問題。至於水槽盡頭也給定造波位移函數，則可以形成兩個方向波浪交會的問題。值得留意的是，在此我們僅說明線性問題，因此，線性相加的結果是可以預期的。以下我們說明底床有位移運動產生後續水位的時間變化，以及水面具初始位移產生後續水面運動的問題。

底床位移產生水面波浪

考慮有限長度水槽，水槽左右兩側為直立壁，水面初始為靜止，水槽底部給定位移運動，如圖 12-5 所示。上一章節所描述的邊界值問題，諸如控制方程式、水面和全反射直立壁條件可以直接引用。

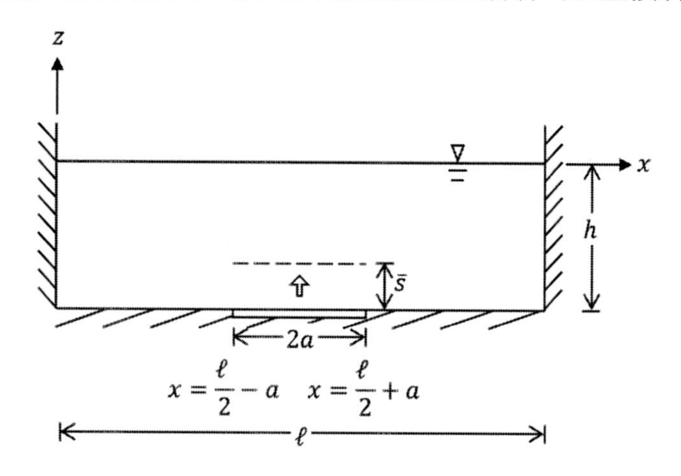

圖 12-5　底部有位移運動的斷面造波問題

底床位移運動可以給定為：

$$\bar{\varsigma}(x,t)=\begin{cases}\bar{s}\dfrac{t}{t_f}\ ,\ 0\le t\le t_f\ ,\ \dfrac{\ell}{2}-\dfrac{a}{2}\le x\le\dfrac{\ell}{2}+\dfrac{a}{2}\\ \bar{s}\ ,\ t>t_f,\ \dfrac{\ell}{2}-\dfrac{a}{2}\le x\le\dfrac{\ell}{2}+\dfrac{a}{2}\end{cases}\tag{12-40}$$

式中，$\bar{s}$ 為底床位移的最大量、t_f 為位移的最後時間、ℓ 為水槽的長度、h 為水深。由（12-40）式可看出底床有位移的位置在水槽中間，而底床位移寬度為 $2a$ 。由圖 12-5 也可以理解，水面波浪波形的產生完全由於底床位移的部份所產生，當底床位移停止後，水面的波形將開始往兩邊往外傳遞。底床邊界條件為：

$$\frac{\partial\Phi}{\partial z}=\begin{cases}-\dot{\bar{\varsigma}}(x,t),\ \dfrac{\ell}{2}-a\le x\le\dfrac{\ell}{2}+a;\ z=-h\\ 0,\ x\le\dfrac{\ell}{2}-a,\ x\ge\dfrac{\ell}{2}+a;\ z=-h\end{cases}\tag{12-41}$$

在這個問題的求解上可以仿照 12.2 所敘述的過程。和造波機造波問題的差別在於此時沒有側邊的造波邊界條件，因此 Fourier Cosine 轉換沒有引進任何函數。但是在 z 方向水面和水底條件對時間的微分方程式求解，則引進底床的變動條件。這是底床變動問題的特點。經過求解，波浪勢函數求得可以表示為：

$$\Phi(x,z,t)=\frac{1}{\ell}\phi_0(z,t)+\frac{2}{\ell}\sum_{n=1}\phi_n(z,t)\cos(\omega_n x)\tag{12-42}$$

式中，

$$\phi_0(z,t)=\int_0^\ell\Phi(x,z,t)\cdot[1]dx\tag{12-43}$$

$$\phi_n(z,t)=\int_0^\ell\Phi(x,z,t)\cdot\cos(\omega_n x)dx\tag{12-44}$$

完整波浪勢函數表示式則為：

$$\Phi(x,z,t)=\frac{1}{\ell}\left\{\dot{\varsigma}_0(t)z-g\int\varsigma_0(t)dt+h\dot{\varsigma}_0(t)+\left[g\varsigma_0(0)-h\ddot{\varsigma}_0(0)\right]t+g\int\varsigma_0(t)dt\Big|_{t=0}-h\dot{\varsigma}_0(0\right.$$
$$+\frac{2g}{\ell}\sum_{n=1}^{\infty}\left\{\begin{array}{l}\frac{\left(e^{-\omega_n z}+e^{2\omega_n h}e^{\omega_n z}\right)}{2ik_n\left(e^{2\omega_n h}+1\right)}\left[\frac{1}{\cosh\left(\omega_n h\right)}\right]\left\{\left[-\int_0^t\dot{\varsigma}_n(t)e^{-ik_n t}dt\right]e^{ik_n t}\right.\\ \left.+\left[\int_0^t\dot{\varsigma}_n(t)e^{ik_n t}dt\right]e^{-ik_n t}\right\}+\frac{\dot{\varsigma}_n(t)\left(e^{\omega_n z}-e^{-\omega_n z}\right)}{\omega_n\left(e^{\omega_n h}+e^{-\omega_n h}\right)}\end{array}\right\}\cos(\omega_n$$

（12-45）

其中，

$$\dot{\varsigma}_0(t)=\int_0^{\ell}-\dot{\bar{\varsigma}}(x,t)dx$$ （12-46a）

$$\dot{\varsigma}_n(t)=\int_0^{\ell}-\dot{\bar{\varsigma}}(x,t)\cos(\omega_n x)dx$$ （12-46b）

所對應的水為變化為：

$$\eta(x,t)=\frac{a\bar{s}}{\ell t_f}t+\frac{4\bar{s}}{\ell t_f}\sum_{n=1}^{\infty}\left\{\left(\frac{1}{k_n\omega_n}\right)\left[\frac{1}{\cosh\left(\omega_n h\right)}\right]\left[\cos\left(\frac{\omega_n\ell}{2}\right)\sin\left(\frac{a\omega_n}{2}\right)\right]\sin\left(k_n t\right)\right\}\cos(\omega_n x)$$

$$,\quad 0\le t\le t_f$$ （12-47a）

$$\eta(x,t)=\frac{a\bar{s}}{\ell}+\frac{8\bar{s}}{\ell t_f}\sum_{n=1}^{\infty}\left\{\left(\frac{1}{k_n\omega_n}\right)\left[\frac{1}{\cosh\left(\omega_n h\right)}\right]\left[\cos\left(\frac{\omega_n\ell}{2}\right)\sin\left(\frac{a\omega_n}{2}\right)\sin\left(\frac{k_n t_f}{2}\right)\right]\left[\cos\left(k_n t-\frac{k_n t_f}{2}\right)\right]\right\}\cos(\omega_n x$$

$$,\quad t>t_f$$ （12-47b）

利用（12-47a）-（12-47b）式計算由於抵床位移產生的水為變化，分別為時間 t =4.2sec, 10.6sec, 29sec，如圖 12-6 所示。考慮水深 100m、水槽長度 3000m、底床移動寬度 40m、移動距離 10m、位移時間 t_f

=5sec。結果顯示當底床位移到頂產生水面一個單峰波，其後單峰往下形成分別往兩邊傳遞的兩個波，然後也分別再往外傳遞。留意到，如果兩側直立壁選定足夠遠，則所形成的波形並沒有被反射波影響。

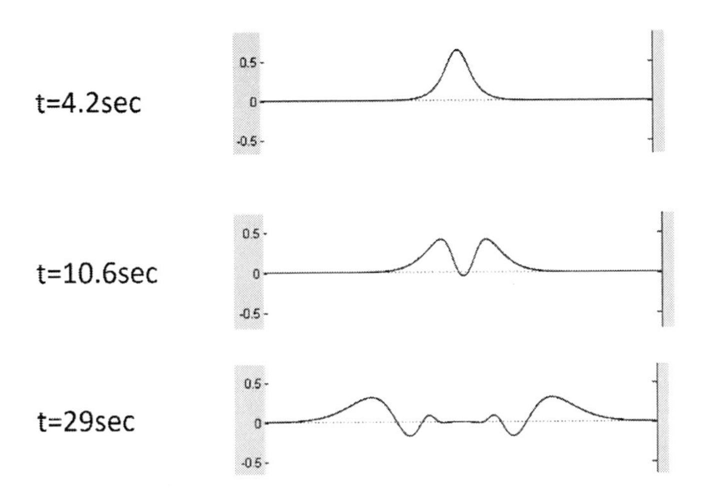

圖 12-6　底床位移產生水面水位時間變化

前述底床變動位移的方式為水平往上移動，底床移動的方式也可以考慮一邊固定一邊上移的方式，如圖 12-7 所示。此時底床位移函數可以表示為：

$$\bar{\varsigma}(x,t)=\begin{cases}\bar{s}\left[\dfrac{x-\left(\dfrac{\ell}{2}-\dfrac{a}{2}\right)}{a}\right]\dfrac{t}{t_f}\ ,\ 0\le t\le t_f\ ,\ \dfrac{\ell}{2}-\dfrac{a}{2}\le x\le\dfrac{\ell}{2}+\dfrac{a}{2}\\ \bar{s}\left[\dfrac{x-\left(\dfrac{\ell}{2}-\dfrac{a}{2}\right)}{a}\right]\ ,\ t>t_f\ ,\ \dfrac{\ell}{2}-\dfrac{a}{2}\le x\le\dfrac{\ell}{2}+\dfrac{a}{2}\end{cases}\tag{12-47}$$

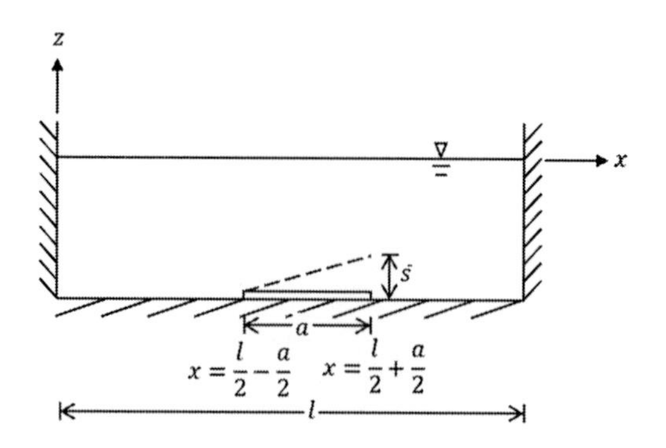

圖 12-7　底床傾斜位移產生水面水位時間變化

將不同的位移函數（12-47）式代入波浪勢函數（12-45）式，則進而可得水面水位變化為：

$$
\eta(x,t)=\begin{cases}
\dfrac{a\bar{s}}{2t_f\ell}t + \dfrac{2\bar{s}}{a\ell t_f}\displaystyle\sum_{n=1}^{\infty}\left\{\left(\dfrac{1}{k_n\omega_n}\right)\left[\dfrac{1}{\cosh(\omega_n h)}\right]\cdot\left\{a\sin\left[\omega_n\left(\dfrac{\ell}{2}+\dfrac{a}{2}\right)\right]-\dfrac{2}{\omega_n}\left[\sin\left(\dfrac{\omega_n\ell}{2}\right)\sin\left(\dfrac{a\omega_n}{2}\right)\right]\right\}\left[\sin(k_n t)\right]\right\}\cos(\omega_n x)x & ,\ 0\le t\le t_f \\[2ex]
\dfrac{a\bar{s}}{2\ell} + \dfrac{2\bar{s}}{a\ell t_f}\displaystyle\sum_{n=1}^{\infty}\left\{\left(\dfrac{1}{k_n\omega_n}\right)\left[\dfrac{1}{\cosh(\omega_n h)}\right]\left\{a\sin\left[\omega_n\left(\dfrac{\ell}{2}+\dfrac{a}{2}\right)\right]-\dfrac{2}{\omega_n}\left[\sin\left(\dfrac{\omega_n\ell}{2}\right)\sin\left(\dfrac{a\omega_n}{2}\right)\right]\right\}\cdot\left\{\sin(k_n t)-\sin\left[k_n\left(t-t_f\right)\right]\right\}\right\}\cdot\cos(\omega_n x) & ,\ t>t_f
\end{cases}
\quad (12\text{-}48)
$$

利用（12-48）式計算由於抵床位移產生的水為變化，分別為時間 t =3.4sec, 14.4sec, 20.8sec，如圖 12-8 所示。考慮水深 50m、水槽長度 2000m、底床移動寬度 300m、移動距離 1m、位移時間 t_f =3sec。結果顯示傾斜底床位移到頂產生水面的一個單峰波已經有傾斜現象，其後單峰往下形成分別往兩邊傳遞的兩個波也不再對稱，然後也分別再往外傳遞。同樣的，兩側直立壁選定足夠遠，則所形成的波形並沒有被反射波影響。

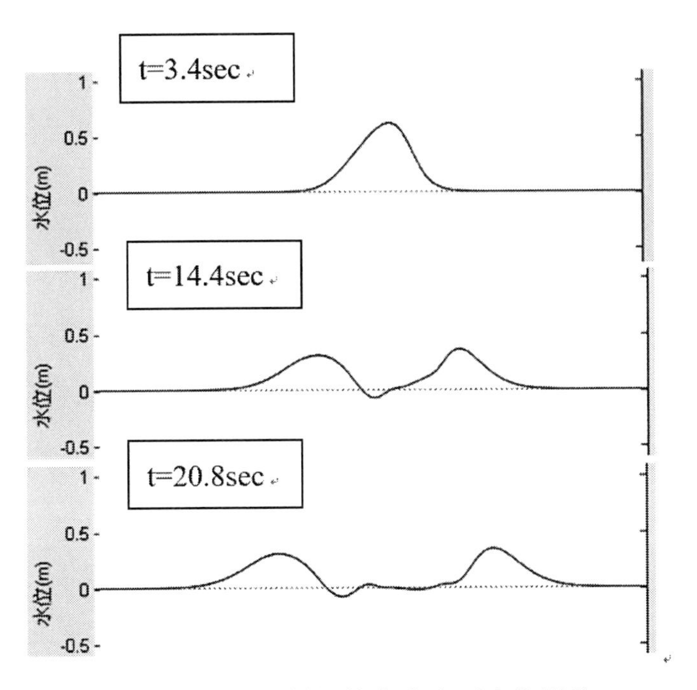

圖 12-8　底床傾斜位移產生水面水位變化

初始水面傾斜產生的水位振盪

另一種類型的問題為，在長形的水域中兩側和水底均沒有邊界條件，但是在水面有一初始的傾斜水面，如圖 12-9 所示。當造成這個初始傾斜水面的外力消除後，則水面由於重力效應開始產生振盪。這種問題發生在相當狹長型的港域，例如台中港，長期受到東北季風吹襲作用容易產生港域水面的傾斜，後續則容易產生港域水面的振盪，以前學者有稱之為蕩漾（seiche）。

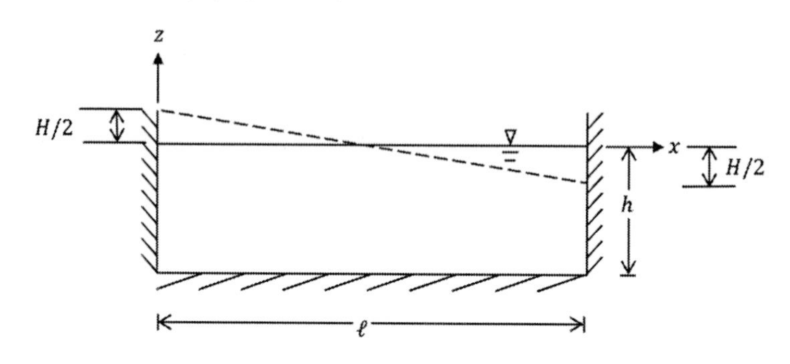

圖 12-9　水域具有初始的傾斜水面示意圖

對於圖 12-9 所描述傾斜水面產生的水位變化，其邊界值問題可以仿照造波問題列出：控制方程式、水面和水底邊界條件、兩側的全反射邊界條件。在初始條件上則為傾斜的水面，可表示為：

$$\eta(x,0)=\frac{H}{2\ell}(\ell-2x) \tag{12-49}$$

以及初始水體為靜止，假設波浪勢函數值相對為零。

這個問題的求解仍然和造波問題的作法相仿。使用 Fourier Cosine 對波浪勢函數的 x 函數作轉換；控制方程式的轉換沒有引進任何側面邊界的函數。波浪勢函數可以表出為：

$$\Phi(x,z,t)=\frac{1}{\ell}\phi_0(z,t)+\frac{2}{\ell}\sum_{n=1}\phi_n(z,t)\cos(\omega_n x) \tag{12-50}$$

其中，

$$\phi_0(z,t)=\int_0^\ell \Phi(x,z,t)\cdot[1]dx \tag{12-51}$$

$$\phi_n(z,t)=\int_0^\ell \Phi(x,z,t)\cdot\cos(\omega_n x)dx \tag{12-52}$$

$$\omega_n = \frac{n\pi}{\ell},\ n = 1, 2, \cdots, N \quad (12\text{-}53)$$

（12-50）式代回控制方程式後，接著對水深方向積分兩次，可得：

$$\phi_n(z,t) = A_n(t)e^{\omega_n z} + B_n(t)e^{-\omega_n z} \quad (12\text{-}53)$$

式中，$A_n(t),\ B_n(t)$ 為待定係數。（12-53）式藉由水面和水底邊界條件可得：

$$\ddot{B}_n(t) + {k_n}^2 B_n(t) = 0 \quad (12\text{-}54)$$

其中

$${k_n}^2 = g\omega_n \tanh\left(\omega_n h\right) \quad (12\text{-}55)$$

（12-54）式的解可以寫出為：

$$B_n(t) = D_n \cdot e^{ik_n t} + E_n \cdot e^{-ik_n t} \quad (12\text{-}56)$$

$$A_n(t) = B_n(t)e^{2\omega_n h} \quad (12\text{-}57)$$

（12-56）式中 $D_n,\ E_n$ 可以利用初始條件，包括水體靜止流場勢函數相對為零，以及開始傾斜的水面條件，求得：

$$D_n = \frac{igH\left[\cos(n\pi) - 1\right]}{2{\omega_n}^2 k_n \ell\left(e^{2\omega_n h} + 1\right)} \quad (12\text{-}58)$$

$$E_n = -\frac{igH\left[\cos(n\pi) - 1\right]}{2{\omega_n}^2 k_n \ell\left(e^{2\omega_n h} + 1\right)} \quad (12\text{-}59)$$

綜上，

$$\phi_0(z,t) = 0$$

$$\phi_n(z,t)=\frac{igH\left[\cos(n\pi)-1\right]}{2\omega_n{}^2k_n\ell\left(e^{2\omega_n h}+1\right)}\left(e^{2\omega_n h}e^{\omega_n z}+e^{-\omega_n z}\right)\left(e^{ik_n t}-e^{-ik_n t}\right)$$

（12-60）

利用（12-50）式，水位變化可表出為：

$$\eta(x,t)=-\frac{2H\left[\cos(n\pi)-1\right]}{\omega_n{}^2\ell^2}\sum_{n=1}\cos(k_n t)\cos(\omega_n x) \qquad (12\text{-}61)$$

使用（12-61）式，考慮水槽寬度 5m, 起始水位 H =0.1m，水位時間變化 t=1.2sec, 2.4sec, 3.7sec, 4.8sec 如圖 12-10 所示。由結果可以看出，起始時間 t=0 水位左上右下開始，大約四分之一週期 1.2sec，水位成為水平，半週期 2.4sec 水位成為左下右上，四分之三週期 3.7sec 水位又成為水平，約在 t=4.8sec 水位又回到左上右下的一個週期變化。

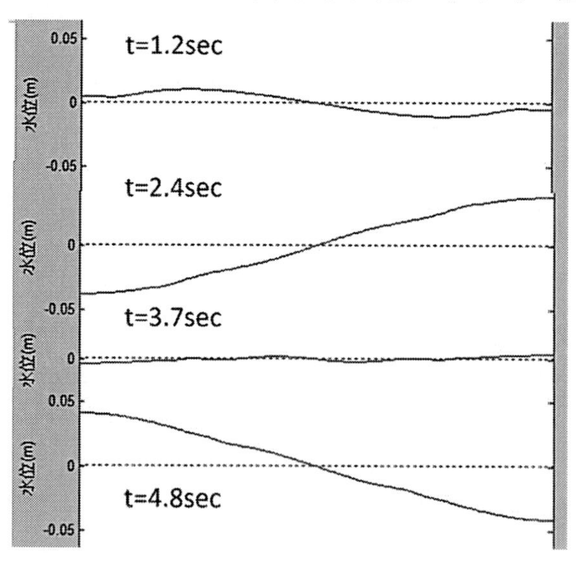

圖 12-10　起始傾斜水位於 t=1.2sec, 2.4sec, 3.7sec, 4.8sec 之變化

水槽側面水流形成潮湧（tidal bore）

時間領域解析解的作法適合於求解各種問題的時間變化。水流流入水槽中引起水位的變化，如圖 12-11 所示，也可以應用來求解。對於水流引起的變動潮湧（undular bore）相關的文獻和試驗可以參考 Chanson (2010)。有關理論解析潮湧的產生、傳播和發展也可參考其他的作法，如 EI et al. (2006) 則使用 Boussinesq 方程式，以及 Whitham modulation theory 研究潮湧。Marchant (2008) 使用 modified Korteweg-de Vries equation 研究潮湧的問題。Besthorn and tyvand (2009) 利用數值模式求解 Laplace 方程式探討兩個潮湧的互相作用。

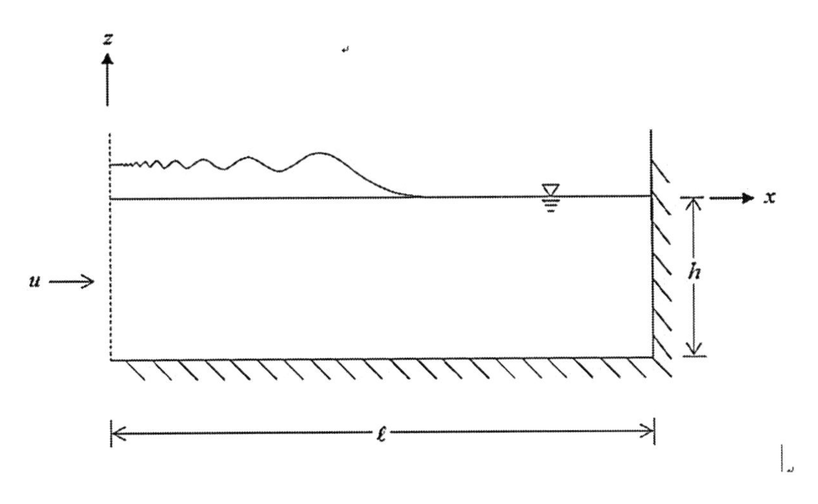

圖 12-11　水流流入水槽中引起水位的變化示意圖

延續時間領域解析解的作法，圖 12-11 水流流入水槽的問題，可以繼續使用控制方程式、水面和水底邊界條件、以及水槽盡頭的反射邊界條件。而在左側水流的邊界條件為：

$$\frac{\partial \Phi(x,z,t)}{\partial x} = -u,\ \ x = 0 \qquad (12\text{-}62)$$

使用 Fourier Cosine 轉換 x 函數，波浪勢函數可寫為：

$$\Phi(x,z,t)=\frac{1}{\ell}\phi_0(z,t)+\frac{2}{\ell}\sum_{n=1}\phi_n(z,t)\cos(\omega_n x) \qquad (12\text{-}63)$$

其中，$\omega_n=\frac{n\pi}{\ell}$。而$\phi_0(z,t)$，$\phi_n(z,t)$分別定義為：

$$\phi_0(z,t)=\int_0^\ell \Phi(x,z,t)dx \qquad (12\text{-}64)$$

$$\phi_n(z,t)=\int_0^\ell \Phi(x,z,t)\cdot\cos(\omega_n x)dx \qquad (12\text{-}65)$$

利用（12-65）式，控制方程式轉換為：

$$\frac{\partial^2\phi_n(z,t)}{\partial z^2}-\omega_n{}^2\phi_n(z,t)=-u \qquad (12\text{-}66)$$

（12-66）式的解可以求得為：

$$\phi_n(z,t)=\tilde{\phi}_{nh}(z,t)+\tilde{\phi}_{np}(z,t) \qquad (12\text{-}67)$$

式中，$\tilde{\phi}_{nh}$, $\tilde{\phi}_{np}$ 分別為通解和特解，可求得為：

$$\tilde{\phi}_{nh}(z,t)=A_n(t)e^{\omega_n z}+B_n(t)e^{-\omega_n z} \qquad (12\text{-}68)$$

$$\tilde{\phi}_{np}=\frac{u}{\omega_n{}^2} \qquad (12\text{-}69)$$

而$A_n(t)$, $B_n(t)$為未定係數。利用（12-68）式和（12-69）式，配合水面和水底邊界條件，可得對時間的微分方程式，求解後可得：

$$A_n(t)=\left(B_n(t)\cdot e^{\omega_n h}-\frac{u}{2\omega_n{}^3}\right)e^{\omega_n h} \qquad (12\text{-}70)$$

$$B_n(t)=D_n\cdot e^{ik_n t}+E_n\cdot e^{-ik_n t} \qquad (12\text{-}71)$$

式中，D_n, E_n 為待定係數。以上求得波浪勢函數表示式，再利用給定的起始條件，在此為起始水面靜止，以及水體靜止相對波浪勢函數為零，即可得：

$$D_n = E_n = -\frac{u}{2\omega_n^{\ 2}\left(e^{2\omega_n h}+1\right)} \qquad (12\text{-}72)$$

按照相同的理論推導程序，也可以求得$\phi_0(z,t)$表出為：

$$\phi_0(z,t) = u\left(-z^2/2 - hz + ght^2/2\right) \qquad (12\text{-}73)$$

至此，則波浪勢函數完全求得，可寫為：

$$\Phi(x,z,t) = \frac{u}{\ell}\left[\begin{array}{l}\left(-z^2/2 - hz + ght^2/2\right) \\ \quad + \sum_{n=1}^{\infty}\frac{2}{\omega_n^{\ 2}}\left(1 - \frac{\left(e^{2\omega_n(z+h)}+1\right)}{\left(e^{2\omega_n h}+1\right)}e^{-\omega_n z}\cos k_n t\right)\cos(\omega_n x)\end{array}\right] \qquad (12\text{-}74)$$

對應的水位變化則為：

$$\eta(x,t) = u\left[\frac{ht}{\ell} + \frac{2}{g\ell}\sum_{n=1}^{\infty}\frac{1}{\omega_n^{\ 2}}\left(k_n \sin k_n t\right)\cos(\omega_n x)\right] \qquad (12\text{-}75)$$

使用(12-75)式，考慮水深 3m、水槽長度 100m、水流流速 1.0m/sec，在時間 t=2.0sec 水槽的水位分佈如圖 12-12 所示，結果顯示，水流流入之後，水位由原先的靜水位急速上升，在 2sec 時所造成的水位已經達到高點隨後往下。在時間 t=8.0sec 水槽的水位分佈如圖 12-13 所示，結果顯示，水流流入前方的水位在第一個最高水位的帶領下，水位逐次降低，而在入流邊界上則有 0.56m 的水位抬升。

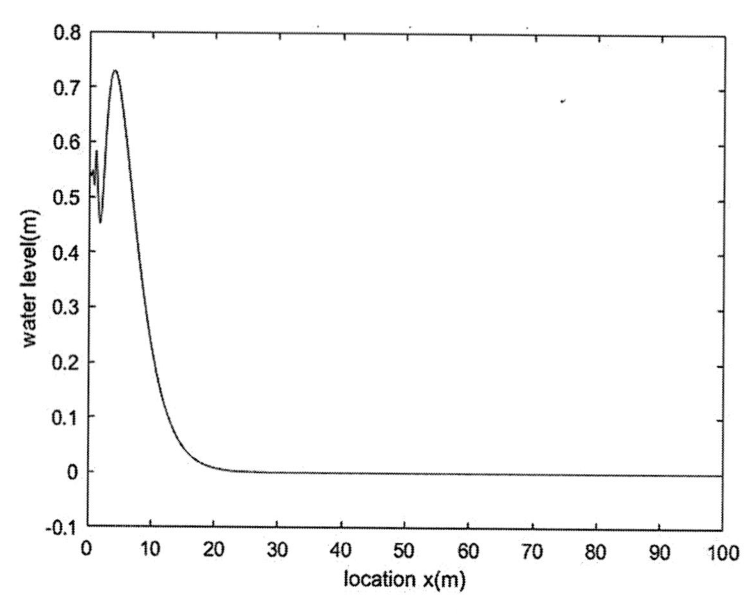

圖 12-12　水流引起水面水位變化（t=2sec）

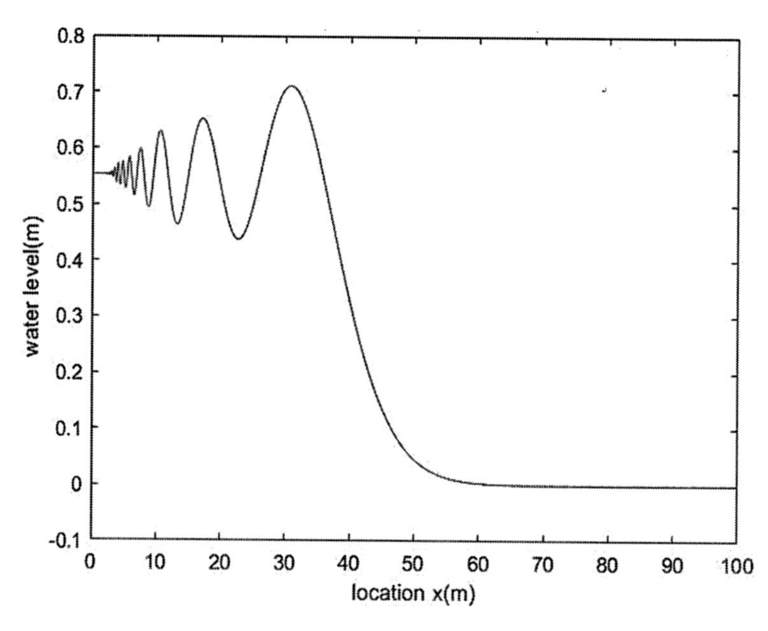

圖 12-13　水流引起水面水位變化（t=8sec）

【參考文獻】

1. Chanson, H., Unsteady Turbulence in Tidal Bores: Effects of Bed Roughness *Journal of Waterway, Port, Coastal, and Ocean Engineering* ASCE 136 247-256, 2010.
2. Bestehorn, M. and P.A. Tyvand, Merging and colliding bores, Physics of Fluids, 21, 2009.
3. Marchant, T.R., Undular bores and the initial-boundary value problem for the modified Korteweg-de Vries equation, Wave Motion 45 540-555, 2008.
4. EI, G.A., R.H.J. Grimshaw, and N.F. Smith, Unsteady undular bores in fully nonlinear shallow-water theory, Physics of Fluids, Vol.18, Issue 2, 2006.

12.4 時間領域方向造波

國內方向造波機存在於海洋大學的海工試驗室，如圖 12-14 所示。國外方面則有法國 Lab Oceano 的方向造波機，如圖 12-15 所示。實際尺寸和功能可參考相關資料和連結。

圖 12-14 海洋大學海工試驗室方向造波水池

圖 12-15 法國 Lab Oceano 的方向造波機

（https://www.youtube.com/watch?v=QZUaBvBYvjk）

有關平面水池方向造波的理論解析，在穩定週期性解析解(steady and periodic) 方面，包括線性以及第二階解，可見陳（2005）以及其論文的參考文獻。其求解作法主要參考 Wu and Dalrymple (1987) 的作法，計算出來的波形如圖 12-16 所示，包括正向造波以及15° 造波的結果。

0-degree wave generation

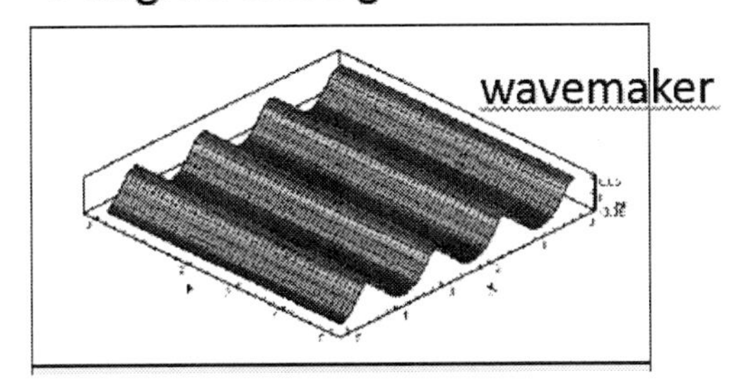

15-degree wave generation

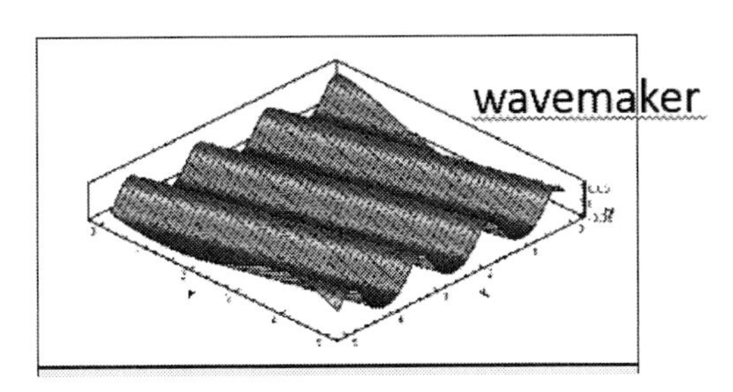

圖 12-16　穩定週期性之方向造波理論波形

方向造波時間領域的研究主要仍在數值模擬，如 Williams and Crull (2000) 利用數值水池給定方向造波機函數產生不規則波，其計算領域如圖 12-17 所示。Kim et al. (2001) 考慮粘性效應提出三維非線性數值模式，使用有限差分法求解 Navier-Stokes 方程式，典型計算結果如圖 12-18 所示。Park et al. (2004) 使用三維數值水槽計算非線性多方向波浪場，其數值配置如圖 12-19 所示。周和石（2011）使用邊界元素法發展三維 L 型多方向不規則造波機數值模式，如圖 12-20

所示。

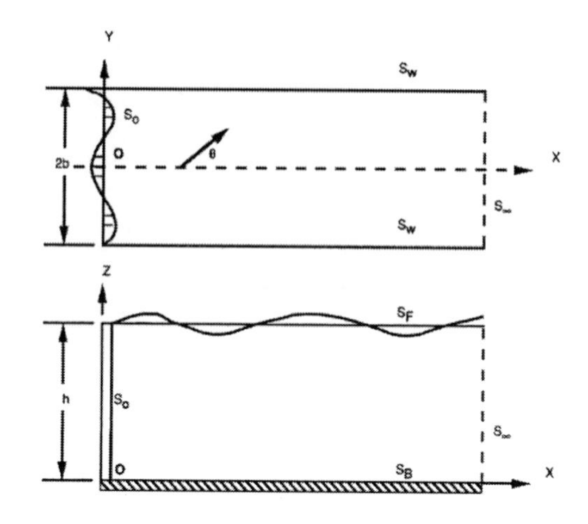

圖 12-17　Williams and Crull (2000) 使用的數值方向造波

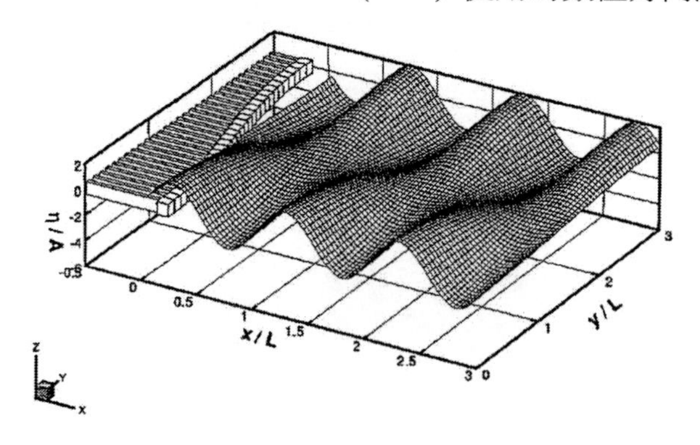

圖 12-18　方向造波數值計算 by Kim et al. (2001)

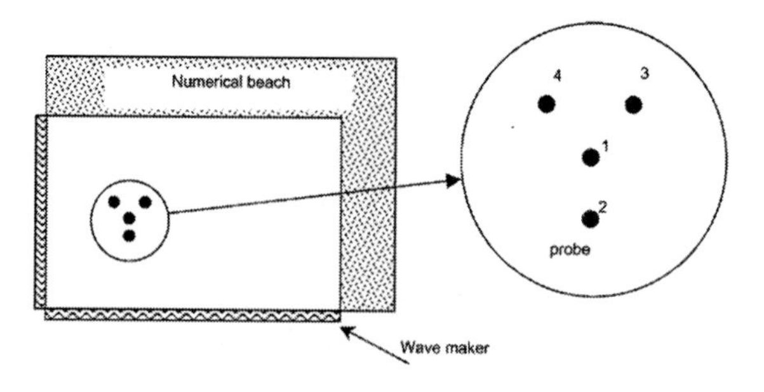

圖 12-19　Park et al. (2004) 使用的數值水池方向造波機配置

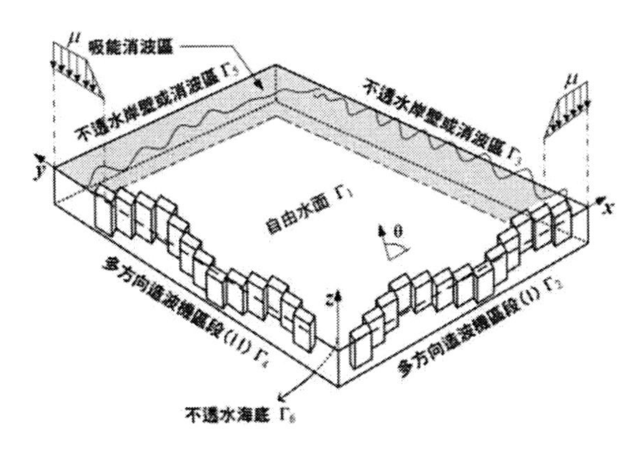

圖 12-20　周和石（2011）發展的三維 L 型多方向不規則造波機

本節延伸 12.2 節斷面水槽時間領域造波理論，求解方向造波時間領域問題。斷面水槽造波和平面方向造波所求解問題比較如圖 12-21 所示。顯示平面水池除了方向造波函數，就是多出平面 y 方向座標，因此，若能處理 y 方向的函數，則延伸斷面造波的求解方法，應該可以求解平面水池造波的問題。

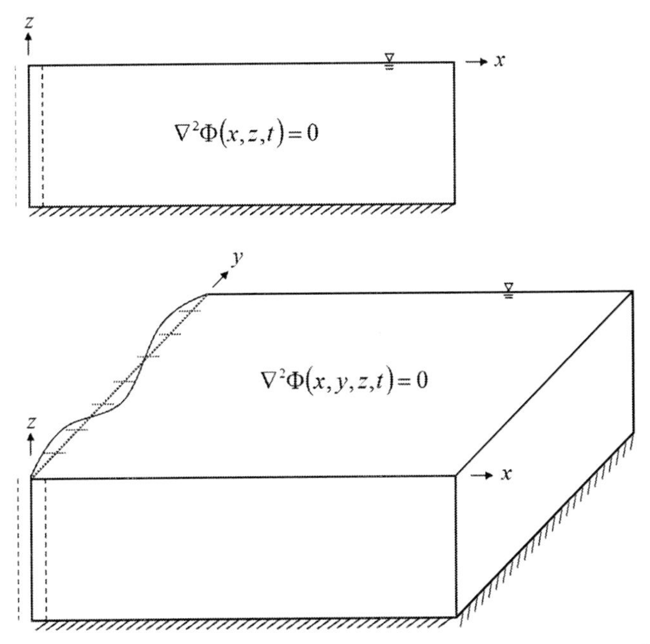

圖 12-21　斷面水槽造波和平面方向造波領域比較圖

平面水池方向造波邊界值問題，利用微小振幅波理論可以寫出：控制方程式為：

$$\frac{\partial^2\Phi}{\partial x^2}+\frac{\partial^2\Phi}{\partial y^2}+\frac{\partial^2\Phi}{\partial z^2}=0$$

$$0\le x\le \ell_x \quad -h\le z\le 0 \quad 0\le t\le\infty \tag{12-76}$$

水面條件和水底邊界條件為：

$$\frac{\partial\Phi}{\partial z}+\frac{1}{g}\frac{\partial^2\Phi}{\partial t^2}=0\ ,\ z=0 \tag{12-77}$$

$$\left.\frac{\partial\Phi}{\partial z}\right|_{z=-h}=0\ ,\ z=-h \tag{12-78}$$

水池側面邊界條件：包括造波邊界、盡頭、左右兩側可列出為：

$$\frac{\partial\Phi}{\partial x}=-\dot{\xi}(y,t)\ ,\ x=0 \tag{12-79}$$

$$\frac{\partial\Phi}{\partial x}=0\ ,\ x=\ell_x \tag{12-80}$$

$$\frac{\partial\Phi}{\partial y}=0\ ,\ y=0;\ y=\ell_y \tag{12-81}$$

求解問題需要的起始條件：考慮水體開始為靜止，且沒有起始水位。三維邊界值問題的俯視圖和側視圖，分別如圖 12-22 和 12-23 所示。

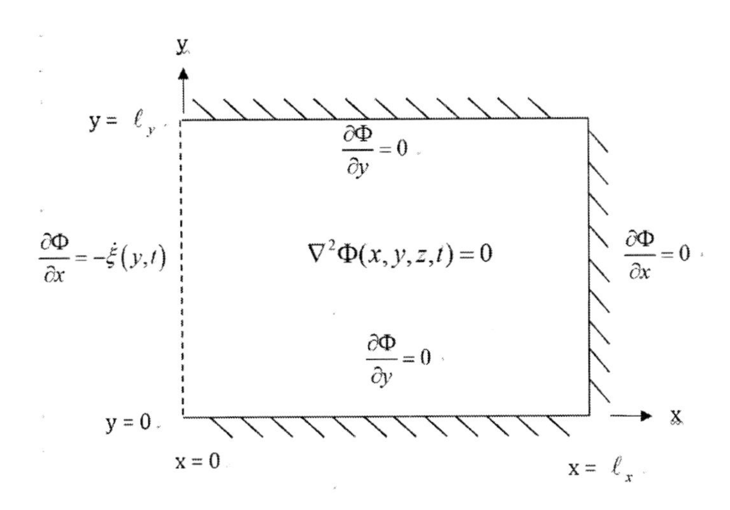

圖 12-22　平面水池方向造波問題俯視圖

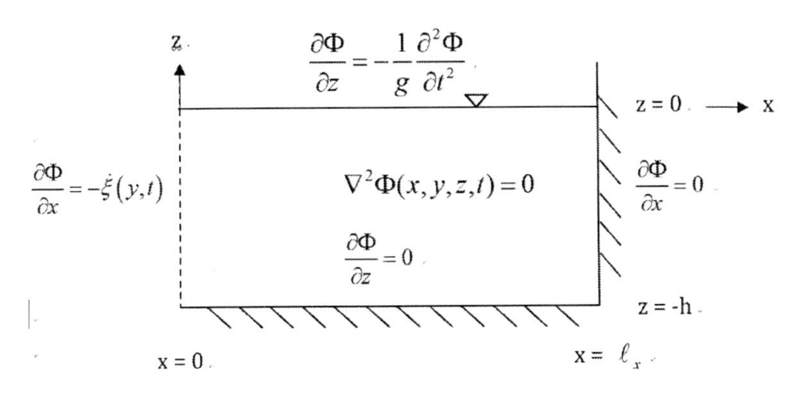

圖 12-23　平面水池方向造波問題側視圖

對於（12-76）式-（12-81）式問題的求解，相較於斷面造波問題，多了 y 座標函數。以求解概念來看，兩側的邊界條件和縱向邊界條件相當類似，因此，可以仿照斷面水槽處理 x 座標的方式來處理，即利用 Fourier cosine 對 y 座標轉換。波浪勢函數 $\Phi(x,y,z,t)$ 可表示為：

$$\Phi(x,y,z,t)=\frac{1}{\ell_y}\widetilde{\phi}_0(x,z,t)+\frac{2}{\ell_y}\sum_{m=1}\widetilde{\phi}_m(x,z,t)\cdot\cos(\omega_{ym}y) \qquad (12\text{-}82)$$

其中 $\omega_{ym}=\dfrac{m\pi}{\ell_y}$，$\ell_y$ 為水池 y 方向寬度。所求解問題則轉換為求解（12-7）式中的 $\tilde{\phi}_0(x,z,t)$、$\tilde{\phi}_m(x,z,t)$。控制方程式轉換成為：

$$\frac{\partial^2\tilde{\phi}_0(x,z,t)}{\partial x^2}+\frac{\partial^2\tilde{\phi}_0(x,z,t)}{\partial z^2}=0 \tag{12-83}$$

$$\frac{\partial^2\tilde{\phi}_m(x,z,t)}{\partial x^2}+\frac{\partial^2\tilde{\phi}_m(x,z,t)}{\partial z^2}-\omega_{ym}{}^2\tilde{\phi}_m(x,z,t)=0 \tag{12-84}$$

對於（2-8）式和（12-84）式的求解，即可採用斷面水槽造波的理論解析法。先對 x 座標使用 Fourier cosine 轉換處理，即對 $\tilde{\phi}_0(x,z,t)$、$\tilde{\phi}_m(x,z,t)$ 表示成：

$$\tilde{\phi}_0(x,z,t)=\frac{1}{\ell_x}\phi_{00}(z,t)+\frac{2}{\ell_x}\sum_{n=1}\phi_{0n}(z,t)\cdot\cos(\omega_{xn}x) \tag{12-85}$$

$$\tilde{\phi}_m(x,z,t)=\frac{1}{\ell_x}\phi_{m0}(z,t)+\frac{2}{\ell_x}\sum_{n=1}\phi_{mn}(z,t)\cdot\cos(\omega_{xn}x) \tag{12-86}$$

其中 $\omega_{xn}=\dfrac{n\pi}{\ell_x}$，$\ell_x$ 為水池 x 方向長度。則所求解問題成為求解 $\phi_{00}(z,t)$，$\phi_{0n}(z,t)$，$\phi_{m0}(z,t)$ 與 $\phi_{mn}(z,t)$。留意到，所求解的函數成為 z 和 t 的函數。求解的微分式成為：

$$\frac{\partial^2\phi_{00}(z,t)}{\partial z^2}=-\int_0^{\ell_y}\frac{\partial\xi(y,t)}{\partial t}dy \tag{12-87}$$

$$\frac{\partial^2\phi_{0n}(z,t)}{\partial z^2}-\omega_{xn}{}^2\phi_{0n}(z,t)=-\int_0^{\ell_y}\left[\frac{\partial\xi(y,t)}{\partial t}\right]dy \tag{12-88}$$

$$\frac{\partial^2\phi_{m0}(z,t)}{\partial z^2}-\omega_{2m}{}^2\phi_{m0}(z,t)=-\int_0^{\ell_y}\frac{\partial\xi(y,t)}{\partial t}\cos(\omega_{2m}y)dy \tag{12-89}$$

$$\frac{\partial^2\phi_{mn}(z,t)}{\partial z^2}-\left(\omega_{xn}{}^2+\omega_{ym}{}^2\right)\phi_{mn}(z,t)=-\int_0^{\ell_y}\frac{\partial\xi(y,t)}{\partial t}\cos(\omega_{ym}y)dy \tag{12-90}$$

對於上面四個二階非齊性微分方程式需要分別求解。

以 $\phi_{mn}(z,t)$ 作說明，由（12-90）式使用變參數法（variation of parameters）可得：

$$\phi_{mn}(z,t) = A_{mn}(t)e^{\sqrt{\omega_{1n}^2+\omega_{2m}^2}z} + B_{mn}(t)e^{-\sqrt{\omega_{1n}^2+\omega_{2m}^2}z} + \frac{\left[\int_0^{\ell_y}\frac{\partial\xi(y,t)}{\partial t}\cos(\omega_{2m}y)dy\right]}{\left(\omega_{1n}^2+\omega_{2m}^2\right)} \tag{12-91}$$

式中，$A_{mn}(t)$, $B_{mn}(t)$ 為待定係數。接著由水面和水底邊界條件可以得到：

$$\sqrt{\omega_{1n}^2+\omega_{2m}^2}A_{mn}(t) - \sqrt{\omega_{1n}^2+\omega_{2m}^2}B_{mn}(t) + \frac{1}{g}\left\{\ddot{A}_{mn}(t) + \ddot{B}_{mn}(t) + \frac{\left[\int_0^{\ell_y}\frac{\partial^3\xi(y,t)}{\partial^3 t}\cos(\omega_{2m}y)dy\right]}{\left(\omega_{1n}^2+\omega_{2m}^2\right)}\right\} = 0 \tag{12-92}$$

$$A_{mn}(t) = B_{mn}(t)e^{2\sqrt{\omega_{1n}^2+\omega_{2m}^2}h} \tag{12-93}$$

利用（12-92）和（12-93）兩式，可以得到求解待定係數 $B_{mn}(t)$ 的二階微分方程式：

$$\ddot{B}_{mn}(t) + k_{mn}^2 B_{mn}(t) = -\frac{\left[\int_0^{\ell_y}\frac{\partial^3\xi(y,t)}{\partial^3 t}\cos(\omega_{2m}y)dy\right]}{\left(\omega_{1n}^2+\omega_{2m}^2\right)\left(e^{2\sqrt{\omega_{1n}^2+\omega_{2m}^2}h}+1\right)} \tag{12-94}$$

其中

$$k_{mn}^2 = g\sqrt{\omega_{1n}{}^2 + \omega_{2m}{}^2}\left[\tanh(\sqrt{\omega_{1n}{}^2 + \omega_{2m}{}^2}\ h)\right] \tag{12-95}$$

（12-94）式的微分方程式的解可以得到為：

$$\begin{aligned} B_{mn}(t) = {} & D_{mn} \cdot e^{ik_{mn}t} + E_{mn} \cdot e^{-ik_{mn}t} - \frac{\left\{\int_0^{\ell_y}\left[\dfrac{\partial\xi(y,t)}{\partial t}\right]\cos(\omega_{2m}y)dy\right\}}{\left(\omega_{1n}{}^2 + \omega_{2m}{}^2\right)\left(e^{2\sqrt{\omega_{1n}{}^2+\omega_{2m}{}^2}h} + 1\right)} \\ & + k_{mn}{}^2\frac{\left\{\int_0^{\ell_y}\left[\left[\int\ \xi(y,t)e^{-ik_{mn}t}dt\right]e^{ik_{mn}t}\right]\cos(\omega_{2m}y)dy\right\}}{2\left(\omega_{1n}{}^2 + \omega_{2m}{}^2\right)\left(e^{2\sqrt{\omega_{1n}{}^2+\omega_{2m}{}^2}h} + 1\right)} \\ & + k_{mn}{}^2\frac{\left\{\int_0^{\ell_y}\left[\left[\int\ \xi(y,t)e^{ik_{mn}t}dt\right]e^{-ik_{mn}t}\right]\cos(\omega_{2m}y)dy\right\}}{2\left(\omega_{1n}{}^2 + \omega_{2m}{}^2\right)\left(e^{2\sqrt{\omega_{1n}{}^2+\omega_{2m}{}^2}h} + 1\right)} \end{aligned} \tag{12-96}$$

由（12-96）式則 $A_{mn}(t)$ 可以由（12-93）式求得。留意到（12-96）式中仍然有 D_{mn}, E_{mn} 需要求解，這部份則需要利用給定的起始條件。

給定起始條件，考慮造波開始前水位和水體靜止（參考勢函數為零）：

$$\frac{\partial\Phi(x,y,z,0)}{\partial t} = 0,\ \ z = 0 \tag{12-97}$$

$$\Phi(x,y,0,0) = 0 \tag{12-98}$$

利用起始條件，則可得：

$$D_{mn}=i\,k_{mn}\left.\frac{\left\{\int_0^{\ell_y}\left[\xi(y,t)\right]\cos(\omega_{2m}y)dy\right\}}{2\left(\omega_{1n}{}^2+\omega_{2m}{}^2\right)\left(e^{2\sqrt{\omega_{1n}{}^2+\omega_{2m}{}^2}h}+1\right)}\right|_{t=0}$$
$$-k_{mn}{}^2\left.\frac{\left\{\int_0^{\ell_y}\left[\int\ \xi(y,t)e^{-ik_{mn}t}dt\right]\cos(\omega_{2m}y)dy\right\}}{2\left(\omega_{1n}{}^2+\omega_{2m}{}^2\right)\left(e^{2\sqrt{\omega_{1n}{}^2+\omega_{2m}{}^2}h}+1\right)}\right|_{t=0} \quad (12\text{-}99)$$

$$E_{mn}=-i\,k_{mn}\left.\frac{\left\{\int_0^{\ell_y}\left[\xi(y,t)\right]\cos(\omega_{2m}y)dy\right\}}{2\left(\omega_{1n}{}^2+\omega_{2m}{}^2\right)\left(e^{2\sqrt{\omega_{1n}{}^2+\omega_{2m}{}^2}h}+1\right)}\right|_{t=0}$$
$$-k_{mn}{}^2\left.\frac{\left\{\int_0^{\ell_y}\left[\int\ \xi(y,t)e^{ik_{mn}t}dt\right]\cos(\omega_{2m}y)dy\right\}}{2\left(\omega_{1n}{}^2+\omega_{2m}{}^2\right)\left(e^{2\sqrt{\omega_{1n}{}^2+\omega_{2m}{}^2}h}+1\right)}\right|_{t=0} \quad (12\text{-}100)$$

到此則$\phi_{mn}(z,t)$已經求得。後續，$\phi_{m0}(z,t)$, $\phi_{0n}(z,t)$, $\phi_{00}(z,t)$均可以仿照求解得到。

$$\phi_{m0}(z,t)=\left(e^{2\omega_{2m}h}e^{\omega_{2m}z}+e^{-\omega_{2m}z}\right)\cdot$$

$$\cdot\left\{\left\{ik_{m0}\frac{\int_0^{\ell_y}[\xi(y,t)]\cos(\omega_{2m}y)dy}{2\omega_{2m}^2\left(e^{2\omega_{2m}h}+1\right)}\bigg|_{t=0}-k_{m0}^2\frac{\int_0^{\ell_y}\left[\int\xi(y,t)e^{-ik_{m0}t}dt\right]\cos(\omega_{2m}y)dy}{2\omega_{2m}^2\left(e^{2\omega_{2m}h}+1\right)}\bigg|_{t=0}\right\}\cdot e^{ik_{m0}t}\right.$$

$$+\left\{-ik_{m0}\frac{\int_0^{\ell_y}[\xi(y,t)]\cos(\omega_{2m}y)dy}{2\omega_{2m}^2\left(e^{2\omega_{2m}h}+1\right)}\bigg|_{t=0t=0}-k_{m0}^2\frac{\int_0^{\ell_y}\left[\int\xi(y,t)e^{ik_{m0}t}dt\right]\cos(\omega_{2m}y)dy}{2\omega_{2m}^2\left(e^{2\omega_{2m}h}+1\right)}\bigg|_{t=0}\right\}\cdot e$$

$$-\frac{\int_0^{\ell_y}\left[\frac{\partial\xi(y,t)}{\partial t}\right]\cos(\omega_{2m}y)dy}{\omega_{2m}^2\left(e^{2\omega_{2m}h}+1\right)}+k_{m0}^2\frac{\int_0^{\ell_y}\left[\left[\int\xi(y,t)e^{-ik_{m0}t}dt\right]e^{ik_{m0}t}\right]\cos(\omega_{2m}y)dy}{2\omega_{2m}^2\left(e^{2\omega_{2m}h}+1\right)}$$

$$\left.+k_{m0}^2\frac{\int_0^{\ell_y}\left[\left[\int\xi(y,t)e^{ik_{m0}t}dt\right]e^{-ik_{m0}t}\right]\cos(\omega_{2m}y)dy}{2\omega_{2m}^2\left(e^{2\omega_{2m}h}+1\right)}\right\}+\frac{\left[\int_0^{\ell_y}\frac{\partial\xi(y,t)}{\partial t}\cos(\omega_{2m}y)dy\right]}{\omega_{2m}^2}$$

（12-101）

$$\phi_{0n}(z,t)$$

$$=\left(e^{2\omega_{1n}h}e^{\omega_{1n}z}+e^{-\omega_{1n}z}\right)\left\{\left[\frac{ik_n\int_0^{\ell_y}\xi(y,t)dy}{2\omega_{1n}^2\left(e^{2\omega_{0n}h}+1\right)}\bigg|_{z=0,t=0}-\frac{k_n^2\int_0^{\ell_y}\left[\int\xi(y,t)e^{-ik_nt}dt\right]dy}{2\omega_{1n}^2\left(e^{2\omega_{0n}h}+1\right)}\bigg|_{z=0,t=0}\right]\cdot e^{ik_n}\right.$$

$$+\left[-\frac{ik_n\int_0^{\ell_y}\xi(y,t)dy}{2\omega_{1n}^2\left(e^{2\omega_{0n}h}+1\right)}\bigg|_{z=0,t=0}-\frac{k_n^2\int_0^{\ell_y}\left[\int\xi(y,t)e^{ik_nt}dt\right]dy}{2\omega_{1n}^2\left(e^{2\omega_{0n}h}+1\right)}\bigg|_{z=0,t=0}\right]\cdot e^{-ik_n\cdot t}-\frac{\int_0^{\ell_y}\frac{\partial\xi(y,t)}{\partial t}}{\omega_{1n}^2\left(e^{2\omega_{0n}h}\right.}$$

$$\left.+\frac{k_n^2\int_0^{\ell_y}\left[\int\xi(y,t)e^{-ik_nt}dt\right]e^{ik_nt}dy}{2\omega_{1n}^2\left(e^{2\omega_{0n}h}+1\right)}+\frac{k_n^2\int_0^{\ell_y}\left[\int\xi(y,t)e^{ik_nt}dt\right]e^{-ik_nt}dy}{2\omega_{1n}^2\left(e^{2\omega_{0n}h}+1\right)}\right\}+\frac{\int_0^{\ell_y}\left[\frac{\partial\xi(y,t)}{\partial t}\right]}{\omega_{1n}^2}$$

（12-102）

$$\phi_{00}(z,t)=-\frac{1}{2}\int_0^{\ell_y}\frac{\partial\xi(y,t)}{\partial t}dy\cdot z^2-h\int_0^{\ell_y}\frac{\partial\xi(y,t)}{\partial t}dy\cdot z$$

$$+gh\int\int_0^{\ell_y}\xi(y,t)dydt-\left[gh\int_0^{\ell_y}\xi(y,t)dy\bigg|_{t=0}\right]t-gh\int\int_0^{\ell_y}\xi(y,t)dydt\bigg|_{t=0}$$

（12-103）

留意到，$\phi_{00}(z,t)$由（12-87）式直接積分即可以得到。

使用造波位移函數：

$$\xi(y,t)=-\left(\frac{s_0}{2}\right)\cdot e^{iK_2 y}\cdot e^{-i\omega t} \tag{12-104}$$

其中，K_y 為給定的造波函數 y 方向波形的波長。利用波浪勢函數表示式：

$$\begin{aligned}
&\Phi(x,y,z,t)\\
&=\frac{1}{\ell_x\ell_y}\phi_{00}(z,t)\\
&+\frac{2}{\ell_x\ell_y}\sum_{n=1}\phi_{0n}(z,t)\cdot\cos(\omega_{1n}x)\\
&+\frac{2}{\ell_x\ell_y}\sum_{m=1}\phi_{m0}(z,t)\cdot\cos(\omega_{2m}y)\\
&+\frac{4}{\ell_x\ell_y}\sum_{m=1}\left[\sum_{n=1}\phi_{mn}(z,t)\cdot\cos(\omega_{1n}x)\right]\cdot\cos(\omega_{2m}y)
\end{aligned} \tag{12-105}$$

即可以得到水池平面的水位變化：

$$\eta(x,y,t)=\mathrm{Re}\left\{\frac{1}{g}\frac{\partial\Phi(x,y,z,t)}{\partial t}\Big|_{z=0}\right\} \tag{12-106}$$

$$
\begin{aligned}
\eta(x,y,t) = & \frac{1}{g\ell_x\ell_y}\left\{\frac{ighs_0\left(e^{iK_2\ell_y}-1\right)}{2\left(K_2\right)}e^{-i\omega t}-\frac{ighs_0\left(e^{iK_2\ell_y}-1\right)}{2\left(K_2\right)}\right\} \\
& +\frac{2}{g\ell_x\ell_y}\sum_{n=1}\left\{\left[-\frac{ik_n^{\,2}\omega s_0\left(e^{iK_2\ell_y}-1\right)}{4\left(\omega_{1n}^{\,2}\right)\left(K_2\right)\left(k_n+\omega\right)}\right]\cdot e^{ik_n\cdot t}+\left[-\frac{ik_n^{\,2}\omega s_0\left(e^{iK_2\ell_y}-1\right)}{4\left(\omega_{1n}^{\,2}\right)\left(K_2\right)\left(-k_n+\omega\right)}\right]\cdot e^{-ik_n\cdot t}\right. \\
& \left.+\frac{ik_n^{\,2}\omega^2 s_0\left(e^{iK_2\ell_y}-1\right)}{2\left(\omega_{1n}^{\,2}\right)\left(K_2\right)\left(-k_n^{\,2}+\omega^2\right)}e^{-i\omega t}\right\}\cdot\cos(\omega_{1n}x) \\
& +\frac{2}{g\ell_x\ell_y}\sum_{m=1}\left\{\frac{iK_2k_{m0}^{\,2}\omega s_0e^{iK_2\ell_y}\left[\cos\left(m\pi\right)-1\right]}{4\omega_{2m}^{\,2}\left(k_{m0}+\omega\right)\left(\omega_{2m}^{\,2}-K_2^{\,2}\right)}e^{ik_{m0}t}-\frac{iK_2k_{m0}^{\,2}\omega s_0e^{iK_2\ell_y}\left[\cos\left(m\pi\right)-1\right]}{4\omega_{2m}^{\,2}\left(k_{m0}-\omega\right)\left(\omega_{2m}^{\,2}-K_2^{\,2}\right)}e\right. \\
& \left.+\frac{iK_2k_{m0}^{\,2}\omega^2s_0e^{iK_2\ell_y}\left[\cos\left(m\pi\right)-1\right]}{2\omega_{2m}^{\,2}\left(k_{m0}^{\,2}-\omega^2\right)\left(\omega_{2m}^{\,2}-K_2^{\,2}\right)}e^{-i\omega t}\right\}\cdot\cos(\omega_{2m}y) \\
& +\frac{4}{g\ell_x\ell_y}\sum_{m=1}\sum_{n=1}\left\{\frac{iK_2k_{mn}^{\,2}\omega s_0e^{iK_2\ell_y}\left[\cos\left(m\pi\right)-1\right]}{4\left(\omega_{1n}^{\,2}+\omega_{2m}^{\,2}\right)\left(k_{mn}+\omega\right)\left(\omega_{2m}^{\,2}-K_2^{\,2}\right)}\cdot e^{ik_{mn}t}\right. \\
& -\frac{iK_2k_{mn}^{\,2}\omega s_0e^{iK_2\ell_y}\left[\cos\left(m\pi\right)-1\right]}{4\left(\omega_{1n}^{\,2}+\omega_{2m}^{\,2}\right)\left(k_{mn}-\omega\right)\left(\omega_{2m}^{\,2}-K_2^{\,2}\right)}\cdot e^{-ik_{mn}t} \\
& \left.+\frac{iK_2k_{mn}^{\,2}\omega^2s_0e^{iK_2\ell_y}\left[\cos\left(m\pi\right)-1\right]}{2\left(\omega_{1n}^{\,2}+\omega_{2m}^{\,2}\right)\left(k_{mn}^{\,2}-\omega^2\right)\left(\omega_{2m}^{\,2}-K_2^{\,2}\right)}e^{-i\omega t}\right\}\cdot\cos(\omega_{1n}x)\cdot\cos(\omega_{2m}y)
\end{aligned}
$$

（12-107）

利用(12-107)式，計算平面水池方向造波，考慮平推式造波振幅 0.1m、週期 2sec、水深 3m，水池長寬各 50m，在時間 t=9.33sec 水位分佈如圖 12-24 所示。結果顯示，左側和右側的反射邊界都會有波浪反射效應，水池盡頭由於波浪尚未到達因此沒有反射現象。由於正向波浪的週波數為 1.01，y 方向的波形波長 K_y 給定 0.1，因此造出來的波浪角度為 $\tan^{-1}(1/10)$ 也符合預期。

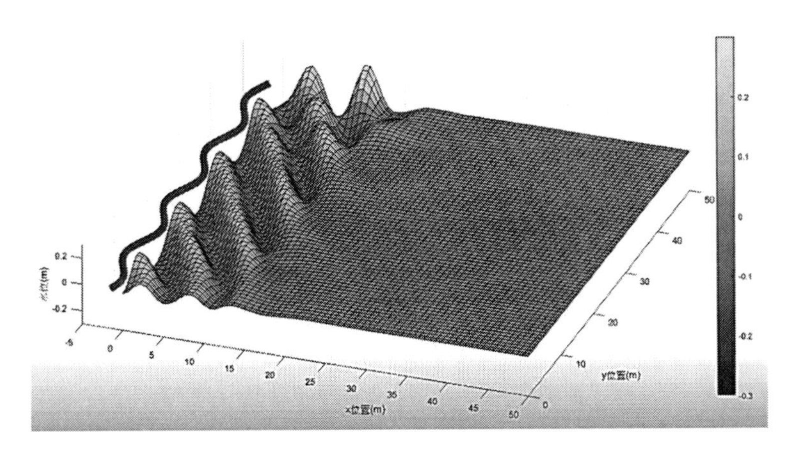

圖 12-24　造波板連續函數造波水面水位分佈

上述方向造波理論，造波函數為給定的連續函數，造波板位移型態如圖 12-25(a)所示。但是實際的方向造波機組成為多台造波機，造波的型態則如圖 12-25(b)所示。

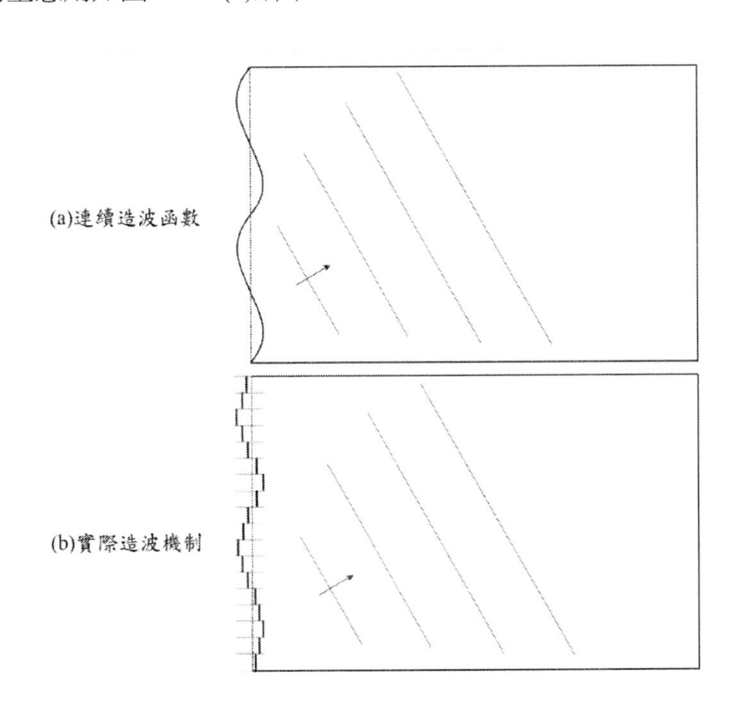

圖 12-25　理論連續函數造波與實際多台造波比較示意圖

利用前述連續函數方向造波理論推導實際多台造波，在作法上則為先將造波機的位移函數表示為多台造波機的累加，然後代入進行理論推導波浪勢函數和對應的水位變化。多台造波機組成的造波位移函數可寫為：

$$\begin{aligned}\xi(y,t) &= \sum_{j=1}^{r} \xi_j(y,t)\Delta y \\ &= -\left(\frac{s_0 \ell_y}{2r}\right)\left(\sum_{j=1}^{r} e^{iKy_j}\right)e^{-i\omega t}\end{aligned} \tag{12-108}$$

其中，r 為多台造波機數目。定義了多台造波機的方向造波函數之後，接下來的推導過程幾乎與連續函數的方向造波相同。在此僅列出結果。第 j 台造波機位移函數 Fourier Cosine 轉換可表示為：

$$\begin{aligned}&\left[\int_0^{\ell_y} \xi_j(y,t)\cos(\omega_{ym} y)dy\right] \\ &= \left(\sum_{j=1}^{r}\left[-\left(\frac{s_0}{2}\right)e^{iKy_j}e^{-i\omega t}\int_{\left(\frac{j\text{-}1}{r}\right)\ell_y}^{\left(\frac{j}{r}\right)\ell_y}\cos(\omega_{ym} y)dy\right]\right) \\ &= -\frac{s_0}{2\omega_{ym}}e^{-i\omega t}\sum_{j=1}^{r} e^{iKy_j}\left[\sin(\omega_{ym}\left(\frac{j}{r}\right)\ell_y) - \sin(\omega_{ym}\left(\frac{j\text{-}1}{r}\right)\ell_y)\right]\end{aligned} \tag{12-109}$$

多台造波機方向造波平面水池的水位變化為：

$$\eta(x,y,t)=\left(\frac{hs_0}{2r\ell_x}\right)\left(\sum_{j=1}^{r}e^{iKy_j}\right)\left(1-e^{-i\omega t}\right)$$

$$+\sum_{n=1}\left\{\left(\sum_{j=1}^{r}e^{iKy_j}\right)\left(\frac{k_n{}^2\omega s_0}{2g\omega_{xn}{}^2 r\ell_x}\right)\left\{\left[\frac{1}{(\omega+k_n)}\right]e^{ik_nt}+\left[\frac{1}{(\omega-k_n)}\right]e^{-ik_nt}\right.\right.$$

$$\left.\left.+\left[\frac{-2\omega}{\left(\omega^2-k_n{}^2\right)}\right]e^{-i\omega t}\right\}\right\}\cos(\omega_{xn}x)$$

$$+\sum_{m=1}\left\{\left\{\sum_{j=1}^{r}e^{iKy_j}\left\{\sin\left[\left(\frac{j}{r}\right)\omega_{ym}\ell_y\right]-\sin\left[\left(\frac{j\text{-}1}{r}\right)\omega_{ym}\ell_y\right]\right\}\right\}\left[\frac{k_{m0}{}^2\omega s_0}{2g\omega_{ym}{}^3\ell_x\ell_y}\right]\right.$$

$$\left.\left\{\left[\frac{1}{(\omega+k_{m0})}\right]e^{ik_{m0}t}+\left[\frac{1}{(\omega-k_{m0})}\right]e^{-ik_{m0}t}+\left[\frac{-2\omega}{\left(\omega^2-k_{m0}{}^2\right)}\right]e^{-i\omega t}\right\}\right\}\cos(\omega_{ym}y)$$

$$+\sum_{m=1}\left\{\sum_{n=1}\left\{\left\{\sum_{j=1}^{r}e^{iKy_j}\left\{\sin\left[\left(\frac{j}{r}\right)\omega_{ym}\ell_y\right]-\sin\left[\left(\frac{j\text{-}1}{r}\right)\omega_{ym}\ell_y\right]\right\}\right\}\right.\right.$$

$$\cdot\left[\frac{\left(k_{mn}{}^2\omega s_0\right)}{g\omega_{ym}\ell_x\ell_y\left(\omega_{xn}{}^2+\omega_{ym}{}^2\right)}\right]$$

$$\left.\left.\cdot\left\{\left[\frac{1}{(\omega+k_{mn})}\right]e^{ik_{mn}t}+\left[\frac{1}{(\omega-k_{mn})}\right]e^{-ik_{mn}t}+\left[\frac{-2\omega}{\left(\omega^2-k_{mn}{}^2\right)}\right]e^{-i\omega t}\right\}\right\}\cos(\omega_{xn}x)\right\}$$

$$\cdot\cos(\omega_{ym}y)$$

（12-110）

利用（12-110）式，考慮$30m\times30m$的平面水池，以及僅有中間位置一台造波機造波，則在三個週期造出的水位分佈如圖 12-26 所示。由於水池側面造波邊界僅有一台造波機造波，可以預期的所造出的波浪向兩側傳遞，也因而形成類似半圓的繞射波浪型態。若考慮$50m\times50m$平面水池，以及水池側面造波邊界有 50 台造波機造波，則在時間 t=9.9sec 所造出的水位分佈如圖 12-27 所示。平推式造波振幅

0.1m、週期 2sec、水深 3m。結果顯示，左側和右側的反射邊界有波浪反射效應，水池盡頭由於波浪尚未到達因此沒有反射現象。由於正向波浪的週波數為 1.01，y 方向的波形波長 K_y 給定 0.1，因此造出來的波浪角度為 $\tan^{-1}(1/10)$ 也符合預期。

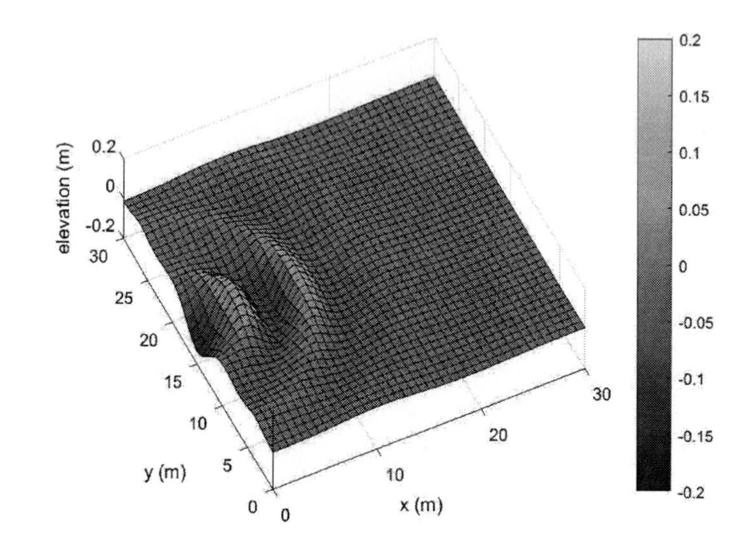

圖 12-26　平面水池單一台造波機造波結果

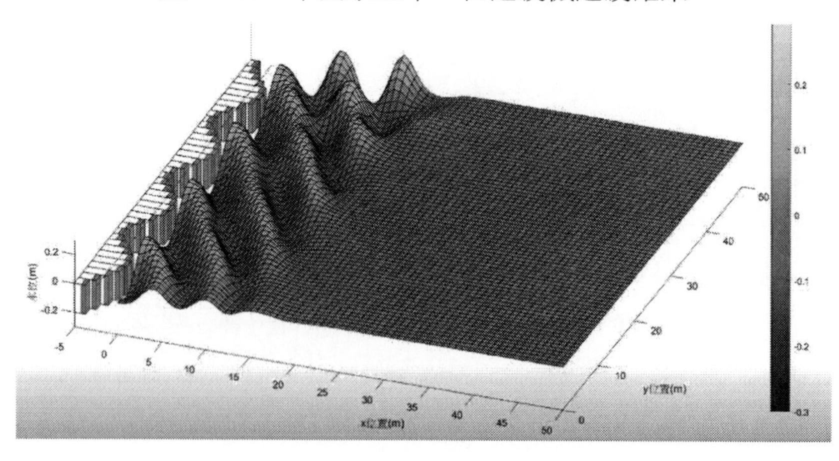

圖 12-27　多台造波機造波水面水位分佈圖

【參考文獻】

1. Kim, M.H., J.M. Niedzwecki, J.M. Roesset, J.C. Park, S.Y. Houng, and A. Tavassoli, Fully Nonlinear Multidirectional Wave by 3-D Viscous Numerical Wave Tank, Journal of Offshore Mechanics and Arctic Engineering, Vol.123, pp.124-133, 2001.
2. Park, J.C., Y. Uno, T. Sato, H. Miyata, H.H. Chun, Numerical Reproduction of Fully Nonlinear Multi-Directional Waves by a Viscous 3D Numerical Wave Tank, Ocean Engineering, Vol.31, Issures 11-12, P.1549-1565, 2004.
3. Willams, A.N. and W.W. Crull, Simulation of directional waves in a numerical basin by a desingularized integral equation approach, Ocean Engineering, 27, pp.603-624, 2000.
4. Wu, Y.C. and R.A. Dalrymple, Analysis of Wave Fields Generated by a Directional Wavemaker, Coastal Engineering, 11, p.241-261, 1987.
5. 陳俊瑋，平面水池非線性方向造波之理論分析，國立成功大學水利及海洋工程學系，碩士論文，2005。
6. 周宗仁、石瑞祥，三維數值 L 型多方向不規則造波機的開發，國科會計畫報告，2011。
7. 法國 Lab Oceano 的方向造波機（https://www.youtube.com/watch?v=QZUaBvBYvjk）
8. Balai Pantai, Buleleng – Bali 的方向造波機（https://www.youtube.com/watch?v=aYz7yuothUY）

國家圖書館出版品預行編目資料

海洋結構的波浪水動力 / 李兆芳　著
臺中市：天空數位圖書　2020.06
面：16*24 公分
ISBN：978-957-9119-43-6（平裝）
1. 海洋動力學
351.94　　　　109008111

書　　名：海洋結構的波浪水動力
發 行 人：蔡秀美
出 版 者：天空數位圖書有限公司
作　　者：李兆芳
版面編輯：採編組
美工設計：設計組
出版日期：2020 年 06 月（初版）
銀行名稱：合作金庫銀行南台中分行
銀行帳戶：天空數位圖書有限公司
銀行帳號：006-1070717811498
郵政帳戶：天空數位圖書有限公司
劃撥帳號：22670142
定　　價：新台幣 530 元整
電子書發明專利第　I　306564 號

紙本書編輯印刷：
電子書編輯製作：
天空數位圖書公司
E-mail：familysky@familysky.com.tw　http://www.familysky.com.tw/
地址：40255台中市南區忠明南路787號30F國王大樓　Tel：04-22623893　Fax：04-22623863